L'épreuve de mathématiques du baccalauréat S 2013

Énoncés et corrigés

Geoffrey Lescaux

préface de Dany-Jack Mercier

Editeur : CreateSpace Independent Publishing Platform

ISBN-13 : 978-1502953421
ISBN-10 : 1502953420

© 2014 Geoffrey LESCAUX. Tous droits réservés.

Table des matières

Préface 9

Introduction 11

Modalités de l'épreuve de mathématiques du baccalauréat S 12

Programme de mathématiques en Terminale S 14

Exemple d'en-tête d'un sujet 15

E1 : Enoncé du sujet Pondichéry (16 avril 2013) 17
Exercice 1 (5 points) : logarithme, exponentielle, dérivée, primitive 17
Exercice 2 (4 points) : géométrie dans l'espace 18
Exercice 3 (5 points) : complexes et géométrie plane 19
Exercice 4 (6 points) : probabilités, loi normale, suites, limite, algorithme 20

E2 : Enoncé du sujet Liban (28 mai 2013) 23
Exercice 1 (4 points) : géométrie dans l'espace 23
Exercice 2 (5 points) : probabilités et loi normale 24
Exercice 3 (6 points) : exponentielle, dérivée, limite, intégrale 26
Exercice 4 (5 points) : suites, récurrence, limite, algorithme 27

E3 : Enoncé du sujet Amérique du Nord (30 mai 2013) 29
Exercice 1 (5 points) : géométrie dans l'espace 29
Exercice 2 (5 points) : suites, récurrence, limite, algorithme 30
Exercice 3 (5 points) : probabilités, lois normale et exponentielle, fluctuation 31
Exercice 4 (5 points) : exponentielle, logarithme, dérivée, limite, intégrale 32

E4 : Enoncé du sujet Polynésie (7 juin 2013) 33
Exercice 1 (6 points) : exponentielle, dérivée, intégrale, limite, algorithme 33
Exercice 2 (4 points) : complexes et géométrie dans l'espace 35
Exercice 3 (5 points) : probabilités, loi normale, fluctuation 36
Exercice 4 (5 points) : suites, récurrence, limite 37

E5 : Enoncé du sujet Centres étrangers (12 juin 2013) 39
Exercice 1 (6 points) : probabilités, lois exponentielle et normale, fluctuation 39
Exercice 2 (4 points) : géométrie dans l'espace 40
Exercice 3 (5 points) : exponentielle, dérivée, intégrale 41
Exercice 4 (5 points) : suites, récurrence, limite, algorithme 42

E6 : Enoncé du sujet Antilles Guyane (18 juin 2013) 43
Exercice 1 (5 points) : géométrie dans l'espace 43
Exercice 2 (5 points) : probabilités, lois binomiale et normale 44
Exercice 3 (5 points) : exponentielle, dérivée, limite, intégrale 45
Exercice 4 (5 points) : complexes, suites, récurrence, limite, algorithme 46

E7 : Enoncé du sujet Asie (19 juin 2013) 49
Exercice 1 (5 points) : probabilités, loi binomiale, fluctuation 49
Exercice 2 (6 points) : exponentielle, dérivée, limite 50
Exercice 3 (4 points) : complexes et géométrie dans l'espace 51
Exercice 4 (5 points) : suites, récurrence, limite, algorithme 52

E8 : Enoncé du sujet France métropolitaine (20 juin 2013) 54
Exercice 1 (4 points) : probabilités et loi binomiale 54
Exercice 2 (7 points) : logarithme, dérivée, intégrale, limite, algorithme 55
Exercice 3 (4 points) : complexes et géométrie dans l'espace 57
Exercice 4 (5 points) : suites, récurrence, limite 58

E9 : Enoncé du sujet Antilles-Guyane (11 septembre 2013) 59
Exercice 1 (5 points) : géométrie dans l'espace 59
Exercice 2 (6 points) : exponentielle, dérivée, limite, intégrale 60
Exercice 3 (4 points) : probabilités, loi normale 61
Exercice 4 (5 points) : probabilités, algorithme 62

E10 : Enoncé du sujet France métropolitaine (12 septembre 2013) 64
Exercice 1 (6 points) : exponentielle, dérivée, intégrale, algorithme 64
Exercice 2 (4 points) : complexes, géométrie dans l'espace 66
Exercice 3 (5 points) : probabilités, loi binomiale, fluctuation 67
Exercice 4 (5 points) : suites, récurrence, limite 68

E11 : Enoncé du sujet Nouvelle-Calédonie (14 novembre 2013) 69
Exercice 1 (5 points) : exponentielle, dérivée, limite 69
Exercice 2 (5 points) : suites, limite, algorithme 70
Exercice 3 (5 points) : probabilités, lois normale et binomiale 71
Exercice 4 (5 points) : complexes 72

E12 : Enoncé du sujet Amérique du Sud (21 novembre 2013) 74
Exercice 1 (6 points) : exponentielle, dérivée, limite 74
Exercice 2 (4 points) : géométrie dans l'espace 75
Exercice 3 (5 points) : complexes, suites 76
Exercice 4 (5 points) : probabilités, loi binomiale, fluctuation 77

E13 : Enoncé du sujet Nouvelle-Calédonie (7 mars 2014) 79
Exercice 1 (4 points) : complexes 79
Exercice 2 (6 points) : probabilités, lois binomiale et normale, fluctuation 80
Exercice 3 (5 points) : logarithme, exponentielle, dérivée, limite, intégrale, algorithme 82
Exercice 4 (5 points) : géométrie dans l'espace 84

E14 : Enoncé du sujet Pondichéry (8 avril 2014) 85
Exercice 1 (4 points) : probabilités, loi exponentielle, fluctuation 85
Exercice 2 (4 points) : suites, logarithme, exponentielle, géométrie dans l'espace 86
Exercice 3 (5 points) : suites, complexes, algorithme 87
Exercice 4 (7 points) : exponentielle, dérivée, limite, intégrale 88

C1 : Corrigé du sujet Pondichéry (16 avril 2013) 91
Corrigé de l'exercice 1 : logarithme, exponentielle, dérivée, primitive 91
Corrigé de l'exercice 2 : géométrie dans l'espace 93
Corrigé de l'exercice 3 : complexes et géométrie plane 97
Corrigé de l'exercice 4 : probabilités, loi normale, suites, limite, algorithme 99

C2 : Corrigé du sujet Liban (28 mai 2013) 101
Corrigé de l'exercice 1 : géométrie dans l'espace 101
Corrigé de l'exercice 2 : probabilités et loi normale 103
Corrigé de l'exercice 3 : exponentielle, dérivée, limite, intégrale 104
Corrigé de l'exercice 4 : suites, récurrence, limite, algorithme 107

C3 : Corrigé du sujet Amérique du Nord (30 mai 2013) 108

Corrigé de l'exercice 1 : géométrie dans l'espace 108

Corrigé de l'exercice 2 : suites, récurrence, limite, algorithme.................................... 110

Corrigé de l'exercice 3 : probabilités, lois normale et exponentielle, fluctuation 112

Corrigé de l'exercice 4 : exponentielle, logarithme, dérivée, limite, intégrale 113

C4 : Corrigé du sujet Polynésie (7 juin 2013) 116

Corrigé de l'exercice 1 : exponentielle, dérivée, intégrale, limite, algorithme 116

Corrigé de l'exercice 2 : complexes et géométrie dans l'espace.. 118

Corrigé de l'exercice 3 : probabilité, loi normale, fluctuation.. 119

Corrigé de l'exercice 4 : suites, récurrence, limite 121

C5 : Corrigé du sujet Centres étrangers (12 juin 2013) 123

Corrigé de l'exercice 1 : probabilités, lois exponentielle et normale, fluctuation 123

Corrigé de l'exercice 2 : géométrie dans l'espace 127

Corrigé de l'exercice 3 : exponentielle, dérivée, intégrale 129

Corrigé de l'exercice 4 : suites, récurrence, limite, algorithme.................................... 132

C6 : Corrigé du sujet Antilles Guyane (18 juin 2013).....................................134

Corrigé de l'exercice 1 : géométrie dans l'espace 134

Corrigé de l'exercice 2 : probabilités, lois binomiale et normale 136

Corrigé de l'exercice 3 : exponentielle, dérivée, limite, intégrale 138

Corrigé de l'exercice 4 : complexes, suites, récurrence, limite, algorithme 140

C7 : Corrigé du sujet Asie (19 juin 2013)...142

Corrigé de l'exercice 1 : probabilités, loi binomiale, fluctuation... 142

Corrigé de l'exercice 2 : exponentielle, dérivée, limite 144

Corrigé de l'exercice 3 : complexes et géométrie dans l'espace.. 147

Corrigé de l'exercice 4 : suites, récurrence, limite, algorithme.................................... 150

C8 : Corrigé du sujet France métropolitaine (20 juin 2013) 152

Corrigé de l'exercice 1 : probabilités et loi binomiale 152

Corrigé de l'exercice 2 : logarithme, dérivée, intégrale, limite, algorithme 155

Corrigé de l'exercice 3 : complexes et géométrie dans l'espace.. 158

Corrigé de l'exercice 4 : suites, récurrence, limite 160

C9 : Corrigé du sujet Antilles Guyane (11 septembre 2013) 162
Corrigé de l'exercice 1 : géométrie dans l'espace 162
Corrigé de l'exercice 2 : exponentielle, dérivée, limite, intégrale 165
Corrigé de l'exercice 3 : probabilités, loi normale 167
Corrigé de l'exercice 4 : probabilités, algorithme 170

C10 : Corrigé du sujet France métropolitaine (12 septembre 2013) 173
Corrigé de l'exercice 1 : exponentielle, dérivée, intégrale, algorithme 173
Corrigé de l'exercice 2 : complexes, géométrie dans l'espace 175
Corrigé de l'exercice 3 : probabilités, loi binomiale, fluctuation 177
Corrigé de l'exercice 4 : suites, récurrence, limite 178

C11 : Corrigé du sujet Nouvelle-Calédonie (14 novembre 2013) 180
Corrigé de l'exercice 1 : exponentielle, dérivée, limite 180
Corrigé de l'exercice 2 : suites, limite, algorithme 182
Corrigé de l'exercice 3 : probabilités, lois normale et binomiale 184
Corrigé de l'exercice 4 : complexes 186

C12 : Corrigé du sujet Amérique du Sud (21 novembre 2013) 188
Corrigé de l'exercice 1 : exponentielle, dérivée, limite 188
Corrigé de l'exercice 2 : géométrie dans l'espace 190
Corrigé de l'exercice 3 : complexes, suites 192
Corrigé de l'exercice 4 : probabilités, loi binomiale, fluctuation 194

C13 : Corrigé du sujet Nouvelle-Calédonie (7 mars 2014) 196
Corrigé de l'exercice 1 : complexes 196
Corrigé de l'exercice 2 : probabilités, lois binomiale et normale, fluctuation 198
Corrigé de l'exercice 3 : logarithme, exponentielle, dérivée, limite, intégrale, algorithme ... 201
Corrigé de l'exercice 4 : géométrie dans l'espace 203

C14 : Corrigé du sujet Pondichéry (8 avril 2014) 205
Corrigé de l'exercice 1 : probabilités, loi exponentielle, fluctuation 205
Corrigé de l'exercice 2 : suites, logarithme, exponentielle, géométrie dans l'espace 206
Corrigé de l'exercice 3 : suites, complexes, algorithme 208
Corrigé de l'exercice 4 : exponentielle, dérivée, limite, intégrale 211

Préface

Comment mettre toutes les chances de son côté avant de passer l'épreuve de mathématiques au BAC ? C'est simple : il suffit de s'entraîner sur de nombreux exercices d'annales portant sur le programme en vigueur et disposer d'une correction détaillée pour s'y référer dès que l'on est bloqué, pour vérifier sa solution, ou pour découvrir de nouvelles méthodes.

L'entraînement sera d'autant plus parfait que l'on traite beaucoup d'exercices sur les thèmes du programme.

Les annales du BAC S de 2013 proposées par Geoffrey Lescaux forment un ensemble cohérent et joliment présenté, qui met à disposition 56 exercices de BAC qui couvrent le nouveau programme entré en vigueur en 2012-13, hors spécialité. Elles permettent un entraînement rigoureux, efficace et ciblé qui permettra de bien préparer l'épreuve.

Une répartition des exercices suivant les thèmes abordés permet de choisir son entraînement en cours d'année. Une attention particulière a été donnée par l'auteur pour proposer des solutions rédigées claires et exploitables par un élève. Tout est rassemblé physiquement dans un livre facile à emporter et commode à utiliser dès que l'on dispose d'un peu de temps. Nul doute que ce livre constituera un outil de réussite entre les mains de nos futurs bacheliers.

Dany-Jack Mercier
Maître de conférences 25e section
Responsable du parcours maths du Master MEEF à l'ESPE de Guadeloupe
Webmestre du site MégaMaths

Ce 13 octobre 2014

Introduction

Cet ouvrage contient les énoncés et corrigés détaillés de quatorze sujets de l'épreuve de mathématiques qui ont été donnés aux candidats du baccalauréat S entre avril 2013 et avril 2014. Ces sujets constituent la session 2013 du baccalauréat S, à l'exception du dernier, celui de Pondichéry, qui marque le début de la session 2014. Chaque sujet proposé, d'une durée de quatre heures, comporte trois exercices communs à tous les candidats et un exercice destiné aux candidats n'ayant pas suivi l'enseignement de spécialité mathématiques. Chacun des 56 exercices nécessite approximativement une heure de travail.

Dans l'en-tête de ces sujets, « *Il est rappelé que la qualité de la rédaction, la clarté et la précision des raisonnements seront prises en compte dans l'appréciation des copies.* » J'ai rédigé la correction de tous les exercices en essayant de respecter ces trois critères d'évaluation.

Les candidats ayant choisi l'enseignement de spécialité mathématiques pourront utiliser cet ouvrage pour les 42 exercices communs à tous les candidats. Ils pourront aussi s'entraîner à faire les 14 exercices destinés aux candidats n'ayant pas suivi la spécialité maths. Ils devront trouver ailleurs les 14 exercices correspondant à la spécialité maths (un par sujet).

J'ai construit les figures à l'aide du logiciel Geogebra. Pour effectuer les calculs numériques, j'ai utilisé les émulateurs de calculatrice CASIO *fx-CG10/20* Manager PLUS et TEXAS INSTRUMENTS TI-Smartview™ pour la TI-83Plus.*fr*.

Cet ouvrage peut évoluer pour répondre au mieux aux attentes de réussite des candidats au baccalauréat S. Je pourrai donc décider de lui apporter quelques enrichissements, que je déposerai sur le site internet dédié suivant :

https://drive.google.com/folderview?id=0B8F7fyBUwrgsRVVfdUk1TVdGcDg&usp=sharing

Vous pouvez m'envoyer vos remarques sur le contenu de cet ouvrage, par courrier électronique à mon adresse professionnelle qui figure sur le site mentionné ci-dessus.

Je remercie le mathématicien M. Dany-Jack Mercier, qui me fait l'honneur d'une préface, pour ses conseils avisés dans la finalisation de ce projet de livre.

Geoffrey Lescaux, le 30 octobre 2014

Photographie de la couverture :
coucher de soleil sur la plage de Saleccia, en Corse, le 1er août 2013.

Modalités de l'épreuve de mathématiques du baccalauréat S

Bulletin Officiel de l'Education Nationale spécial n° 7 du 6 octobre 2011

Baccalauréat général, série scientifique : épreuve de mathématiques, à compter de la session 2013

NOR : MENE1123660N
note de service n° 2011-148 du 3-10-2011
MEN - DGESCO A2-1

Texte adressé aux rectrices et recteurs d'académie ; au directeur du service interacadémique des examens et concours d'Ile-de-France ; aux chefs d'établissement ; aux professeures et professeurs

Cette note de service fixe les modalités de l'épreuve de mathématiques du baccalauréat général, série scientifique (S). Elle abroge et remplace la note de service n° 2003-070 du 29 avril 2003, à compter de la session 2013 de l'examen.

Épreuve écrite

Durée : 4 heures
Coefficient : 7
Coefficient : 9 pour les candidats ayant choisi cette discipline comme enseignement de spécialité

Objectifs de l'épreuve

L'épreuve est destinée à évaluer la façon dont les candidats ont atteint les grands objectifs de formation mathématique visés par le programme de la série S :
- acquérir des connaissances et les organiser ;
- mettre en œuvre une recherche de façon autonome ;
- mener des raisonnements ;
- avoir une attitude critique vis-à-vis des résultats obtenus ;
- communiquer à l'écrit.

Nature du sujet

Le sujet comporte de trois à cinq exercices indépendants les uns des autres, notés chacun sur 3 à 10 points ; ils abordent une grande variété de domaines du programme de mathématiques de la série S. Le sujet proposé aux candidats ayant suivi l'enseignement de spécialité diffère de celui proposé aux candidats ne l'ayant pas suivi par l'un de ces exercices, noté sur 5 points. Cet exercice peut porter sur la totalité du programme (enseignement obligatoire et de spécialité).
Le sujet portera clairement la mention « obligatoire » ou « spécialité ».

Calculatrices et formulaires

La maîtrise de l'usage des calculatrices est un objectif important pour la formation des élèves. L'emploi de ce matériel est autorisé, dans les conditions prévues par la réglementation en vigueur. Il est ainsi précisé qu'il appartient aux responsables de l'élaboration des sujets de décider si l'usage des calculatrices est autorisé ou non lors de l'épreuve. Ce point doit être précisé en tête des sujets.
Il n'est pas prévu de formulaire officiel. En revanche, les concepteurs de sujets pourront inclure certaines formules dans le corps du sujet ou en annexe en fonction de la nature des questions.

Recommandations destinées aux concepteurs de sujets

1) On veillera à garder aux épreuves une ampleur et une difficulté modérées.
2) Le sujet doit aborder une grande partie des connaissances envisagées dans le programme. La restitution organisée de connaissances (comme par exemple la rédaction d'une démonstration figurant au programme), l'application directe de résultats ou de méthodes, l'étude d'une situation conduisant à choisir un modèle simple, à émettre une conjecture, à expérimenter, la formulation

d'un raisonnement sont des trames possibles.
3) Si le candidat est amené à utiliser une calculatrice, il lui sera demandé de situer ce qui apparaît à l'affichage dans le contexte de la question posée et de rédiger une réponse distincte de la simple copie d'écran.
4) Les sujets éviteront de valoriser des questions (telles la représentation graphique d'une fonction, la recherche formelle d'une primitive, etc.) dont la résolution peut n'exiger que la manipulation des touches d'une calculatrice évoluée.
5) Les notions rencontrées en classe de première mais non approfondies en terminale doivent être connues et mobilisables. Elles ne peuvent cependant constituer un ressort essentiel du sujet.
6) Certains exercices peuvent faire référence à d'autres disciplines de la série considérée, mais les connaissances spécifiques requises doivent être fournies dans l'énoncé.
7) La forme des questions ne doit pas être source de difficultés supplémentaires. Si des questionnaires à choix multiple (QCM) sont proposés, les modalités de notation doivent en être précisées.

Remarques sur la notation
1) Les correcteurs ne manifesteront pas d'exigences de formulation démesurées et prêteront une attention particulière aux démarches engagées, aux tentatives pertinentes, aux résultats partiels.
2) Les concepteurs de sujets veilleront, dans l'attendu des questions et les propositions de barème, à permettre aux correcteurs de prendre réellement et largement en compte la qualité de la rédaction, la clarté et la précision des raisonnements, la cohérence globale des réponses dans l'appréciation des copies. Les copies satisfaisantes de ce point de vue devront être valorisées.
3) On saura apprécier le recours à des tableaux et graphiques pour soutenir une argumentation ou présenter des résultats, dès lors qu'un commentaire en précisera clairement la signification.

Épreuve orale de contrôle

Durée : 20 minutes
Temps de préparation : 20 minutes
Coefficient : 7, ou 9 pour les candidats ayant choisi cette discipline comme enseignement de spécialité
L'épreuve consiste en une interrogation du candidat visant à apprécier sa maîtrise des connaissances de base.
Pour préparer l'entretien, l'examinateur propose au moins deux questions au candidat, portant sur des parties différentes du programme. Pour les candidats n'ayant pas choisi les mathématiques comme enseignement de spécialité, les questions aborderont exclusivement le programme de l'enseignement obligatoire. Pour les candidats ayant choisi les mathématiques comme enseignement de spécialité, une question abordera le programme de spécialité, les autres abordant exclusivement le programme de l'enseignement obligatoire. Le candidat dispose d'un temps de préparation de vingt minutes et peut, au cours de l'entretien, s'appuyer sur les notes prises pendant la préparation.
L'examinateur veillera à faciliter l'expression du candidat et à lui permettre de mettre en avant ses connaissances.
Les conditions matérielles (en particulier la présence d'un tableau), les énoncés des questions posées seront adaptés aux modalités orales de cette épreuve.
L'usage des calculatrices électroniques est autorisé, dans le cadre de la réglementation en vigueur.
L'examinateur pourra fournir avec les questions certaines formules jugées nécessaires.

Pour le ministre de l'éducation nationale, de la jeunesse et de la vie associative
et par délégation,
Le directeur général de l'enseignement scolaire,
Jean-Michel Blanquer

Programme de mathématiques en Terminale S

L'arrêté du 12-07-2011 fixant le programme de l'enseignement spécifique et de spécialité de mathématiques en classe terminale de la série « scientifique » est paru au Journal Officiel de la République Française n° 0218 du 20-09-2011, et au Bulletin Officiel de l'Education Nationale spécial n° 8 du 13-10-2011. Ce programme entre en vigueur à partir de l'année scolaire 2012-2013.

Si l'on suit le découpage du programme adopté dans le manuel dirigé par Claude DESCHAMPS, maths T^{erm} S (collection Symbole, paru aux éditions Belin en 2012), l'enseignement spécifique (c'est-à-dire le tronc commun) comporte quatorze chapitres :

1) Récurrence et suites bornées
2) Limites d'une suite
3) Limites d'une fonction
4) Dérivées et continuité d'une fonction
5) Fonction exponentielle
6) Fonction logarithme
7) Intégration et primitives d'une fonction
8) Trigonométrie
9) Nombres complexes
10) Droites, plans et vecteurs
11) Produit scalaire
12) Conditionnement et indépendance
13) Notion de loi à densité
14) Lois normales, intervalle de fluctuation, estimation

Le tableau ci-dessous indique, pour chaque exercice traité dans cet ouvrage, les numéros des chapitres du programme sur lesquels il porte. Les cases sur fond blanc correspondent aux exercices communs à tous les candidats. Les cases sur fond grisé correspondent aux exercices destinés aux candidats n'ayant pas suivi l'enseignement de spécialité mathématiques. Les exercices contenant de l'algorithmique sont marqués d'un astérisque *.

	sujet	date	exercice 1	exercice 2	exercice 3	exercice 4
1	Pondichéry	16-04-2013	4-5-6-7	10-11	9-10-11	2-12-14 *
2	Liban	28-05-2013	10-11	12-13-14	3-4-5-7	1-2 *
3	Amérique du Nord	30-05-2013	10-11	1-2 *	12-13-14	3-4-5-6-7
4	Polynésie	07-06-2013	3-4-5-7 *	9-10-11	12-13-14	1-2
5	Centres étrangers	12-06-2013	12-13-14	10-11	4-5-7	1-2 *
6	Antilles Guyane	18-06-2013	10-11	12-14	3-4-5-7	1-2-9 *
7	Asie	19-06-2013	12-14	3-4-5	9-10-11	1-2 *
8	Métropole	20-06-2013	12	3-4-6-7 *	9-10-11	1-2-3
9	Antilles Guyane	11-09-2013	10-11	3-4-5-7	12-14	12 *
10	Métropole	12-09-2013	4-5-7 *	9-10-11	12-14	1-2-3
11	Nouvelle-Calédonie	14-11-2013	3-4-5	1-2 *	12-14	9
12	Amérique du Sud	21-11-2013	3-4-5	10-11	1-9	12-14
13	Nouvelle-Calédonie	07-03-2014	9	12-14	3-4-5-6-7 *	10-11
14	Pondichéry	08-04-2014	12-13-14	2-4-5-6-11	1-2-9 *	3-4-5-7

Exemple d'en-tête d'un sujet

BACCALAURÉAT GÉNÉRAL

SESSION 2013

MATHÉMATIQUES

Série S

Durée de l'épreuve : 4 heures   Coefficient : 7

ENSEIGNEMENT OBLIGATOIRE

Les calculatrices électroniques de poche sont autorisées,
conformément à la réglementation en vigueur.

Le sujet est composé de 4 exercices indépendants. Le candidat doit traiter tous les exercices.
Dans chaque exercice, le candidat peut admettre un résultat précédemment donné dans le texte pour aborder les questions suivantes, à condition de l'indiquer clairement sur la copie.
Le candidat est invité à faire figurer sur la copie toute trace de recherche, même incomplète ou non fructueuse, qu'il aura développée.
Il est rappelé que la qualité de la rédaction, la clarté et la précision des raisonnements seront prises en compte dans l'appréciation des copies.

Avant de composer, le candidat s'assurera que le sujet comporte bien 6 pages
numérotées de 1/6 à 6/6.

E1 : Enoncé du sujet Pondichéry (16 avril 2013)

Exercice 1 (5 points) : logarithme, exponentielle, dérivée, primitive

Commun à tous les candidats

Partie 1

On s'intéresse à l'évolution de la hauteur d'un plant de maïs en fonction du temps. Le graphique en annexe 1 représente cette évolution. La hauteur est en mètres et le temps en jours.

On décide de modéliser cette croissance par une fonction logistique du type :

$$h(t) = \frac{a}{1 + be^{-0,04t}}$$

où a et b sont des constantes réelles positives, t est la variable temps exprimée en jours et $h(t)$ désigne la hauteur du plant, exprimée en mètres.

On sait qu'initialement, pour $t = 0$, le plant mesure 0,1 m et que sa hauteur tend vers une hauteur limite de 2 m.

Déterminer les constantes a et b afin que la fonction h corresponde à la croissance du plant de maïs étudié.

Partie 2

On considère désormais que la croissance du plant de maïs est donnée par la fonction f définie sur $[0\,;250]$ par $f(t) = \dfrac{2}{1 + 19e^{-0,04t}}$.

1. Déterminer $f'(t)$ en fonction de t (f' désignant la fonction dérivée de la fonction f).

En déduire les variations de la fonction f sur l'intervalle $[0\,;250]$.

2. Calculer le temps nécessaire pour que le plant de maïs atteigne une hauteur supérieure à 1,5 m.

3.

a) Vérifier que pour tout réel t appartenant à l'intervalle $[0\,;250]$ on a $f(t) = \dfrac{2e^{0,04t}}{e^{0,04t} + 19}$.

Montrer que la fonction F définie sur l'intervalle $[0\,;250]$ par $F(t) = 50\ln(e^{0,04t} + 19)$ est une primitive de la fonction f.

b) Déterminer la valeur moyenne de f sur l'intervalle $[50\,;100]$. En donner une valeur approchée à 10^{-2} près et interpréter ce résultat.

4. On s'intéresse à la vitesse de croissance du plant de maïs ; elle est donnée par la fonction dérivée de la fonction f.

La vitesse de croissance est maximale pour une valeur de t.

En utilisant le graphique donné en annexe, déterminer une valeur approchée de celle-ci.

Estimer alors la hauteur du plant.

Exercice 2 (4 points) : géométrie dans l'espace

Commun à tous les candidats

Pour chacune des questions, quatre propositions de réponse sont données dont une seule est exacte. Pour chacune des questions indiquer, sans justification, la bonne réponse sur la copie. Une réponse exacte rapporte 1 point. Une réponse fausse ou l'absence de réponse ne rapporte ni n'enlève aucun point. Il en est de même dans le cas où plusieurs réponses sont données pour une même question.

L'espace est rapporté à un repère orthonormal. t et t' désignent des paramètres réels.
Le plan (P) a pour équation $x - 2y + 3z + 5 = 0$.

Le plan (S) a pour représentation paramétrique $\begin{cases} x = -2 + t + 2t' \\ y = -t - 2t' \\ z = -1 - t + 3t' \end{cases}$.

La droite (D) a pour représentation paramétrique $\begin{cases} x = -2 + t \\ y = -t \\ z = -1 - t \end{cases}$.

On donne les points de l'espace M(-1 ; 2 ; 3) et N(1 ; -2 ; 9).

1. Une représentation paramétrique du plan (P) est :

a) $\begin{cases} x = t \\ y = 1 - 2t \\ z = -1 + 3t \end{cases}$ b) $\begin{cases} x = t + 2t' \\ y = 1 - t + t' \\ z = -1 - t \end{cases}$ c) $\begin{cases} x = t + t' \\ y = 1 - t - 2t' \\ z = 1 - t - 3t' \end{cases}$ d) $\begin{cases} x = 1 + 2t + t' \\ y = 1 - 2t + 2t' \\ z = -1 - t' \end{cases}$

2. a) La droite (D) et le plan (P) sont sécants au point A(-8 ; 3 ; 2).
  b) La droite (D) et le plan (P) sont perpendiculaires.
  c) La droite (D) est une droite du plan (P).
  d) La droite (D) et le plan (P) sont strictement parallèles.

3. a) La droite (MN) et la droite (D) sont orthogonales.
  b) La droite (MN) et la droite (D) sont parallèles.
  c) La droite (MN) et la droite (D) sont sécantes.
  d) La droite (MN) et la droite (D) sont confondues.

4. a) Les plans (P) et (S) sont parallèles.
  b) La droite (Δ) de représentation paramétrique $\begin{cases} x = t \\ y = -2 - t \\ z = -3 - t \end{cases}$ est la droite d'intersection des plans (P) et (S).
  c) Le point M appartient à l'intersection des plans (P) et (S).
  d) Les plans (P) et (S) sont perpendiculaires.

Exercice 3 (5 points) : complexes et géométrie plane

Candidats n'ayant pas suivi l'enseignement de spécialité.

Le plan complexe est muni d'un repère orthonormé direct $(O, \vec{u}, \vec{v})$.
On note i le nombre complexe tel que $i^2 = -1$.

On considère le point A d'affixe $Z_A = 1$ et le point B d'affixe $Z_B = i$.
A tout point M d'affixe $Z_M = x + iy$, avec x et y deux réels tels que $y \neq 0$, on associe le point M' d'affixe $Z_{M'} = -iZ_M$.
On désigne par I le milieu du segment [AM].

Le but de l'exercice est de montrer que pour tout point M n'appartenant pas à (OA), la médiane (OI) du triangle OAM est aussi une hauteur du triangle OBM' (propriété 1) et que BM' = 2 OI (propriété 2).

1. Dans cette question et uniquement dans cette question, on prend $Z_M = 2\, e^{-i\frac{\pi}{3}}$.

a) Déterminer la forme algébrique de Z_M.

b) Montrer que $Z_{M'} = -\sqrt{3} - i$. Déterminer le module et un argument de $Z_{M'}$.

c) Placer les points A, B, M, M' et I dans le repère $(O, \vec{u}, \vec{v})$ en prenant 2 cm pour unité graphique. Tracer la droite (OI) et vérifier rapidement les propriétés 1 et 2 à l'aide du graphique.

2. On revient au cas général en prenant $Z_M = x + iy$ avec $y \neq 0$.

a) Déterminer l'affixe du point I en fonction de x et y.

b) Déterminer l'affixe du point M' en fonction de x et y.

c) Ecrire les coordonnées des points I, B et M'.

d) Montrer que la droite (OI) est une hauteur du triangle OBM'.

e) Montrer que BM' = 2 OI.

Exercice 4 (6 points) : probabilités, loi normale, suites, limite, algorithme

Commun à tous les candidats

Dans une entreprise, on s'intéresse à la probabilité qu'un salarié soit absent durant une période d'épidémie de grippe.
- Un salarié malade est absent.
- La première semaine de travail, le salarié n'est pas malade.
- Si la semaine n le salarié n'est pas malade, il tombe malade la semaine $n+1$ avec une probabilité égale à 0,04.
- Si la semaine n le salarié est malade, il reste malade la semaine $n+1$ avec une probabilité égale à 0,24.

On désigne, pour tout entier naturel n supérieur ou égal à 1, par E_n l'événement « le salarié est absent pour cause de maladie la n-ième semaine ». On note p_n la probabilité de l'événement E_n.
On a ainsi : $p_1 = 0$ et, pour tout entier naturel n supérieur ou égal à 1 : $0 \leq p_n < 1$.

1.
a) Déterminer la valeur de p_3 à l'aide d'un arbre de probabilité.

b) Sachant que le salarié a été absent pour cause de maladie la troisième semaine, déterminer la probabilité qu'il ait été aussi absent pour cause de maladie la deuxième semaine.

2.
a) Recopier sur la copie et compléter l'arbre de probabilité donné ci-dessous.

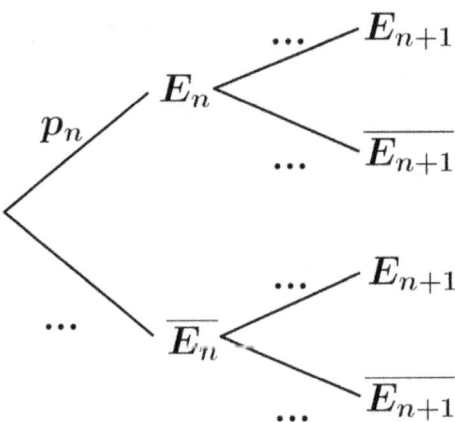

b) Montrer que, pour tout entier naturel n supérieur ou égal à 1, $p_{n+1} = 0{,}2 p_n + 0{,}04$.

c) Montrer que la suite (u_n) définie pour tout entier naturel n supérieur ou égal à 1 par $u_n = p_n - 0{,}05$ est une suite géométrique dont on donnera le premier terme et la raison r.
En déduire l'expression de u_n puis de p_n en fonction de n et r.

d) En déduire la limite de la suite (p_n).

e) On admet dans cette question que la suite (p_n) est croissante. On considère l'algorithme suivant :

Variables	K et J sont des entiers naturels, P est un nombre réel
Initialisation	P prend la valeur 0
	J prend la valeur 1
Entrée	Saisir la valeur K
Traitement	Tant que $P < 0{,}05 - 10^{-K}$
	P prend la valeur $0{,}2 \times P + 0{,}04$
	J prend la valeur $J + 1$
	Fin tant que
Sortie	Afficher J

A quoi correspond l'affichage final J ?

Pourquoi est-on sûr que cet algorithme s'arrête ?

3. Cette entreprise emploie 220 salariés. Pour la suite on admet que la probabilité pour qu'un salarié soit malade une semaine donnée durant cette période d'épidémie est égale à $p = 0{,}05$.
On suppose que l'état de santé d'un salarié ne dépend pas de l'état de santé de ses collègues.
On désigne par X la variable aléatoire qui donne le nombre de salariés malades une semaine donnée.

a) Justifier que la variable aléatoire X suit une loi binomiale dont on donnera les paramètres.
Calculer l'espérance mathématique μ et l'écart type σ de la variable aléatoire X.

b) On admet que l'on peut approcher la loi de la variable aléatoire $\dfrac{X-\mu}{\sigma}$ par la loi normale centrée réduite c'est-à-dire de paramètres 0 et 1.
On note Z une variable aléatoire suivant la loi normale centrée réduite. Le tableau suivant donne les probabilités de l'événement $Z < x$ pour quelques valeurs du nombre réel x.

x	$-1{,}55$	$-1{,}24$	$-0{,}93$	$-0{,}62$	$-0{,}31$	$0{,}00$	$0{,}31$	$0{,}62$	$0{,}93$	$1{,}24$	$1{,}55$
$P(Z<x)$	0,061	0,108	0,177	0,268	0,379	0,500	0,621	0,732	0,823	0,892	0,939

Calculer, au moyen de l'approximation proposée en question b), une valeur approchée à 10^{-2} près de la probabilité de l'événement : « le nombre de salariés absents dans l'entreprise au cours d'une semaine donnée est supérieur ou égal à 7 et inférieur ou égal à 15 ».

Annexe (Exercice 1)

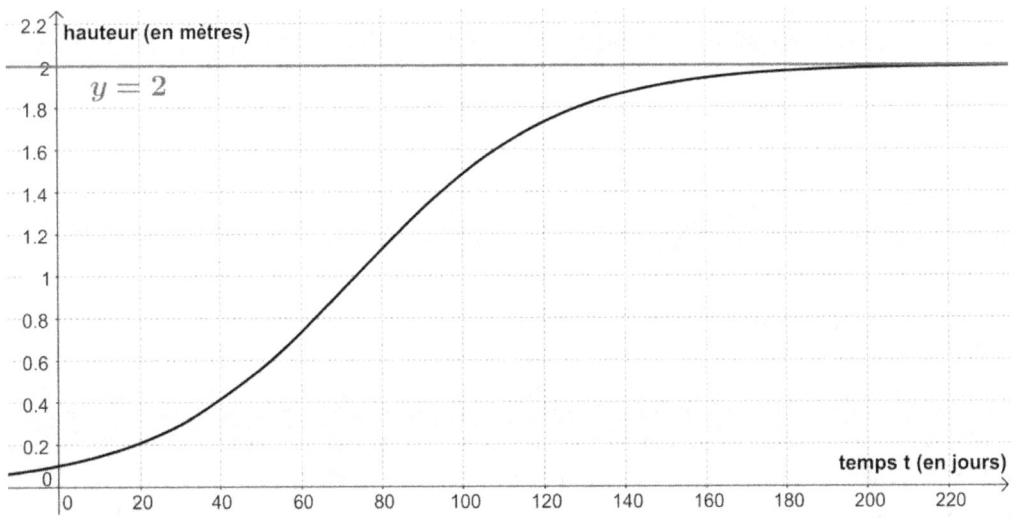

E2 : Énoncé du sujet Liban (28 mai 2013)

Exercice 1 (4 points) : géométrie dans l'espace

Commun à tous les candidats

Cet exercice est un questionnaire à choix multiples. Aucune justification n'est demandée.
Pour chacune des questions, une seule des propositions est correcte.
Chaque réponse correcte rapporte un point. Une réponse erronée ou une absence de réponse n'ôte pas de point. On notera sur la copie le numéro de la question, suivi de la lettre correspondant à la proposition choisie.

L'espace est rapporté à un repère orthonormé $(O, \vec{\imath}, \vec{\jmath}, \vec{k})$.
Les points A, B, C et D ont pour coordonnées respectives $A(1,-1,2)$, $B(3,3,8)$, $C(-3,5,4)$, $D(1,2,3)$.

On note $\mathcal{D}$ la droite ayant pour représentation paramétrique $\begin{cases} x = t+1 \\ y = 2t-1 \\ z = 3t+2 \end{cases}$, $t \in \mathbb{R}$

et $\mathcal{D}'$ la droite ayant pour représentation paramétrique $\begin{cases} x = k+1 \\ y = k+3 \\ z = -k+4 \end{cases}$, $k \in \mathbb{R}$.

On note $\mathcal{P}$ le plan d'équation $x + y - z + 2 = 0$.

Question 1 :
Proposition a : Les droites $\mathcal{D}$ et $\mathcal{D}'$ sont parallèles.
Proposition b : Les droites $\mathcal{D}$ et $\mathcal{D}'$ sont coplanaires.
Proposition c : Le point C appartient à la droite $\mathcal{D}$.
Proposition d : Les droites $\mathcal{D}$ et $\mathcal{D}'$ sont orthogonales.

Question 2 :
Proposition a : Le plan $\mathcal{P}$ contient la droite $\mathcal{D}$ et est parallèle à la droite $\mathcal{D}'$.
Proposition b : Le plan $\mathcal{P}$ contient la droite $\mathcal{D}'$ et est parallèle à la droite $\mathcal{D}$.
Proposition c : Le plan $\mathcal{P}$ contient la droite $\mathcal{D}$ et est orthogonal à la droite $\mathcal{D}'$.
Proposition d : Le plan $\mathcal{P}$ contient les droites $\mathcal{D}$ et $\mathcal{D}'$.

Question 3 :
Proposition a : Les points A, D et C sont alignés.
Proposition b : Le triangle ABC est rectangle en A.
Proposition c : Le triangle ABC est équilatéral.
Proposition d : Le point D est le milieu du segment [AB].

Question 4 :
On note $\mathcal{P}'$ le plan contenant la droite $\mathcal{D}'$ et le point A. Un vecteur normal à ce plan est :
Proposition a : $\vec{n}(-1,5,4)$.
Proposition b : $\vec{n}(3,-1,2)$.
Proposition c : $\vec{n}(1,2,3)$.
Proposition d : $\vec{n}(1,1,-1)$.

Exercice 2 (5 points) : probabilités et loi normale

Commun à tous les candidats

L'entreprise *Fructidoux* fabrique des compotes qu'elle conditionne en petits pots de 50 grammes. Elle souhaite leur attribuer la dénomination « compote allégée ».

La législation impose alors que la teneur en sucre, c'est-à-dire la proportion de sucre dans la compote, soit comprise entre 0,16 et 0,18. On dit dans ce cas que le petit pot de compote est conforme.

L'entreprise possède deux chaînes de fabrication F_1 et F_2.

Les parties A et B peuvent être traitées indépendamment.

Partie A

La chaîne de production F_2 semble plus fiable que la chaîne de production F_1. Elle est cependant moins rapide.
Ainsi, dans la production totale, 70 % des petits pots proviennent de la chaîne F_1 et 30 % de la chaîne F_2.
La chaîne F_1 produit 5 % de compotes non conformes et la chaîne F_2 en produit 1 %.
On prélève au hasard un petit pot dans la production totale.

On considère les événements :
E : « Le petit pot provient de la chaîne F_2. »
C : « Le petit pot est conforme. »

1. Construire un arbre pondéré sur lequel on indiquera les données qui précèdent.

2. Calculer la probabilité de l'événement : « Le petit pot est conforme et provient de la chaîne de production F_1. »

3. Déterminer la probabilité de l'événement C.

4. Déterminer, à 10^{-3} près, la probabilité de l'événement E sachant que l'événement C est réalisé.

Partie B

1. On note X la variable aléatoire qui, à un petit pot pris au hasard dans la production de la chaîne F_1, associe sa teneur en sucre.
On suppose que X suit la loi normale d'espérance $m_1 = 0{,}17$ et d'écart-type $\sigma_1 = 0{,}006$.
Dans la suite, on pourra utiliser le tableau ci-dessous.

α	β	$P(\alpha \leq X \leq \beta)$
0,13	0,15	0,000 4
0,14	0,16	0,047 8
0,15	0,17	0,499 6
0,16	0,18	0,904 4
0,17	0,19	0,499 6
0,18	0,20	0,047 8
0,19	0,21	0,000 4

Donner une valeur approchée à 10^{-4} près de la probabilité qu'un petit pot prélevé au hasard dans la production de la chaîne F_1 soit conforme.

2. On note Y la variable aléatoire qui, à un petit pot pris au hasard dans la production de la chaîne F_2, associe sa teneur en sucre.
On suppose que Y suit la loi normale d'espérance $m_2 = 0{,}17$ et d'écart-type σ_2.
On suppose de plus que la probabilité qu'un petit pot prélevé au hasard dans la production de la chaîne F_2 soit conforme est égale à 0,99.
Soit Z la variable aléatoire $Z = \dfrac{Y - m_2}{\sigma_2}$.

a. Quelle loi la variable aléatoire Z suit-elle ?

b. Déterminer, en fonction de σ_2, l'intervalle auquel appartient Z lorsque Y appartient à l'intervalle [0,16 ; 0,18].

c. En déduire une valeur approchée à 10^{-3} près de σ_2.
On pourra utiliser le tableau donné ci-dessous, dans lequel la variable aléatoire Z suit la loi normale d'espérance 0 et d'écart-type 1.

β	$P(-\beta \leq Z \leq \beta)$
2,432 4	0,985
2,457 3	0,986
2,483 8	0,987
2,512 1	0,988
2,542 7	0,989
2,575 8	0,990
2,612 1	0,991
2,652 1	0,992
2,696 8	0,993

Exercice 3 (6 points) : exponentielle, dérivée, limite, intégrale

Commun à tous les candidats

Etant donné un nombre k, on considère la fonction f_k définie sur $\mathbb{R}$ par $f_k(x) = \dfrac{1}{1+e^{-kx}}$.
Le plan est muni d'un repère orthonormé $(O\ ;\ \vec{\imath}, \vec{\jmath})$.

Partie A

Dans cette partie on choisit $k=1$. On a donc, pour tout réel x, $f_1(x) = \dfrac{1}{1+e^{-x}}$.

La représentation graphique $\mathcal{C}_1$ de la fonction f_1 dans le repère $(O\ ;\ \vec{\imath}, \vec{\jmath})$ est donnée en **Annexe, à rendre avec la copie**.

1. Déterminer les limites de $f_1(x)$ en $+\infty$ et en $-\infty$ et interpréter graphiquement les résultats obtenus.

2. Démontrer que, pour tout réel x, $f_1(x) = \dfrac{e^x}{1+e^x}$.

3. On appelle f_1' la fonction dérivée de f_1 sur $\mathbb{R}$. Calculer, pour tout réel x, $f_1'(x)$.
En déduire les variations de la fonction f_1 sur $\mathbb{R}$.

4. On définit le nombre $I = \displaystyle\int_0^1 f_1(x)\,dx$. Montrer que $I = \ln\left(\dfrac{1+e}{2}\right)$.
Donner une interprétation graphique de I.

Partie B

Dans cette partie, on choisit $k=-1$ et on souhaite tracer la courbe $\mathcal{C}_{-1}$, représentant la fonction f_{-1}. Pour tout réel x, on appelle P le point de $\mathcal{C}_1$ d'abscisse x et M le point de $\mathcal{C}_{-1}$ d'abscisse x.
On note K le milieu du segment [MP].

1. Montrer que, pour tout réel x, $f_1(x) + f_{-1}(x) = 1$.

2. En déduire que le point K appartient à la droite d'équation $y = \dfrac{1}{2}$.

3. Tracer la courbe $\mathcal{C}_{-1}$ sur l'**Annexe, à rendre avec la copie**.

4. En déduire l'aire, en unités d'aire, du domaine délimité par les courbes $\mathcal{C}_1$, $\mathcal{C}_{-1}$, l'axe des ordonnées et la droite d'équation $x=1$.

Partie C

Dans cette partie, on ne privilégie pas de valeur particulière du paramètre k.
Pour chacune des affirmations suivantes, dire si elle est vraie ou fausse et justifier la réponse.

1. Quelle que soit la valeur du nombre réel k, la représentation graphique de la fonction f_k est strictement comprise entre les droites d'équations $y=0$ et $y=1$.

2. Quelle que soit la valeur du réel k, la fonction f_k est strictement croissante.

3. Pour tout réel $k \geq 10$, $f_k\left(\dfrac{1}{2}\right) \geq 0{,}99$.

Exercice 4 (5 points) : suites, récurrence, limite, algorithme

Candidats N'AYANT PAS SUIVI l'enseignement de spécialité

On considère la suite numérique (v_n) définie pour tout entier naturel n par $\begin{cases} v_0 = 1 \\ v_{n+1} = \dfrac{9}{6 - v_n} \end{cases}$.

Partie A

1. On souhaite écrire un algorithme affichant, pour un entier naturel n donné, tous les termes de la suite, du rang 0 au rang n.

Parmi les trois algorithmes suivants, un seul convient. Préciser lequel en justifiant la réponse.

Algorithme N° 1	Algorithme N° 2	Algorithme N° 3

Variables :
 v est un réel
 i et n sont des entiers naturels
 	
 Début de l'algorithme :
 Lire n
 v prend la valeur 1
 Pour i variant de 1 à n faire
     v prend la valeur $\dfrac{9}{6-v}$
 Fin pour
 Afficher v
 Fin algorithme.
	Variables :
	 v est un réel
	 i et n sont des entiers naturels
	
	 Début de l'algorithme :
	 Lire n
	 Pour i variant de 1 à n faire
	     v prend la valeur 1
	     Afficher v
	     v prend la valeur $\dfrac{9}{6-v}$
	 Fin pour
	 Fin algorithme.
		Variables :
		 v est un réel
		 i et n sont des entiers naturels
		
		 Début de l'algorithme :
		 Lire n
		 v prend la valeur 1
		 Pour i variant de 1 à n faire
		     Afficher v
		     v prend la valeur $\dfrac{9}{6-v}$
		 Fin pour
		 Afficher v
		 Fin algorithme.

2. Pour $n = 10$, on obtient l'affichage suivant :

1	1,800	2,143	2,333	2,455	2,538	2,600	2,647	2,684	2,714

Pour $n = 100$, les derniers termes affichés sont :

2,967	2,968	2,968	2,968	2,969	2,969	2,969	2,970	2,970	2,970

Quelles conjectures peut-on émettre concernant la suite (v_n) ?

3. a. Démontrer par récurrence que, pour tout entier naturel n, $0 < v_n < 3$.

   b. Démontrer que, pour tout entier naturel n, $v_{n+1} - v_n = \dfrac{(3 - v_n)^2}{6 - v_n}$.

    La suite (v_n) est-elle monotone ?

   c. Démontrer que la suite (v_n) est convergente.

Partie B : Recherche de la limite de la suite (v_n)

On considère la suite (w_n) définie pour tout n entier naturel par $w_n = \dfrac{1}{v_n - 3}$.

1. Démontrer que (w_n) est une suite arithmétique de raison $-\dfrac{1}{3}$.

2. En déduire l'expression de (w_n), puis celle de (v_n), en fonction de n.

3. Déterminer la limite de la suite (v_n).

Annexe de l'exercice 3, à rendre avec la copie

Représentation graphique $\mathcal{C}_1$ de la fonction f_1

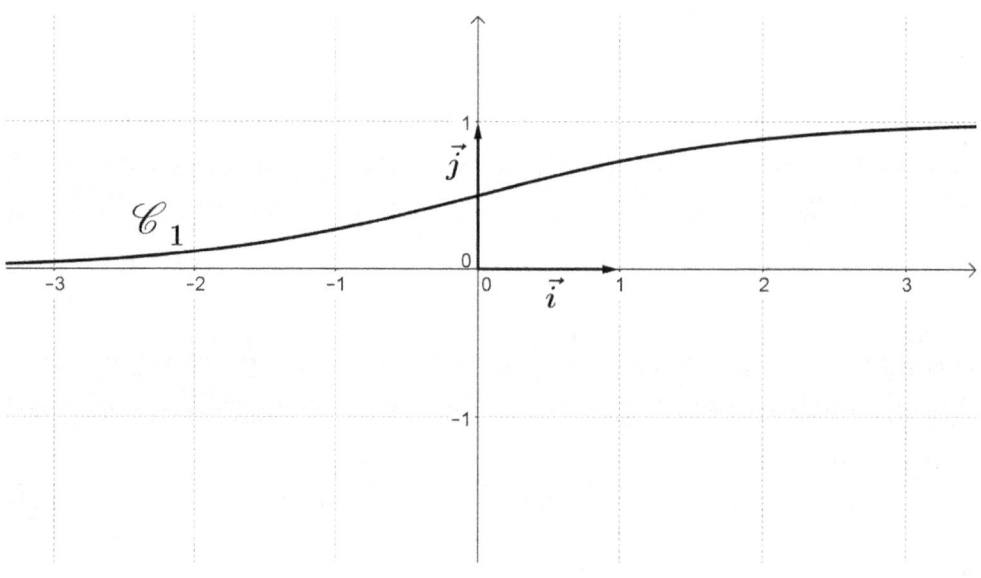

E3 : Énoncé du sujet Amérique du Nord (30 mai 2013)

Exercice 1 (5 points) : géométrie dans l'espace

Commun à tous les candidats

On se place dans l'espace muni d'un repère orthonormé.

On considère les points $A(0, 4, 1)$, $B(1, 3, 0)$, $C(2, -1, -2)$, $D(7, -1, 4)$.

1. Démontrer que les points A, B et C ne sont pas alignés.

2. Soit Δ la droite passant par le point D et de vecteur directeur $\vec{u}(2, -1, 3)$.

a. Démontrer que la droite Δ est orthogonale au plan (ABC).

b. En déduire une équation cartésienne du plan (ABC).

c. Déterminer une représentation paramétrique de la droite Δ.

d. Déterminer les coordonnées du point H, intersection de la droite Δ et du plan (ABC).

3. Soit $\mathcal{P}_1$ le plan d'équation $x + y + z = 0$ et $\mathcal{P}_2$ le plan d'équation $x + 4y + 2 = 0$.

a. Démontrer que les plans $\mathcal{P}_1$ et $\mathcal{P}_2$ sont sécants.

b. Vérifier que la droite d, intersection des plans $\mathcal{P}_1$ et $\mathcal{P}_2$, a pour représentation paramétrique :

$$\begin{cases} x = -4t - 2 \\ y = t \\ z = 3t + 2 \end{cases}, \quad t \in \mathbb{R}.$$

c. La droite d et le plan (ABC) sont-ils sécants ou parallèles ?

Exercice 2 (5 points) : suites, récurrence, limite, algorithme

Candidats N'AYANT PAS SUIVI l'enseignement de spécialité mathématiques

On considère la suite (u_n) définie par $u_0 = 1$ et, pour tout entier naturel n, $u_{n+1} = \sqrt{2u_n}$.

1. On considère l'algorithme suivant :

Variables :	n est un entier naturel
	u est un réel positif
Initialisation :	Demander la valeur de n
	Affecter à u la valeur 1
Traitement :	Pour i variant de 1 à n :
	$\quad$ Affecter à u la valeur $\sqrt{2u}$
	Fin de Pour
Sortie :	Afficher u

a. Donner une valeur approchée à 10^{-4} près du résultat qu'affiche cet algorithme lorsque l'on choisit $n = 3$.

b. Que permet de calculer cet algorithme ?

c. Le tableau ci-dessous donne des valeurs approchées obtenues à l'aide de cet algorithme pour certaines valeurs de n :

n	1	5	10	15	20
Valeur affichée	1,4142	1,9571	1,9986	1,9999	1,9999

Quelles conjectures peut-on émettre concernant la suite (u_n) ?

2. **a.** Démontrer que, pour tout entier naturel n, $0 < u_n \leq 2$.

b. Déterminer le sens de variation de la suite (u_n).

c. Démontrer que la suite (u_n) est convergente. On ne demande pas la valeur de sa limite.

3. On considère la suite (v_n) définie, pour tout entier naturel n, par $v_n = \ln u_n - \ln 2$.

a. Démontrer que la suite (v_n) est la suite géométrique de raison $\frac{1}{2}$ et de premier terme $v_0 = -\ln 2$.

b. Déterminer, pour tout entier naturel n, l'expression de v_n en fonction de n, puis de u_n en fonction de n.

c. Déterminer la limite de la suite (u_n).

d. Recopier l'algorithme ci-dessous et le compléter par les instructions du traitement et de la sortie, de façon à afficher en sortie la plus petite valeur de n telle que $u_n > 1,999$.

Variables :	n est un entier naturel
	u est un réel
Initialisation :	Affecter à n la valeur 0
	Affecter à u la valeur 1
Traitement :	
Sortie :	

Exercice 3 (5 points) : probabilités, lois normale et exponentielle, fluctuation

Commun à tous les candidats

Les parties A, B et C peuvent être traitées indépendamment les unes des autres.

Une boulangerie industrielle utilise une machine pour fabriquer des pains de campagne pesant en moyenne 400 grammes. Pour être vendus aux clients, ces pains doivent peser au moins 385 grammes. Un pain dont la masse est strictement inférieure à 385 grammes est un pain non commercialisable, un pain dont la masse est supérieure ou égale à 385 grammes est commercialisable.

La masse d'un pain fabriqué par la machine peut être modélisée par une variable aléatoire X suivant la loi normale d'espérance $\mu = 400$ et d'écart-type $\sigma = 11$.

Les probabilités seront arrondies au millième le plus proche.

Partie A

On pourra utiliser le tableau suivant dans lequel les valeurs sont arrondies au millième le plus proche.

x	380	385	390	395	400	405	410	415	420
$P(X \leq x)$	0,035	0,086	0,182	0,325	0,5	0,675	0,818	0,914	0,965

1. Calculer $P(390 \leq X \leq 410)$.

2. Calculer la probabilité p qu'un pain choisi au hasard dans la production soit commercialisable.

3. Le fabricant trouve cette probabilité p trop faible. Il décide de modifier ses méthodes de production afin de faire varier la valeur de σ sans modifier celle de μ.

Pour quelle valeur de σ la probabilité qu'un pain soit commercialisable est-elle égale à 96 % ?
On arrondira le résultat au dixième.

On pourra utiliser le résultat suivant : lorsque Z est une variable aléatoire qui suit la loi normale d'espérance 0 et d'écart-type 1, on a $P(Z \leq -1{,}751) \approx 0{,}040$.

Partie B

Les méthodes de production ont été modifiées dans le but d'obtenir 96 % de pains commercialisables.
Afin d'évaluer l'efficacité de ces modifications, on effectue un contrôle qualité sur un échantillon de 300 pains fabriqués.

1. Déterminer l'intervalle de fluctuation asymptotique au seuil de 95% de la proportion de pains commercialisables dans un échantillon de taille 300.

2. Parmi les 300 pains de l'échantillon, 283 sont commercialisables.
Au regard de l'intervalle de fluctuation obtenu à la question **1**, peut-on décider que l'objectif a été atteint ?

Partie C

Le boulanger utilise une balance électronique. Le temps de fonctionnement sans dérèglement, en jours, de cette balance électronique est une variable aléatoire T qui suit une loi exponentielle de paramètre λ.

1. On sait que la probabilité que la balance électronique ne se dérègle pas avant 30 jours est de 0,913. En déduire la valeur de λ arrondie au millième.
Dans toute la suite on prendra $\lambda = 0{,}003$.

2. Quelle est la probabilité que la balance électronique fonctionne encore sans dérèglement après 90 jours, sachant qu'elle a fonctionné sans dérèglement 60 jours ?

3. Le vendeur de cette balance électronique a assuré au boulanger qu'il y avait une chance sur deux pour que la balance ne se dérègle pas avant un an. A-t-il raison ? Si non, pour combien de jours est-ce vrai ?

Exercice 4 (5 points) : exponentielle, logarithme, dérivée, limite, intégrale

Commun à tous les candidats

Soit f la fonction définie sur l'intervalle $]0\,,+\infty[$ par $f(x) = \dfrac{1+\ln(x)}{x^2}$
et soit $\mathscr{C}$ la courbe représentative de la fonction f dans un repère du plan.
La courbe $\mathscr{C}$ est donnée ci-dessous :

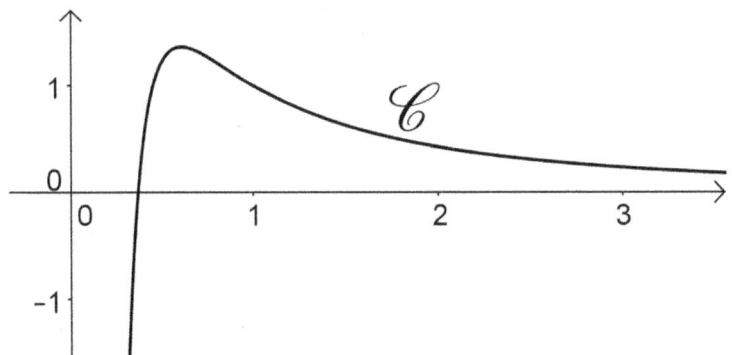

1. a. Étudier la limite de f en 0.

b. Que vaut $\lim\limits_{x \to +\infty} \dfrac{\ln(x)}{x}$? En déduire la limite de la fonction f en $+\infty$.

c. En déduire les asymptotes éventuelles à la courbe $\mathscr{C}$.

2. a. On note f' la fonction dérivée de la fonction f sur l'intervalle $]0\,,+\infty[$.
Démontrer que, pour tout réel x appartenant à l'intervalle $]0\,,+\infty[$, $f'(x) = \dfrac{-1-2\ln(x)}{x^3}$.

b. Résoudre sur l'intervalle $]0\,,+\infty[$ l'inéquation $-1-2\ln(x) > 0$.
En déduire le signe de $f'(x)$ sur l'intervalle $]0\,,+\infty[$.

c. Dresser le tableau des variations de la fonction f.

3. a. Démontrer que la courbe $\mathscr{C}$ a un unique point d'intersection avec l'axe des abscisses, dont on précisera les coordonnées.

b. En déduire le signe de $f(x)$ sur l'intervalle $]0\,,+\infty[$.

4. Pour tout entier $n \geq 1$, on note I_n l'aire, exprimée en unités d'aires, du domaine délimité par l'axe des abscisses, la courbe $\mathscr{C}$ et les droites d'équations respectives $x = \dfrac{1}{e}$ et $x = n$.

a. Démontrer que $0 \leq I_2 \leq e - \dfrac{1}{2}$.

On admet que la fonction F, définie sur l'intervalle $]0\,,+\infty[$ par $F(x) = \dfrac{-2-\ln(x)}{x}$, est une primitive de la fonction f sur l'intervalle $]0\,,+\infty[$.

b. Calculer I_n en fonction de n.

c. Étudier la limite de I_n en $+\infty$. Interpréter graphiquement le résultat obtenu.

E4 : Enoncé du sujet Polynésie (7 juin 2013)

Exercice 1 (6 points) : exponentielle, dérivée, intégrale, limite, algorithme

Commun à tous les candidats

On considère la fonction f définie sur $\mathbb{R}$ par $f(x) = (x+2)e^{-x}$. On note $\mathscr{C}$ la courbe représentative de la fonction f dans un repère orthogonal.

1. Etude de la fonction f.

a. Déterminer les coordonnées des points d'intersection de la courbe $\mathscr{C}$ avec les axes du repère.

b. Etudier les limites de la fonction f en $-\infty$ et en $+\infty$. En déduire les éventuelles asymptotes à la courbe $\mathscr{C}$.

c. Etudier les variations de la fonction f sur $\mathbb{R}$.

2. Calcul d'une valeur approchée de l'aire sous une courbe.

On note $\mathscr{D}$ le domaine compris entre l'axe des abscisses, la courbe $\mathscr{C}$ et les droites d'équations $x = 0$ et $x = 1$. On approche l'aire du domaine $\mathscr{D}$ en calculant une somme d'aires de rectangles.

a. Dans cette question, on découpe l'intervalle $[0, 1]$ en quatre intervalles de même longueur :

- Sur l'intervalle $\left[0, \dfrac{1}{4}\right]$, on construit un rectangle de hauteur $f(0)$.
- Sur l'intervalle $\left[\dfrac{1}{4}, \dfrac{1}{2}\right]$, on construit un rectangle de hauteur $f\left(\dfrac{1}{4}\right)$.
- Sur l'intervalle $\left[\dfrac{1}{2}, \dfrac{3}{4}\right]$, on construit un rectangle de hauteur $f\left(\dfrac{1}{2}\right)$.
- Sur l'intervalle $\left[\dfrac{3}{4}, 1\right]$, on construit un rectangle de hauteur $f\left(\dfrac{3}{4}\right)$.

Cette construction est illustrée ci-dessous.

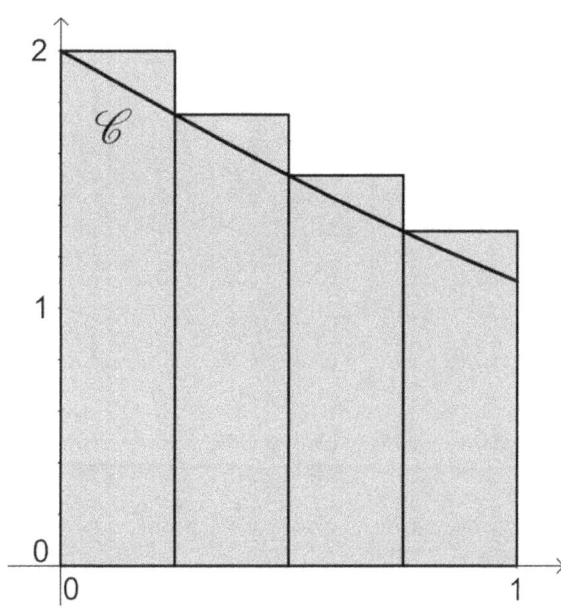

L'algorithme ci-dessous permet d'obtenir une valeur approchée de l'aire du domaine $\mathcal{D}$ en ajoutant les aires des quatre rectangles précédents :

Variables :	k est un nombre entier
	S est un nombre réel
Initialisation :	Affecter à S la valeur 0
Traitement :	Pour k variant 0 à 3
	$\quad$ Affecter à S la valeur $S + \frac{1}{4} f\left(\frac{k}{4}\right)$
	Fin Pour
Sortie :	Afficher S

Donner une valeur approchée à 10^{-3} près du résultat affiché par cet algorithme.

b. Dans cette question, N est un nombre entier strictement supérieur à 1. On découpe l'intervalle [0 , 1] en N intervalles de même longueur. Sur chacun de ces intervalles, on construit un rectangle en procédant de la même manière qu'à la question 2.a.
Modifier l'algorithme précédent afin qu'il affiche en sortie la somme des aires des N rectangles ainsi construits.

3. Calcul de la valeur exacte de l'aire sous une courbe.

Soit g la fonction définie sur $\mathbb{R}$ par $g(x) = (-x - 3)e^{-x}$. On admet que la fonction g est une primitive de la fonction f sur $\mathbb{R}$.

a. Calculer l'aire exacte $\mathcal{A}$ du domaine $\mathcal{D}$, exprimée en unités d'aire.

b. Donner une valeur approchée à 10^{-3} près de l'erreur commise en remplaçant $\mathcal{A}$ par la valeur approchée trouvée au moyen de l'algorithme à la question 2.a, c'est-à-dire de l'écart entre ces deux valeurs.

Exercice 2 (4 points) : complexes et géométrie dans l'espace

Commun à tous les candidats

Cet exercice est un questionnaire à choix multiples. Aucune justification n'est demandée. Pour chacune des questions, une seule des quatre propositions est exacte. Chaque réponse correcte rapporte un point. Une réponse erronée ou une absence de réponse n'ôte pas de point. Le candidat indiquera sur la copie le numéro de la question et la réponse choisie.

1. Soit $z_1 = \sqrt{6}\, e^{i\frac{\pi}{4}}$ et $z_2 = \sqrt{2}\, e^{-i\frac{\pi}{3}}$. La forme exponentielle de $i\dfrac{z_1}{z_2}$ est :

a. $\sqrt{3}\, e^{i\frac{19\pi}{12}}$ **b.** $\sqrt{3}\, e^{-i\frac{\pi}{12}}$ **c.** $\sqrt{3}\, e^{i\frac{7\pi}{12}}$ **d.** $\sqrt{3}\, e^{i\frac{13\pi}{12}}$

2. L'équation $-z = \bar{z}$, d'inconnue complexe z, admet :

a. une solution.

b. deux solutions.

c. une infinité de solutions dont les points images dans le plan complexe sont situés sur une droite.

d. une infinité de solutions dont les points images dans le plan complexe sont situés sur un cercle.

3. Dans un repère de l'espace, on considère les trois points $A(1, 2, 3)$, $B(-1, 5, 4)$, $C(-1, 0, 4)$. La droite parallèle à la droite (AB) passant par le point C a pour représentation paramétrique :

a. $\begin{cases} x = -2t - 1 \\ y = 3t \\ z = t + 4 \end{cases}, t \in \mathbb{R}$ **b.** $\begin{cases} x = -1 \\ y = 7t \\ z = 7t + 4 \end{cases}, t \in \mathbb{R}$ **c.** $\begin{cases} x = -1 - 2t \\ y = 5 + 3t \\ z = 4 + t \end{cases}, t \in \mathbb{R}$ **d.** $\begin{cases} x = 2t \\ y = -3t \\ z = -t \end{cases}, t \in \mathbb{R}$

4. Dans un repère orthonormé de l'espace, on considère le plan $\mathscr{P}$ passant par le point $D(-1, 2, 3)$ et de vecteur normal $\vec{n}(3, -5, 1)$, et la droite Δ de représentation paramétrique :

$$\begin{cases} x = t - 7 \\ y = t + 3 \\ z = 2t + 5 \end{cases}, t \in \mathbb{R}.$$

a. La droite Δ est perpendiculaire au plan $\mathscr{P}$.

b. La droite Δ est parallèle au plan $\mathscr{P}$ et n'a pas de point commun avec le plan $\mathscr{P}$.

c. La droite Δ et le plan $\mathscr{P}$ sont sécants.

d. La droite Δ est incluse dans le plan $\mathscr{P}$.

Exercice 3 (5 points) : probabilités, loi normale, fluctuation

Commun à tous les candidats

Les 3 parties peuvent être traitées de façon indépendante.
Thomas possède un lecteur MP3 sur lequel il a stocké plusieurs milliers de morceaux musicaux. L'ensemble des morceaux musicaux qu'il possède se divise en trois genres distincts selon la répartition suivante :
    30 % de musique classique, 45 % de variété, le reste étant du jazz.
Thomas a utilisé deux qualités d'encodage pour stocker ses morceaux musicaux : un encodage haute qualité et un encodage standard. On sait que :
- Les $\frac{5}{6}$ des morceaux de musique classique sont encodés en haute qualité.
- Les $\frac{5}{9}$ des morceaux de variété sont encodés en qualité standard.

On considérera les événements suivants :
  C : « Le morceau écouté est un morceau de musique classique » ;
  V : « Le morceau écouté est un morceau de variété » ;
  J : « Le morceau écouté est un morceau de jazz » ;
  H : « Le morceau écouté est encodé en haute qualité » ;
  S : « Le morceau écouté est encodé en qualité standard ».

Partie 1
Thomas décide d'écouter un morceau au hasard parmi tous les morceaux stockés sur son MP3 en utilisant la fonction « lecture aléatoire ».
On pourra s'aider d'un arbre de probabilités.
1. Quelle est la probabilité qu'il s'agisse d'un morceau de musique classique encodé en haute qualité ?
2. On sait que $P(H) = \frac{13}{20}$.
a. Les événements C et H sont-ils indépendants ?
b. Calculer $P(J \cap H)$ et $P_J(H)$.

Partie 2
Pendant un long trajet en train, Thomas écoute, en utilisant la fonction « lecture aléatoire » de son MP3, 60 morceaux de musique.
1. Déterminer l'intervalle de fluctuation asymptotique au seuil de 95 % de la proportion de morceaux de musique classique dans un échantillon de taille 60.
2. Thomas a comptabilisé qu'il avait écouté 12 morceaux de musique classique pendant son voyage. Peut-on penser que la fonction « lecture aléatoire » du lecteur MP3 de Thomas est défectueuse ?

Partie 3
On considère la variable aléatoire X qui, à chaque chanson stockée sur le lecteur MP3, associe sa durée exprimée en secondes et on établit que X suit la loi normale d'espérance 200 et d'écart-type 20.
On pourra utiliser le tableau fourni en annexe dans lequel les valeurs sont arrondies au millième le plus proche.
On écoute un morceau musical au hasard.
1. Donner une valeur approchée à 10^{-3} près de $P(180 \leq X \leq 220)$.
2. Donner une valeur approchée à 10^{-3} près de la probabilité que le morceau écouté dure plus de 4 minutes.

Exercice 4 (5 points) : suites, récurrence, limite

Candidats N'AYANT PAS SUIVI l'enseignement de spécialité mathématiques

On considère la suite (u_n) définie par $u_0 = \dfrac{1}{2}$ et telle que pour tout entier naturel n,

$$u_{n+1} = \dfrac{3u_n}{1 + 2u_n}.$$

1.

a. Calculer u_1 et u_2.

b. Démontrer, par récurrence, que pour tout entier naturel n, $0 < u_n$.

2. On admet que, pour tout entier naturel n, $u_n < 1$.

a. Démontrer que la suite (u_n) est croissante.

b. Démontrer que la suite (u_n) converge.

3. Soit (v_n) la suite définie, pour tout entier naturel n, par $v_n = \dfrac{u_n}{1 - u_n}$.

a. Montrer que la suite (v_n) est une suite géométrique de raison 3.

b. Exprimer pour tout entier naturel n, v_n en fonction de n.

c. En déduire que, pour tout entier naturel n, par $u_n = \dfrac{3^n}{3^n + 1}$.

d. Déterminer la limite de la suite (u_n).

Annexe de l'exercice 3

X est une variable aléatoire qui suit la loi normale d'espérance 200 et d'écart-type 20.

b	$P(X \leq b)$
140	0,001
150	0,006
160	0,023
170	0,067
180	0,159
190	0,309
200	0,500
210	0,691
220	0,841
230	0,933
240	0,977
250	0,994
260	0,999

E5 : Énoncé du sujet Centres étrangers (12 juin 2013)

Exercice 1 (6 points) : probabilités, lois exponentielle et normale, fluctuation

Commun à tous les candidats

Un industriel fabrique des vannes électroniques destinées à des circuits hydrauliques.
Les quatre parties A, B, C, D sont indépendantes.

Partie A

La durée de vie d'une vanne, exprimée en heures, est une variable aléatoire T qui suit la loi exponentielle de paramètre $\lambda = 0{,}0002$.

1. Quelle est la durée de vie moyenne d'une vanne ?

2. Calculer la probabilité, à 0,001 près, que la durée de vie d'une vanne soit supérieure à 6000 heures.

Partie B

Avec trois vannes identiques V_1, V_2, V_3, on fabrique le circuit hydraulique ci-contre.
Le circuit est en état de marche si V_1 est en état de marche ou si V_2 et V_3 le sont simultanément.

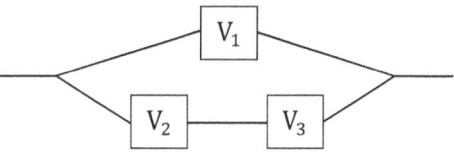

On assimile à une expérience aléatoire le fait que chaque vanne est ou n'est pas en état de marche après 6000 heures. On note :
- F_1 l'événement : « la vanne V_1 est en état de marche après 6000 heures » ;
- F_2 l'événement : « la vanne V_2 est en état de marche après 6000 heures » ;
- F_3 l'événement : « la vanne V_3 est en état de marche après 6000 heures » ;
- E l'événement : « le circuit est en état de marche après 6000 heures ».

On admet que les événements F_1, F_2, F_3 sont deux à deux indépendants et ont chacun une probabilité égale à 0,3.

1. L'arbre probabiliste ci-contre représente une partie de la situation.
Reproduire cet arbre et placer les probabilités sur les branches.

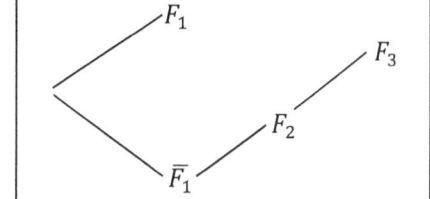

2. Démontrer que $P(E) = 0{,}363$.

3. Sachant que le circuit est en état de marche après 6000 heures, calculer la probabilité que la vanne V_1 soit en état de marche à ce moment-là. Arrondir au millième.

Partie C

L'industriel affirme que seulement 2 % des vannes qu'il fabrique sont défectueuses. On suppose que cette affirmation est vraie, et l'on note F la variable aléatoire égale à la fréquence de vannes défectueuses dans un échantillon aléatoire de 400 vannes prises dans la production totale.

1. Déterminer l'intervalle I de fluctuation asymptotique au seuil de 95 % de la variable F.

2. On choisit 400 vannes au hasard dans la production. On assimile ce choix à un tirage aléatoire de 400 vannes, avec remise, dans la production.

Parmi ces 400 vannes, 10 sont défectueuses.

Au vu de ce résultat, peut-on remettre en cause, au seuil de 95 %, l'affirmation de l'industriel ?

Partie D

Dans cette partie, les probabilités calculées seront arrondies au millième.

L'industriel commercialise ses vannes auprès de nombreux clients. La demande mensuelle est une variable aléatoire D qui suit la loi normale d'espérance $m = 800$ et d'écart-type $\sigma = 40$.

1. Déterminer $P(760 \leq D \leq 840)$.

2. Déterminer $P(D \leq 880)$.

3. L'industriel pense que s'il constitue un stock mensuel de 880 vannes, il n'aura pas plus de 1 % de chance d'être en rupture de stock. A-t-il raison ?

Exercice 2 (4 points) : géométrie dans l'espace

Commun à tous les candidats

Les quatre questions sont indépendantes.

Pour chaque question, une affirmation est proposée. Indiquer si elle est vraie ou fausse, en justifiant la réponse. Une réponse non justifiée ne sera pas prise en compte.

Dans l'espace muni d'un repère orthonormé on considère :
- les points $A(12, 0, 0)$, $B(0, -15, 0)$, $C(0, 0, 20)$, $D(2, 7, -6)$, $E(7, 3, -3)$;
- le plan $\mathcal{P}$ d'équation cartésienne : $2x + y - 2z - 5 = 0$.

Affirmation 1

Une équation cartésienne du plan parallèle à $\mathcal{P}$ et passant par le point A est :
$$2x + y + 2z - 24 = 0.$$

Affirmation 2

Une représentation paramétrique de la droite (AC) est : $\begin{cases} x = 9 - 3t \\ y = 0 \\ z = 5 + 5t \end{cases}$ $(t \in \mathbb{R})$.

Affirmation 3

La droite (DE) et le plan $\mathcal{P}$ ont au moins un point commun.

Affirmation 4

La droite (DE) est orthogonale au plan (ABC).

Exercice 3 (5 points) : exponentielle, dérivée, intégrale
Commun à tous les candidats

On considère la fonction g définie pour tout réel x de l'intervalle $[0\,;1]$ par : $g(x) = 1 + e^{-x}$.
On admet que, pour tout réel x de l'intervalle $[0\,;1]$, $g(x) \geq 0$.

On note $\mathscr{C}$ la courbe représentative de la fonction g dans un repère orthogonal, et $\mathscr{D}$ le domaine plan compris d'une part entre l'axe des abscisses et la courbe $\mathscr{C}$, d'autre part entre les droites d'équations $x = 0$ et $x = 1$. La courbe $\mathscr{C}$ et le domaine $\mathscr{D}$ sont représentés ci-contre.
Le but de cet exercice est de partager le domaine $\mathscr{D}$ en deux domaines de même aire,

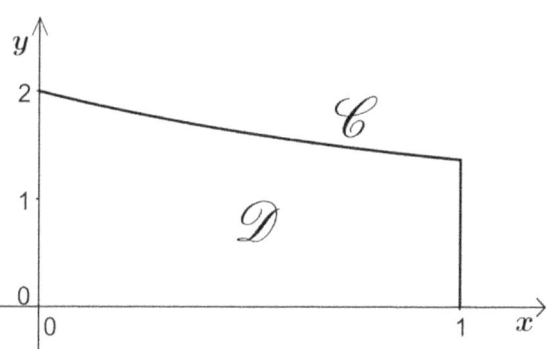

d'abord par une droite parallèle à l'axe des ordonnées (partie A), puis par une droite parallèle à l'axe des abscisses (partie B).

Partie A

Soit a un réel tel que $0 \leq a \leq 1$.
On note $\mathscr{A}_1$ l'aire du domaine compris entre la courbe $\mathscr{C}$, l'axe (Ox), les droites d'équations $x = 0$ et $x = a$, puis $\mathscr{A}_2$ celle du domaine compris entre la courbe $\mathscr{C}$, l'axe (Ox) et les droites d'équations $x = a$ et $x = 1$. $\mathscr{A}_1$ et $\mathscr{A}_2$ sont exprimées en unité d'aire.

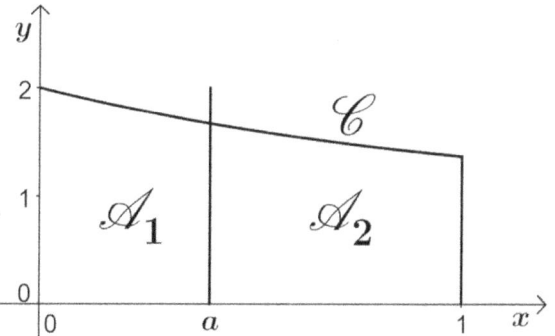

1. a) Démontrer que $\mathscr{A}_1 = a - e^{-a} + 1$.
   b) Exprimer $\mathscr{A}_2$ en fonction de a.

2. Soit f la fonction définie pour tout réel x de l'intervalle $[0\,;1]$ par $f(x) = 2x - 2e^{-x} + \dfrac{1}{e}$.

   a) Dresser le tableau de variation de la fonction f sur l'intervalle $[0\,;1]$. On précisera les valeurs exactes de $f(0)$ et $f(1)$.

   b) Démontrer que la fonction f s'annule une fois et une seule sur l'intervalle $[0\,;1]$ en un réel α. Donner la valeur de α arrondie au centième.

3. En utilisant les questions précédentes, déterminer une valeur approchée du réel a pour lequel les aires $\mathscr{A}_1$ et $\mathscr{A}_2$ sont égales.

Partie B

Soit b un réel positif.
Dans cette partie, on se propose de partager le domaine $\mathscr{D}$ en deux domaines de même aire par la droite d'équation $y = b$. On admet qu'il existe un unique réel b positif solution.

1. Justifier l'inégalité $b < 1 + \dfrac{1}{e}$. On pourra utiliser un argument graphique.

2. Déterminer la valeur exacte du réel b.

Exercice 4 (5 points) : suites, récurrence, limite, algorithme

Candidats n'ayant pas choisi la spécialité mathématique

L'objet de cet exercice est l'étude de la suite (u_n) définie par son premier terme $u_1 = \frac{3}{2}$ et la relation de récurrence : $u_{n+1} = \frac{nu_n + 1}{2(n+1)}$.

Partie A – Algorithme et conjectures

Pour calculer et afficher le terme u_9 de la suite, un élève propose l'algorithme ci-contre.

Il a oublié de compléter deux lignes.

Variables	n est un entier naturel
	u est un réel
Initialisation	Affecter à n la valeur 1
	Affecter à u la valeur 1,5
Traitement	Tant que $n < 9$
	Affecter à u la valeur …
	Affecter à n la valeur …
	Fin Tant que
Sortie	Afficher la variable u

1. Recopier et compléter les deux lignes de l'algorithme où figurent des points de suspension.

2. Comment faudrait-il modifier cet algorithme pour qu'il calcule et affiche tous les termes de la suite de u_2 jusqu'à u_9 ?

3. Avec cet algorithme modifié, on a obtenu les résultats suivants, arrondis au dix-millième :

n	1	2	3	4	5	6	…	99	100
u_n	1,5	0,625	0,375	0,2656	0,2063	0,1693	…	0,0102	0,0101

Au vu de ces résultats, conjecturer le sens de variation et la convergence de la suite (u_n).

Partie B – Étude mathématique

On définit une suite auxiliaire (v_n) par : pour tout entier $n \geq 1$, $v_n = nu_n - 1$.

1. Montrer que la suite (v_n) est géométrique ; préciser sa raison et son premier terme.

2. En déduire que pour tout entier $n \geq 1$, on a : $u_n = \frac{1 + (0,5)^n}{n}$.

3. Déterminer la limite de la suite (u_n).

4. Justifier que, pour tout entier $n \geq 1$, on a : $u_{n+1} - u_n = -\frac{1 + (1 + 0,5n)(0,5)^n}{n(n+1)}$.

En déduire le sens de variation de la suite (u_n).

Partie C – Retour à l'algorithmique

En s'inspirant de la partie A, écrire un algorithme permettant de déterminer et d'afficher le plus petit entier n tel que $u_n < 0,001$.

E6 : Énoncé du sujet Antilles Guyane (18 juin 2013)

Exercice 1 (5 points) : géométrie dans l'espace

Commun à tous les candidats

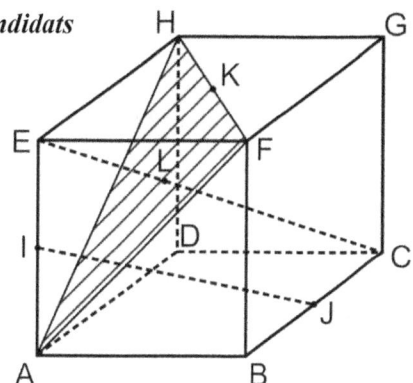

Description de la figure dans l'espace muni du repère orthonormé $(A\,;\,\overrightarrow{AB},\overrightarrow{AD},\overrightarrow{AE})$:
ABCDEFGH désigne un cube de côté 1.
On appelle $\mathscr{P}$ le plan (AFH).
Le point I est le milieu du segment [AE].
Le point J est le milieu du segment [BC].
Le point K est le milieu du segment [HF].
Le point L est le point d'intersection de la droite (EC) et du plan $\mathscr{P}$.

Ceci est un questionnaire à choix multiples (QCM). Pour chacune des questions, une seule des quatre affirmations est exacte. Le candidat indiquera sur sa copie le numéro de la question et la lettre correspondant à la réponse choisie. Aucune justification n'est demandée. Une réponse exacte rapporte un point, une réponse fausse ou une absence de réponse ne rapporte aucun point.

1.   **a.** Les droites (IJ) et (EC) sont strictement parallèles.
       b. Les droites (IJ) et (EC) sont non coplanaires.
       c. Les droites (IJ) et (EC) sont sécantes.
       d. Les droites (IJ) et (EC) sont confondues.

2.   **a.** Le produit scalaire $\overrightarrow{AF} \cdot \overrightarrow{BG}$ est égal à 0.
       b. Le produit scalaire $\overrightarrow{AF} \cdot \overrightarrow{BG}$ est égal à (-1).
       c. Le produit scalaire $\overrightarrow{AF} \cdot \overrightarrow{BG}$ est égal à 1.
       d. Le produit scalaire $\overrightarrow{AF} \cdot \overrightarrow{BG}$ est égal à 2.

3. Dans le repère orthonormé $(A\,;\,\overrightarrow{AB},\overrightarrow{AD},\overrightarrow{AE})$,
       a. le plan $\mathscr{P}$ a pour équation cartésienne : $x + y + z - 1 = 0$.
       b. le plan $\mathscr{P}$ a pour équation cartésienne : $\quad x - y + z = 0$.
       c. le plan $\mathscr{P}$ a pour équation cartésienne : $\quad -x + y + z = 0$.
       d. le plan $\mathscr{P}$ a pour équation cartésienne : $\quad x + y - z = 0$.

4.   **a.** $\overrightarrow{EG}$ est un vecteur normal au plan $\mathscr{P}$.
       b. $\overrightarrow{EL}$ est un vecteur normal au plan $\mathscr{P}$.
       c. $\overrightarrow{IJ}$ est un vecteur normal au plan $\mathscr{P}$.
       d. $\overrightarrow{DI}$ est un vecteur normal au plan $\mathscr{P}$.

5.   **a.** $\overrightarrow{AL} = \frac{1}{2}\overrightarrow{AH} + \frac{1}{2}\overrightarrow{AF}$
       b. $\overrightarrow{AL} = \frac{1}{3}\overrightarrow{AK}$
       c. $\overrightarrow{ID} = \frac{1}{2}\overrightarrow{IJ}$
       d. $\overrightarrow{AL} = \frac{1}{3}\overrightarrow{AB} + \frac{1}{3}\overrightarrow{AD} + \frac{2}{3}\overrightarrow{AE}$

Exercice 2 (5 points) : probabilités, lois binomiale et normale

Commun à tous les candidats

PARTIE A

Soient n un entier naturel, p un nombre réel compris entre 0 et 1 et X_n une variable aléatoire suivant une loi binomiale de paramètres n et p. On note $F_n = \frac{X_n}{n}$ et f une valeur prise par F_n.

On rappelle que, pour n assez grand, l'intervalle $\left[p - \frac{1}{\sqrt{n}} \, ; \, p + \frac{1}{\sqrt{n}}\right]$ contient la fréquence f avec une probabilité au moins égale à 0,95.

En déduire que l'intervalle $\left[f - \frac{1}{\sqrt{n}} \, ; \, f + \frac{1}{\sqrt{n}}\right]$ contient p avec une probabilité au moins égale à 0,95.

PARTIE B

On cherche à étudier le nombre d'étudiants connaissant la signification du sigle URSSAF.
Pour cela, on les interroge en proposant un questionnaire à choix multiples. Chaque étudiant doit choisir parmi trois réponses possibles, notées A, B et C, la bonne réponse étant la A.
On note r la probabilité pour qu'un étudiant connaisse la bonne réponse. Tout étudiant connaissant la bonne réponse répond A, sinon il répond au hasard (de façon équiprobable).

1. On interroge un étudiant au hasard. On note :
   A l'événement « l'étudiant répond A »,
   B l'événement « l'étudiant répond B »,
   C l'événement « l'étudiant répond C »,
   R l'événement « l'étudiant connait la réponse »,
   $\overline{R}$ l'événement contraire de R.

a. Traduire cette situation à l'aide d'un arbre de probabilité.

b. Montrer que la probabilité de l'événement A est $P(A) = \frac{1}{3}(1 + 2r)$.

c. Exprimer en fonction de r la probabilité qu'une personne ayant choisi A connaisse la bonne réponse.

2. Pour estimer r, on interroge 400 personnes et on note X la variable aléatoire comptant le nombre de bonnes réponses. On admettra qu'interroger au hasard 400 étudiants revient à effectuer un tirage avec remise de 400 étudiants dans l'ensemble de tous les étudiants.

a. Donner la loi de X et ses paramètres n et p en fonction de r.

b. Dans un premier sondage, on constate que 240 étudiants répondent A, parmi les 400 interrogés. Donner un intervalle de confiance au seuil de 95 % de l'estimation de p.
En déduire un intervalle de confiance au seuil de 95 % de r.

c. Dans la suite, on suppose que $r = 0,4$. Compte-tenu du grand nombre d'étudiants, on considérera que X suit une loi normale.

i. Donner les paramètres de cette loi normale.

ii. Donner une valeur approchée de $P(X \leq 250)$ à 10^{-2} près.
On pourra s'aider de la table en annexe 1, qui donne une valeur approchée de $P(X \leq t)$ où X est la variable aléatoire de la question **2.c.**

Exercice 3 (5 points) : exponentielle, dérivée, limite, intégrale

Commun à tous les candidats

Dans tout ce qui suit, m désigne un nombre réel quelconque.

Partie A

Soit f la fonction définie et dérivable sur l'ensemble des nombres réels $\mathbb{R}$ telle que :
$$f(x) = (x+1)e^x.$$

1. Calculer la limite de f en $+\infty$ et en $-\infty$.

2. On note f' la fonction dérivée de la fonction f sur $\mathbb{R}$.
Démontrer que pour tout réel x, $f'(x) = (x+2)e^x$.

3. Dresser le tableau de variation de f sur $\mathbb{R}$.

Partie B

On définit la fonction g_m sur $\mathbb{R}$ par $g_m(x) = x + 1 - me^{-x}$
et on note $\mathcal{C}_m$ la courbe de la fonction g_m dans un repère $(O\,;\,\vec{\imath},\vec{\jmath})$ du plan.

1.
a. Démontrer que $g_m(x) = 0$ si et seulement si $f(x) = m$.

b. Déduire de la **partie A**, sans justification, le nombre de points d'intersection de la courbe $\mathcal{C}_m$ avec l'axe des abscisses en fonction du réel m.

2. On a représenté en annexe 2 les courbes $\mathcal{C}_0$, $\mathcal{C}_e$ et $\mathcal{C}_{-e}$ (obtenues en prenant respectivement pour m les valeurs 0, e et $-e$).
Identifier chacune de ces courbes sur la figure de l'annexe en justifiant.

3. Etudier la position de la courbe $\mathcal{C}_m$ par rapport à la droite $\mathcal{D}$ d'équation $y = x + 1$ suivant les valeurs du réel m.

4.
a. On appelle D_2 la partie du plan comprise entre les courbes $\mathcal{C}_e$, $\mathcal{C}_{-e}$, l'axe (Oy) et la droite $x = 2$. Hachurer D_2 sur l'annexe 2.

b. Dans cette question, a désigne un réel positif, D_a la partie du plan comprise entre $\mathcal{C}_e$, $\mathcal{C}_{-e}$, l'axe (Oy) et la droite Δ_a d'équation $x = a$. On désigne par $\mathcal{A}(a)$ l'aire de cette partie du plan exprimée en unités d'aire.
Démontrer que pour tout réel a positif : $\mathcal{A}(a) = 2e - 2e^{1-a}$.
En déduire la limite de $\mathcal{A}(a)$ quand a tend vers $+\infty$.

Exercice 4 (5 points) : complexes, suites, récurrence, limite, algorithme

Candidats n'ayant pas suivi l'enseignement de spécialité

On considère la suite (z_n) à termes complexes définie par : $z_0 = 1 + i$ et, pour tout entier naturel n, par :
$$z_{n+1} = \frac{z_n + |z_n|}{3}.$$
Pour tout entier naturel n, on pose : $z_n = a_n + ib_n$, où a_n est la partie réelle de z_n et b_n est la partie imaginaire de z_n.
Le but de cet exercice est d'étudier la convergence des suites (a_n) et (b_n).

Partie A

1. Donner a_0 et b_0.

2. Calculer z_1, puis en déduire que $a_1 = \frac{1+\sqrt{2}}{3}$ et $b_1 = \frac{1}{3}$.

3. On considère l'algorithme suivant :

Variables :	A et B des nombres réels
	K et N des nombres entiers
Initialisation :	Affecter à A la valeur 1
	Affecter à B la valeur 1
Traitement :	Entrer la valeur de N
	Pour K variant de 1 à N
	Affecter à A la valeur $\frac{A+\sqrt{A^2+B^2}}{3}$
	Affecter à B la valeur $\frac{B}{3}$
	FinPour
	Afficher A

a. On exécute cet algorithme en saisissant N = 2. Recopier et compléter le tableau ci-dessous contenant l'état des variables au cours de l'exécution de l'algorithme (on arrondira les valeurs calculées à 10^{-4} près).

K	A	B
1		
2		

b. Pour un nombre N donné, à quoi correspond la valeur affichée par l'algorithme par rapport à la situation étudiée dans cet exercice ?

Partie B

1. Pour tout entier naturel n, exprimer z_{n+1} en fonction de a_n et b_n.
En déduire l'expression de a_{n+1} en fonction de a_n et b_n, et l'expression de b_{n+1} en fonction de b_n.

2. Quelle est la nature de la suite (b_n) ? En déduire l'expression de b_n en fonction de n, et déterminer la limite de la suite (b_n).

3. a. On rappelle que pour tous nombres complexes z et z' :
$$|z + z'| \leq |z| + |z'| \quad \text{(inégalité triangulaire)}.$$
Montrer que pour tout entier naturel n, $\quad |z_{n+1}| \leq \frac{2|z_n|}{3}.$

b. Pour tout entier naturel n, on pose $u_n = |z_n|$.
Montrer par récurrence que pour tout entier naturel n,
$$u_n \leq \left(\frac{2}{3}\right)^n \sqrt{2}.$$
En déduire que la suite (u_n) converge vers une limite que l'on déterminera.

c. Montrer que, pour tout entier naturel n, $|a_n| \leq u_n$. En déduire que la suite (a_n) converge vers une limite que l'on déterminera.

Annexe 1

Exercice 2

E12	=LOI.NORMALE($A12+E$1;240;RACINE(96);VRAI)									
	A	B	C	D	E	F	G	H	I	J	K
1	t	0	0,1	0,2	0,3	0,4	0,5	0,6	0,7	0,8	0,9
2	235	0,305	0,309	0,312	0,316	0,319	0,323	0,327	0,330	0,334	0,338
3	236	0,342	0,345	0,349	0,353	0,357	0,360	0,364	0,368	0,372	0,376
4	237	0,380	0,384	0,388	0,391	0,395	0,399	0,403	0,407	0,411	0,415
5	238	0,419	0,423	0,427	0,431	0,435	0,439	0,443	0,447	0,451	0,455
6	239	0,459	0,463	0,467	0,472	0,476	0,480	0,484	0,488	0,492	0,496
7	240	0,500	0,504	0,508	0,512	0,516	0,520	0,524	0,528	0,533	0,537
8	241	0,541	0,545	0,549	0,553	0,557	0,561	0,565	0,569	0,573	0,577
9	242	0,581	0,585	0,589	0,593	0,597	0,601	0,605	0,609	0,612	0,616
10	243	0,620	0,624	0,628	0,632	0,636	0,640	0,643	0,647	0,651	0,655
11	244	0,658	0,662	0,666	0,670	0,673	0,677	0,681	0,684	0,688	0,691
12	245	0,695	0,699	0,702	0,706	0,709	0,713	0,716	0,720	0,723	0,726
13	246	0,730	0,733	0,737	0,740	0,743	0,746	0,750	0,753	0,756	0,759
14	247	0,763	0,766	0,769	0,772	0,775	0,778	0,781	0,784	0,787	0,790
15	248	0,793	0,796	0,799	0,802	0,804	0,807	0,810	0,813	0,815	0,818
16	249	0,821	0,823	0,826	0,829	0,831	0,834	0,836	0,839	0,841	0,844
17	250	0,846	0,849	0,851	0,853	0,856	0,858	0,860	0,863	0,865	0,867
18	251	0,869	0,871	0,873	0,876	0,878	0,880	0,882	0,884	0,886	0,888
19	252	0,890	0,892	0,893	0,895	0,897	0,899	0,901	0,903	0,904	0,906
20	253	0,908	0,909	0,911	0,913	0,914	0,916	0,917	0,919	0,921	0,922
21	254	0,923	0,925	0,926	0,928	0,929	0,931	0,932	0,933	0,935	0,936
22	255	0,937	0,938	0,940	0,941	0,942	0,943	0,944	0,945	0,947	0,948
23	256	0,949	0,950	0,951	0,952	0,953	0,954	0,955	0,956	0,957	0,958
24	257	0,959	0,960	0,960	0,961	0,962	0,963	0,964	0,965	0,965	0,966
25	258	0,967	0,968	0,968	0,969	0,970	0,970	0,971	0,972	0,972	0,973
26	259	0,974	0,974	0,975	0,976	0,976	0,977	0,977	0,978	0,978	0,979
27	260	0,979	0,980	0,980	0,981	0,981	0,982	0,982	0,983	0,983	0,984

Extrait d'une feuille de calcul

Exemple d'utilisation : au croisement de la ligne 12 et de la colonne E le nombre 0,706 correspond à $P(X \leq 245,3)$.

Annexe 2

Exercice 3

À rendre avec la copie

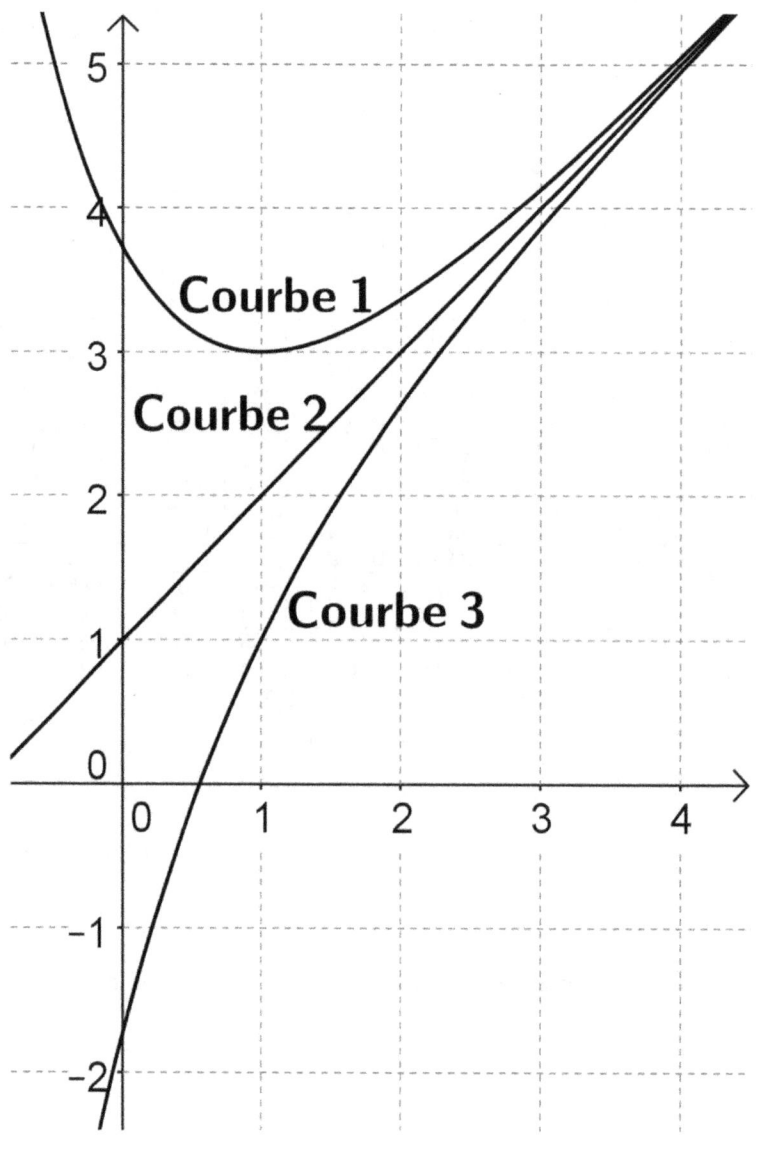

E7 : Énoncé du sujet Asie (19 juin 2013)

Exercice 1 (5 points) : probabilités, loi binomiale, fluctuation

Commun à tous les candidats

Dans cet exercice, les probabilités seront arrondies au centième.

Partie A

Un grossiste achète des boîtes de thé vert chez deux fournisseurs. Il achète 80 % de ses boîtes chez le fournisseur A et 20 % chez le fournisseur B.
10 % des boîtes provenant du fournisseur A présentent des traces de pesticides et 20 % de celles provenant du fournisseur B présentent aussi des traces de pesticides.
On prélève au hasard une boîte du stock du grossiste et on considère les événements suivants :
- événement A : « la boîte provient du fournisseur A » ;
- événement B : « la boîte provient du fournisseur B » ;
- événement S : « la boîte présente des traces de pesticides ».

1. Traduire l'énoncé sous forme d'un arbre pondéré.

2. a. Quelle est la probabilité de l'événement $B \cap \bar{S}$?

  b. Justifier que la probabilité que la boîte prélevée ne présente aucune trace de pesticides est égale à 0,88.

3. On constate que la boîte prélevée présente des traces de pesticides.
Quelle est la probabilité que cette boîte provienne du fournisseur B ?

Partie B

Le gérant d'un salon de thé achète 10 boîtes chez le grossiste précédent. On suppose que le stock de ce dernier est suffisamment important pour modéliser cette situation par un tirage aléatoire de 10 boîtes avec remise.
On considère la variable aléatoire X qui associe à ce prélèvement de 10 boîtes, le nombre de boîtes sans trace de pesticides.

1. Justifier que la variable aléatoire X suit une loi binomiale dont on précisera les paramètres.

2. Calculer la probabilité que les 10 boîtes soient sans trace de pesticides.

3. Calculer la probabilité qu'au moins 8 boîtes ne présentent aucune trace de pesticides.

Partie C

À des fins publicitaires, le grossiste affiche sur ses plaquettes : « 88 % de notre thé est garanti sans trace de pesticides ».
Un inspecteur de la brigade de répression des fraudes souhaite étudier la validité de l'affirmation. À cette fin, il prélève 50 boîtes au hasard dans le stock du grossiste et en trouve 12 avec des traces de pesticides.
On suppose que, dans le stock du grossiste, la proportion de boîtes sans trace de pesticides est bien égale à 0,88.
On note F la variable aléatoire qui, à tout échantillon de 50 boîtes, associe la fréquence des boîtes ne contenant aucune trace de pesticides.

1. Donner l'intervalle de fluctuation asymptotique de la variable aléatoire F au seuil de 95 %.

2. L'inspecteur de la brigade de répression peut-il décider, au seuil de 95 %, que la publicité est mensongère ?

Exercice 2 (6 points) : exponentielle, dérivée, limite

Commun à tous les candidats

On considère les fonctions f et g définies pour tout réel x par : $f(x) = e^x$ et $g(x) = 1 - e^{-x}$.
Les courbes représentatives de ces fonctions dans un repère orthogonal du plan, notées respectivement $\mathcal{C}_f$ et $\mathcal{C}_g$, sont fournies en annexe.

Partie A

Ces courbes semblent admettre deux tangentes communes.
Tracer au mieux ces tangentes sur la figure de l'annexe.

Partie B

Dans cette partie, on admet l'existence de ces tangentes communes.
On note $\mathcal{D}$ l'une d'entre elles. Cette droite est tangente à la courbe $\mathcal{C}_f$ au point A d'abscisse a et tangente à la courbe $\mathcal{C}_g$ au point B d'abscisse b.

1. a. Exprimer en fonction de a le coefficient directeur de la tangente à la courbe $\mathcal{C}_f$ au point A.

b. Exprimer en fonction de b le coefficient directeur de la tangente à la courbe $\mathcal{C}_g$ au point B.

c. En déduire que $b = -a$.

2. Démontrer que le réel a est solution de l'équation $2(x-1)e^x + 1 = 0$.

Partie C

On considère la fonction φ définie sur $\mathbb{R}$ par $\varphi(x) = 2(x-1)e^x + 1$.

1. a. Calculer les limites de la fonction φ en $-\infty$ et $+\infty$.

b. Calculer la dérivée de la fonction φ, puis étudier son signe.

c. Dresser le tableau de variation de la fonction φ sur $\mathbb{R}$. Préciser la valeur de $\varphi(0)$.

2. a. Démontrer que l'équation $\varphi(x) = 0$ admet exactement deux solutions dans $\mathbb{R}$.

b. On note α la solution négative de l'équation $\varphi(x) = 0$ et β la solution positive de cette équation.
À l'aide d'une calculatrice, donner les valeurs de α et β arrondies au centième.

Partie D

Dans cette partie, on démontre l'existence de ces tangentes communes, que l'on a admise dans la partie B.
On note E le point de la courbe $\mathcal{C}_f$ d'abscisse α et F le point de la courbe $\mathcal{C}_g$ d'abscisse $-\alpha$ (α est le nombre réel défini dans la partie C).

1. Démontrer que la droite (EF) est tangente à la courbe $\mathcal{C}_f$ au point E.

2. Démontrer que (EF) est tangente à $\mathcal{C}_g$ au point F.

Exercice 3 (4 points) : complexes et géométrie dans l'espace

Commun à tous les candidats

Les quatre questions de cet exercice sont indépendantes.
Pour chaque question, une affirmation est proposée. Indiquer si chacune d'elles est vraie ou fausse, en justifiant la réponse. Une réponse non justifiée ne rapporte aucun point.

Dans les questions **1.** et **2.**, le plan est rapporté au repère orthonormé direct (O, $\vec{u}, \vec{v}$).
On considère les points A, B, C, D et E d'affixes respectives :

$$a = 2 + 2i, \quad b = -\sqrt{3} + i, \quad c = 1 + i\sqrt{3}, \quad d = -1 + \frac{\sqrt{3}}{2}i \quad \text{et} \quad e = -1 + (2 + \sqrt{3})i.$$

1. Affirmation 1 : les points A, B et C sont alignés.

2. Affirmation 2 : les points B, C et D appartiennent à un même cercle de centre E.

3. Dans cette question, l'espace est muni d'un repère $(O, \vec{i}, \vec{j}, \vec{k})$.
On considère les points I(1 ; 0 ; 0), J(0 ; 1 ; 0), K(0 ; 0 ; 1).

Affirmation 3 : la droite $\mathcal{D}$ de représentation paramétrique $\begin{cases} x = 2 - t \\ y = 6 - 2t \\ z = -2 + t \end{cases}$ où $t \in \mathbb{R}$

coupe le plan (IJK) au point $E\left(-\dfrac{1}{2}\,;1\,;\dfrac{1}{2}\right)$.

4. Dans le cube ABCDEFGH, le point T est le milieu du segment [HF].

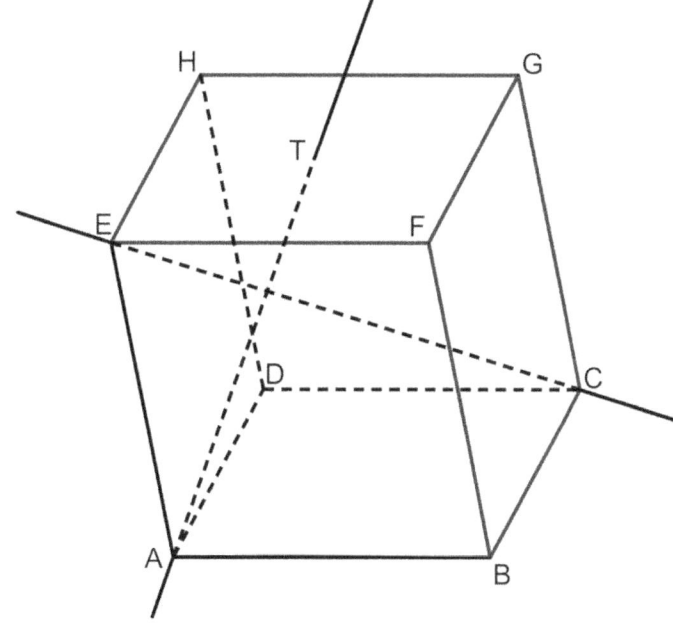

Affirmation 4 : les droites (AT) et (EC) sont orthogonales.

Exercice 4 (5 points) : suites, récurrence, limite, algorithme

Candidats n'ayant pas choisi l'enseignement de spécialité

Partie A

On considère la suite (u_n) définie par : $u_0 = 2$ et, pour tout entier naturel n : $u_{n+1} = \dfrac{1 + 3u_n}{3 + u_n}$.
On admet que tous les termes de cette suite sont définis et strictement positifs.

1. Démontrer par récurrence que, pour tout entier naturel n, on a : $u_n > 1$.

2. a. Etablir que, pour tout entier naturel n, on a : $u_{n+1} - u_n = \dfrac{(1 - u_n)(1 + u_n)}{3 + u_n}$.

  b. Déterminer le sens de variation de la suite (u_n).
  En déduire que la suite (u_n) converge.

Partie B

On considère la suite (u_n) définie par : $u_0 = 2$ et, pour tout entier naturel n :
$$u_{n+1} = \dfrac{1 + 0{,}5u_n}{0{,}5 + u_n}.$$

On admet que tous les termes de cette suite sont définis et strictement positifs.

1. On considère l'algorithme suivant :

Entrée	Soit un entier naturel non nul n
Initialisation	Affecter à u la valeur 2

Traitement et sortie	POUR i allant de 1 à n
	  Affecter à u la valeur $\dfrac{1+0{,}5u}{0{,}5+u}$
	  Afficher u
	FIN POUR

Reproduire et compléter le tableau suivant, en faisant fonctionner cet algorithme pour $n = 3$. Les valeurs de u seront arrondies au millième.

i	1	2	3
u			

2. Pour $n = 12$, on a prolongé le tableau précédent et on a obtenu :

i	4	5	6	7	8	9	10	11	12
u	1,0083	0,9973	1,0009	0,9997	1,0001	0,99997	1,00001	0,999996	1,000001

Conjecturer le comportement de la suite (u_n) à l'infini.

3. On considère la suite (v_n) définie, pour tout entier naturel n, par : $v_n = \dfrac{u_n - 1}{u_n + 1}$.

  a. Démontrer que la suite (v_n) est géométrique de raison $-\dfrac{1}{3}$.
  b. Calculer v_0 puis écrire v_n en fonction de n.

4. a. Montrer que, pour tout entier naturel n, on a : $v_n \neq 1$.

  b. Montrer que, pour tout entier naturel n, on a : $u_n = \dfrac{1 + v_n}{1 - v_n}$.

  c. Déterminer la limite de la suite (u_n).

Annexe

à rendre avec la copie

Exercice 2

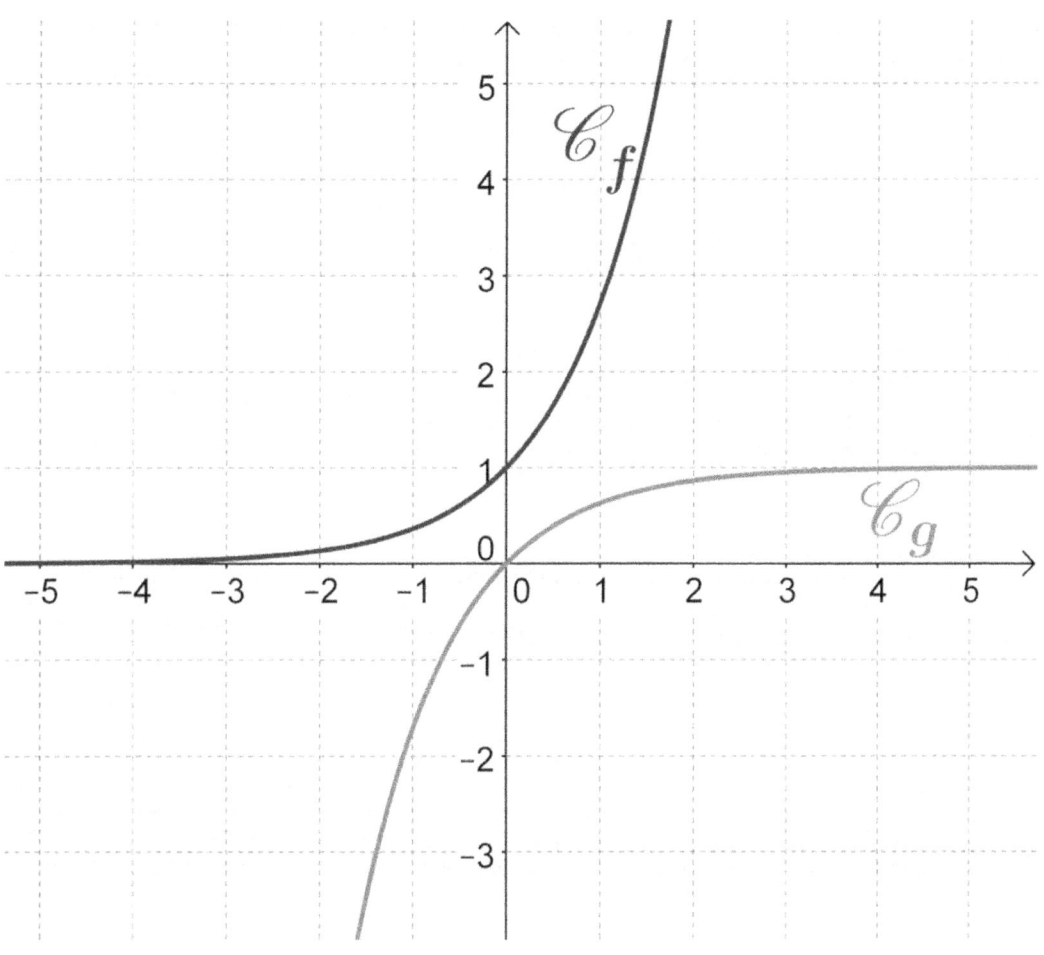

E8 : Enoncé du sujet France métropolitaine (20 juin 2013)

Exercice 1 (4 points) : probabilités et loi binomiale

Commun à tous les candidats

Une jardinerie vend de jeunes plants d'arbres qui proviennent de trois horticulteurs : 35 % des plants proviennent de l'horticulteur H_1, 25 % de l'horticulteur H_2 et le reste de l'horticulteur H_3. Chaque horticulteur livre deux catégories d'arbres : des conifères et des arbres à feuilles. La livraison de l'horticulteur H_1 comporte 80 % de conifères alors que celle de l'horticulteur H_2 n'en comporte que 50 % et celle de l'horticulteur H_3 seulement 30 %.

1. Le gérant de la jardinerie choisit un arbre au hasard dans son stock.
On envisage les événements suivants :
- H_1 : « l'arbre choisi a été acheté chez l'horticulteur H_1 »,
- H_2 : « l'arbre choisi a été acheté chez l'horticulteur H_2 »,
- H_3 : « l'arbre choisi a été acheté chez l'horticulteur H_3 »,
- C : « l'arbre choisi est un conifère »,
- F : « l'arbre choisi est un arbre feuillu ».

a. Construire un arbre pondéré traduisant la situation.

b. Calculer la probabilité que l'arbre choisi soit un conifère acheté chez l'horticulteur H_3.

c. Justifier que la probabilité de l'événement C est égale à 0,525.

d. L'arbre choisi est un conifère.
Quelle est la probabilité qu'il ait été acheté chez l'horticulteur H_1 ? On arrondira à 10^{-3}.

2. On choisit au hasard un échantillon de 10 arbres dans le stock de cette jardinerie. On suppose que ce stock est suffisamment important pour que ce choix puisse être assimilé à un tirage avec remise de 10 arbres dans le stock.
On appelle X la variable aléatoire qui donne le nombre de conifères de l'échantillon choisi.

a. Justifier que X suit une loi binomiale dont on précisera les paramètres.

b. Quelle est la probabilité que l'échantillon prélevé comporte exactement 5 conifères ?
On arrondira à 10^{-3}.

c. Quelle est la probabilité que cet échantillon comporte au moins deux arbres feuillus ?
On arrondira à 10^{-3}.

Exercice 2 (7 points) : logarithme, dérivée, intégrale, limite, algorithme

Commun à tous les candidats

Sur le graphique ci-dessous, on a tracé, dans le plan muni d'un repère orthonormé $(O\,;\vec{i},\vec{j})$, la courbe représentative $\mathscr{C}$ d'une fonction f définie et dérivable sur l'intervalle $]0\,,+\infty[$.

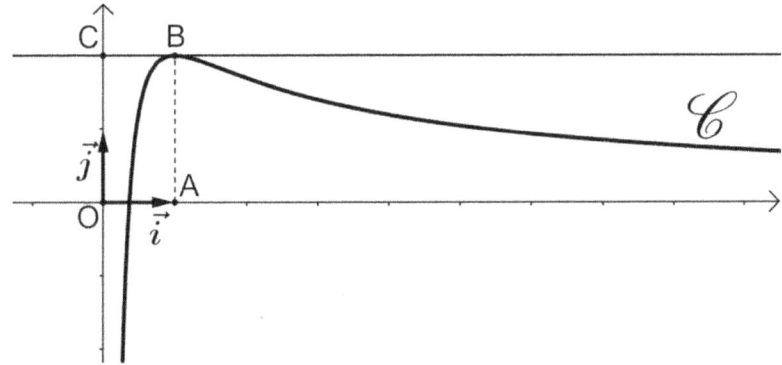

On dispose des informations suivantes :
– les points A, B, C ont pour coordonnées respectives $(1\,,0)$, $(1\,,2)$, $(0\,,2)$;
– la courbe $\mathscr{C}$ passe par le point B et la droite (BC) est tangente à $\mathscr{C}$ en B ;
– il existe deux réels positifs a et b tels que pour tout réel strictement positif x,

$$f(x) = \frac{a + b\ln x}{x}.$$

1. a. En utilisant le graphique, donner les valeurs de $f(1)$ et $f'(1)$.

  b. Vérifier que pour tout réel strictement positif x, $f'(x) = \dfrac{(b-a) - b\ln x}{x^2}$.

  c. En déduire les réels a et b.

2. a. Justifier que pour tout réel x appartenant à l'intervalle $]0\,,+\infty[$, $f'(x)$ a le même signe que $-\ln x$.

  b. Déterminer les limites de f en 0 et en $+\infty$. On pourra remarquer que pour tout réel x strictement positif,
  $$f(x) = \frac{2}{x} + 2\frac{\ln x}{x}.$$

  c. En déduire le tableau de variations de la fonction f.

3. a. Démontrer que l'équation $f(x) = 1$ admet une unique solution α sur l'intervalle $]0\,,1]$.

  b. Par un raisonnement analogue, on démontre qu'il existe un unique réel β de l'intervalle $]1\,,+\infty[$ tel que $f(\beta) = 1$.
  Déterminer l'entier n tel que $n < \beta < n+1$.

4. On donne l'algorithme ci-dessous.

Variables :	a, b et m sont des nombres réels.
Initialisation :	Affecter à a la valeur 0.
	Affecter à b la valeur 1.
Traitement :	Tant que $b - a > 0{,}1$
	Affecter à m la valeur $\frac{1}{2}(a+b)$
	Si $f(m) < 1$ alors Affecter à a la valeur m.
	Sinon Affecter à b la valeur m.
	Fin de Si.
	Fin de Tant que.
Sortie :	Afficher a.
	Afficher b.

a. Faire tourner cet algorithme en complétant le tableau ci-dessous que l'on recopiera sur la copie.

	étape 1	étape 2	étape 3	étape 4	étape 5
a					
b					
$b - a$					
m					

b. Que représentent les valeurs affichées par cet algorithme ?

c. Modifier l'algorithme ci-dessus pour qu'il affiche les deux bornes d'un encadrement de β d'amplitude 10^{-1}.

5. Le but de cette question est de démontrer que la courbe $\mathscr{C}$ partage le rectangle OABC en deux domaines d'aires égales.

a. Justifier que cela revient à démontrer que $\displaystyle\int_{\frac{1}{e}}^{1} f(x)dx = 1$.

b. En remarquant que l'expression de $f(x)$ peut s'écrire $\dfrac{2}{x} + 2 \times \dfrac{1}{x} \times \ln x$, terminer la démonstration.

Exercice 3 (4 points) : complexes et géométrie dans l'espace

Commun à tous les candidats

Pour chacune des propositions suivantes, indiquer si elle est vraie ou fausse et justifier la réponse choisie.

Il est attribué un point par réponse exacte correctement justifiée. Une réponse non justifiée n'est pas prise en compte. Une absence de réponse n'est pas pénalisée.

1. **Proposition 1 :** Dans le plan muni d'un repère orthonormé, l'ensemble des points M dont l'affixe z vérifie l'égalité $|z - i| = |z + 1|$ est une droite.

2. **Proposition 2 :** Le nombre complexe $\left(1 + i\sqrt{3}\right)^4$ est un nombre réel.

3. Soit ABCDEFGH un cube.

   Proposition 3 : Les droites (EC) et (BG) sont orthogonales.

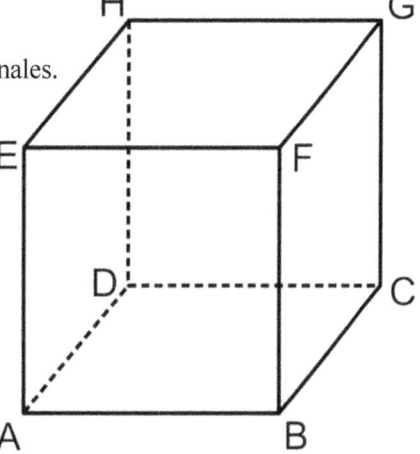

4. L'espace est muni d'un repère orthonormé $(O\,;\,\vec{\imath},\vec{\jmath},\vec{k})$. Soit le plan $\mathscr{P}$ d'équation cartésienne $x + y + 3z + 4 = 0$. On note S le point de coordonnées $(1, -2, -2)$.

   Proposition 4 : La droite qui passe par S et qui est perpendiculaire au plan $\mathscr{P}$ a pour représentation paramétrique :
   $$\begin{cases} x = 2 + t \\ y = -1 + t \\ z = 1 + 3t \end{cases}, \quad t \in \mathbb{R}.$$

Exercice 4 (5 points) : suites, récurrence, limite

Candidats n'ayant pas suivi l'enseignement de spécialité

Soit la suite numérique (u_n) définie sur $\mathbb{N}$ par :

$$u_0 = 2 \quad \text{et} \quad \text{pour tout entier naturel } n, \quad u_{n+1} = \frac{2}{3}u_n + \frac{1}{3}n + 1.$$

1. a. Calculer u_1, u_2, u_3 et u_4. On pourra en donner des valeurs approchées à 10^{-2} près.

b. Formuler une conjecture sur le sens de variation de cette suite.

2. a. Démontrer que pour tout entier naturel n,
$$u_n \leq n + 3.$$

b. Démontrer que pour tout entier naturel n,
$$u_{n+1} - u_n = \frac{1}{3}(n + 3 - u_n).$$

c. En déduire une validation de la conjecture précédente.

3. On désigne par (v_n) la suite définie sur $\mathbb{N}$ par $v_n = u_n - n$.

a. Démontrer que la suite (v_n) est une suite géométrique de raison $\frac{2}{3}$.

b. En déduire que pour tout entier naturel n,
$$u_n = 2\left(\frac{2}{3}\right)^n + n.$$

c. Déterminer la limite de la suite (u_n).

4. Pour tout entier naturel non nul n, on pose :

$$S_n = \sum_{k=0}^{n} u_k = u_0 + u_1 + \cdots + u_n \quad \text{et} \quad T_n = \frac{S_n}{n^2}.$$

a. Exprimer S_n en fonction de n.

b. Déterminer la limite de la suite (T_n).

E9 : Énoncé du sujet Antilles-Guyane (11 septembre 2013)

Exercice 1 (5 points) : géométrie dans l'espace

Commun à tous les candidats

Partie A

Restitution organisée de connaissances

Soit Δ une droite de vecteur directeur $\vec{v}$ et soit $\mathcal{P}$ un plan.

On considère deux droites sécantes et contenues dans $\mathcal{P}$: la droite $\mathcal{D}_1$ de vecteur directeur $\vec{u_1}$ et la droite $\mathcal{D}_2$ de vecteur directeur $\vec{u_2}$.

Montrer que Δ est orthogonale à toute droite de $\mathcal{P}$ si et seulement si Δ est orthogonale à $\mathcal{D}_1$ et à $\mathcal{D}_2$.

Partie B

Dans l'espace muni d'un repère orthonormé, on considère les trois points :

$$A(0\,;\,-1\,;\,1)\,,\ B(4\,;\,-3\,;\,0)\ \text{et}\ C(-1\,;\,-2\,;\,-1).$$

On appelle $\mathcal{P}$ le plan passant par A, B et C.

On appelle Δ la droite ayant pour représentation paramétrique $\begin{cases} x = t \\ y = 3t - 1 \\ z = -2t + 8 \end{cases}$ avec t appartenant à $\mathbb{R}$.

Pour chacune des affirmations suivantes, indiquer si elle est vraie ou fausse et justifier la réponse.

1) Affirmation 1 : Δ est orthogonale à toute droite du plan $\mathcal{P}$.

2) Affirmation 2 : les droites Δ et (AB) sont coplanaires.

3) Affirmation 3 : Le plan $\mathcal{P}$ a pour équation cartésienne $x + 3y - 2z + 5 = 0$.

4) On appelle $\mathcal{D}$ la droite passant par l'origine et de vecteur directeur $\vec{u}(11\,;\,-1\,;\,4)$.

Affirmation 4 : La droite $\mathcal{D}$ est strictement parallèle au plan d'équation $x + 3y - 2z + 5 = 0$.

Exercice 2 (6 points) : exponentielle, dérivée, limite, intégrale

Commun à tous les candidats

Pour tout réel k strictement positif, on désigne par f_k la fonction définie et dérivable sur l'ensemble des nombres réels $\mathbb{R}$ telle que :
$$f_k(x) = kxe^{-kx}.$$
On note $\mathcal{C}_k$ sa courbe représentative dans le plan muni d'un repère orthogonal $(O\,;\,\vec{i},\vec{j})$.

Partie A : Étude du cas $k = 1$
On considère donc la fonction f_1 définie sur $\mathbb{R}$ par $f_1(x) = xe^{-x}$.

1. Déterminer les limites de la fonction f_1 en $-\infty$ et en $+\infty$. En déduire que la courbe $\mathcal{C}_1$ admet une asymptote que l'on précisera.

2. Étudier les variations de f_1 sur $\mathbb{R}$ puis dresser son tableau de variation sur $\mathbb{R}$.

3. Démontrer que la fonction g_1 définie et dérivable sur $\mathbb{R}$ telle que : $g_1(x) = -(x+1)e^{-x}$ est une primitive de la fonction f_1 sur $\mathbb{R}$.

4. Étudier le signe de $f_1(x)$ suivant les valeurs du nombre réel x.

5. Calculer, en unité d'aire, l'aire de la partie du plan délimitée par la courbe $\mathcal{C}_1$, l'axe des abscisses et les droites d'équations $x = 0$ et $x = \ln 10$.

Partie B : Propriétés graphiques
On a représenté sur le graphique ci-dessous les courbes $\mathcal{C}_2$, $\mathcal{C}_a$ et $\mathcal{C}_b$ où a et b sont des réels strictement positifs fixés et T la tangente à $\mathcal{C}_b$ au point O origine du repère.

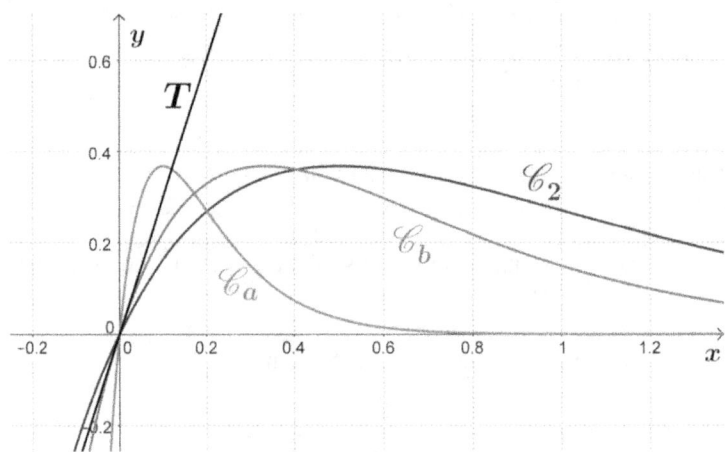

1. Montrer que pour tout réel k strictement positif, les courbes $\mathcal{C}_k$ passent par un même point.

2. a) Montrer que pour tout réel k strictement positif et tout réel x on a $f_k'(x) = k(1-kx)e^{-kx}$.

   b) Justifier que, pour tout réel k strictement positif, f_k admet un maximum et calculer ce maximum.

   c) En observant le graphique ci-dessus, comparer a et 2. Expliquer la démarche.

   d) Écrire une équation de la tangente à $\mathcal{C}_k$ au point O origine du repère.

   e) En déduire à l'aide du graphique une valeur approchée de b.

Exercice 3 (4 points) : probabilités, loi normale

Commun à tous les candidats

Une entreprise industrielle fabrique des pièces cylindriques en grande quantité. Pour toute pièce prélevée au hasard, on appelle X la variable aléatoire qui lui associe sa longueur en millimètre et Y la variable aléatoire qui lui associe son diamètre en millimètre.

On suppose que X suit la loi normale de moyenne $\mu_1 = 36$ et d'écart-type $\sigma_1 = 0{,}2$ et que Y suit la loi normale de moyenne $\mu_2 = 6$ et d'écart-type $\sigma_2 = 0{,}05$.

1. Une pièce est dite conforme pour la longueur si sa longueur est comprise entre $\mu_1 - 3\sigma_1$ et $\mu_1 + 3\sigma_1$. Quelle est une valeur approchée à 10^{-3} près de la probabilité p_1 pour qu'une pièce prélevée au hasard soit conforme pour la longueur ?

2. Une pièce est dite conforme pour le diamètre si son diamètre est compris entre 5,88 mm et 6,12mm. Le tableau donné ci-contre a été obtenu à l'aide d'un tableur. Il indique pour chacune des valeurs de k, la probabilité que Y soit inférieure ou égale à cette valeur.

Déterminer à 10^{-3} près la probabilité p_2 pour qu'une pièce prélevée au hasard soit conforme pour le diamètre (on pourra s'aider du tableau ci-contre).

k	$p(Y \leq k)$
5,8	3,16712E−05
5,82	0,000159109
5,84	0,000687138
5,86	0,00255513
5,88	0,008197536
5,9	0,022750132
5,92	0,054799292
5,94	0,11506967
5,96	0,211855399
5,98	0,344578258
6	0,5
6,02	0,655421742
6,04	0,788144601
6,06	0,88493033
6,08	0,945200708
6,1	0,977249868
6,12	0,991802464
6,14	0,99744487
6,16	0,999312862
6,18	0,999840891
6,2	0,999968329

3. On prélève une pièce au hasard. On appelle L l'évènement « la pièce est conforme pour la longueur » et D l'évènement « la pièce est conforme pour le diamètre ». On suppose que les évènements L et D sont indépendants.

a. Une pièce est acceptée si elle est conforme pour la longueur et pour le diamètre.
Déterminer la probabilité pour qu'une pièce prélevée au hasard ne soit pas acceptée (le résultat sera arrondi à 10^{-2}).

b. Justifier que la probabilité qu'elle soit conforme pour le diamètre sachant qu'elle n'est pas conforme pour la longueur, est égale à p_2.

Exercice 4 (5 points) : probabilités, algorithme

Candidats n'ayant pas suivi l'enseignement de spécialité

Les deux parties sont indépendantes.

Le robot Tom doit emprunter un pont sans garde-corps de 10 pas de long et de 2 pas de large. Sa démarche est très particulière :
• Soit il avance d'un pas tout droit ;
• Soit il se déplace en diagonale vers la gauche (déplacement équivalent à un pas vers la gauche et un pas tout droit) ;
• Soit il se déplace en diagonale vers la droite (déplacement équivalent à un pas vers la droite et un pas tout droit).
On suppose que ces trois types de déplacement sont aléatoires et équiprobables.
L'objectif de cet exercice est d'estimer la probabilité p de l'évènement S « Tom traverse le pont » c'est-à-dire « Tom n'est pas tombé dans l'eau et se trouve encore sur le pont au bout de 10 déplacements ».

Partie A : modélisation et simulation

On schématise le pont par un rectangle dans le plan muni d'un repère orthonormé (O, I, J) comme l'indique la figure ci-dessous. On suppose que Tom se trouve au point de coordonnées (0 ; 0) au début de la traversée. On note $(x\,;y)$ les coordonnées de la position de Tom après x déplacements.

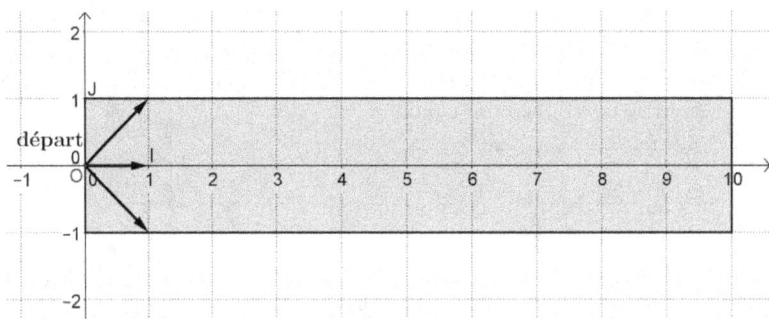

On a écrit l'algorithme suivant qui simule la position de Tom au bout de x déplacements :

```
x, y, n sont des entiers
Affecter à x la valeur 0
Affecter à y la valeur 0
Tant que y ≥ −1 et y ≤ 1 et x ≤ 9
        Affecter à n une valeur choisie au hasard entre −1, 0 et 1
        Affecter à y la valeur y + n
        Affecter à x la valeur x + 1
Fin tant que
Afficher « la position de Tom est » (x ; y)
```

1. On donne les couples suivants : $(-1\,;1)$; $(10\,;0)$; $(2\,;4)$; $(10\,;2)$.
Lesquels ont pu être obtenus avec cet algorithme ? Justifier la réponse.

2. Modifier cet algorithme pour qu'à la place de « la position de Tom est $(x\,;y)$ », il affiche finalement « Tom a réussi la traversée » ou « Tom est tombé ».

Partie B

Pour tout n entier naturel compris entre 0 et 10, on note :

A_n l'événement « après n déplacements, Tom se trouve sur un point d'ordonnée -1 ».

B_n l'événement « après n déplacements, Tom se trouve sur un point d'ordonnée 0 ».

C_n l'événement « après n déplacements, Tom se trouve sur un point d'ordonnée 1 ».

On note a_n, b_n, c_n les probabilités respectives des évènements A_n, B_n, C_n.

1. Justifier que $a_0 = 0$, $b_0 = 1$, $c_0 = 0$.

2. Montrer que pour tout entier naturel n compris entre 0 et 9, on a :

$$\begin{cases} a_{n+1} = \dfrac{a_n + b_n}{3} \\ b_{n+1} = \dfrac{a_n + b_n + c_n}{3} \\ c_{n+1} = \dfrac{b_n + c_n}{3} \end{cases}.$$

On pourra s'aider d'un arbre pondéré.

3. Calculer les probabilités $p(A_1)$, $p(B_1)$ et $p(C_1)$.

4. Calculer la probabilité que Tom se trouve sur le pont au bout de deux déplacements.

5. À l'aide d'un tableur, on a obtenu la feuille de calcul ci-contre qui donne des valeurs approchées de a_n, b_n, c_n pour n compris entre 0 et 10.

Donner une valeur approchée à 0,001 près de la probabilité que Tom traverse le pont (on pourra s'aider du tableau ci-contre).

n	a_n	b_n	c_n
0	0	1	0
1	0,333 333	0,333 333	0,333 333
2	0,222 222	0,333 333	0,222 222
3	0,185 185	0,259 259	0,185 185
4	0,148 148	0,209 877	0,148 148
5	0,119 342	0,168 724	0,119 342
6	0,096 022	0,135 802	0,096 022
7	0,077 275	0,109 282	0,077 275
8	0,062 186	0,087 944	0,062 186
9	0,050 043	0,070 772	0,050 043
10	0,040 272	0,056 953	0,040 272

E10 : Enoncé du sujet France métropolitaine (12 septembre 2013)

Exercice 1 (6 points) : exponentielle, dérivée, intégrale, algorithme

Commun à tous les candidats

Soit f une fonction définie et dérivable sur $\mathbb{R}$. On note $\mathcal{C}$ sa courbe représentative dans le plan muni d'un repère $(O\,;\,\vec{\imath},\vec{\jmath})$.

Partie A

Sur les graphiques ci-dessous, on a représenté la courbe $\mathcal{C}$ et trois autres courbes $\mathcal{C}_1$, $\mathcal{C}_2$, $\mathcal{C}_3$ avec la tangente en leur point d'abscisse 0.

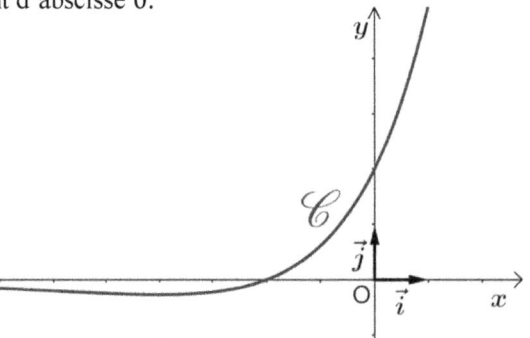

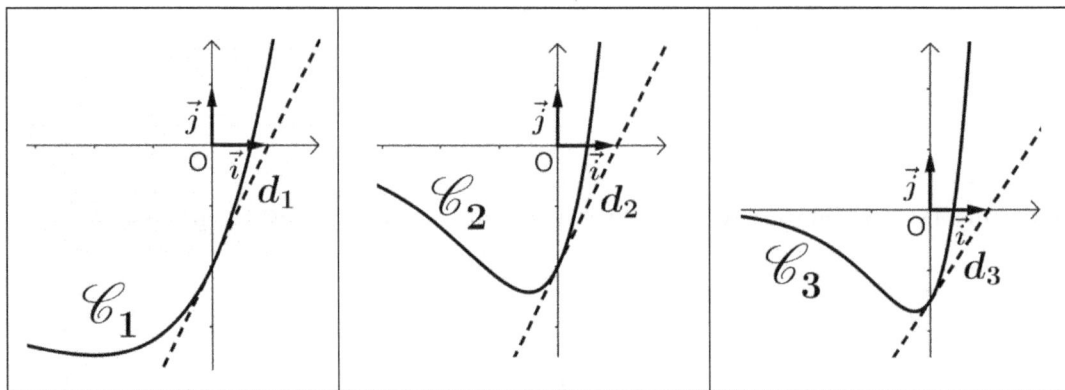

1. Donner par lecture graphique, le signe de $f(x)$ selon les valeurs de x.

2. On désigne par F une primitive de la fonction f sur $\mathbb{R}$.

a. À l'aide de la courbe $\mathcal{C}$, déterminer $F'(0)$ et $F'(-2)$.

b. L'une des courbes $\mathcal{C}_1$, $\mathcal{C}_2$, $\mathcal{C}_3$ est la courbe représentative de la fonction F.
Déterminer laquelle en justifiant l'élimination des deux autres.

Partie B

Dans cette partie, on admet que la fonction f évoquée dans la **partie A** est la fonction définie sur $\mathbb{R}$ par $f(x) = (x+2)e^{\frac{1}{2}x}$.

1. L'observation de la courbe $\mathcal{C}$ permet de conjecturer que la fonction f admet un minimum.

a. Démontrer que pour tout réel x, $f'(x) = \frac{1}{2}(x+4)e^{\frac{1}{2}x}$.

b. En déduire une validation de la conjecture précédente.

2. On pose $I = \displaystyle\int_0^1 f(x)\,dx$.

a. Interpréter géométriquement le réel I.

b. Soient u et v les fonctions définies sur $\mathbb{R}$ par $u(x) = x$ et $v(x) = e^{\frac{1}{2}x}$.
Vérifier que $f = 2(u'v + uv')$.

c. En déduire la valeur exacte de l'intégrale I.

3. On donne l'algorithme ci-dessous.

Variables :	k et n sont des nombres entiers naturels.
	s est un nombre réel.
Entrée :	Demander à l'utilisateur la valeur de n.
Initialisation :	Affecter à s la valeur 0.
Traitement :	Pour k allant de 0 à $n-1$
	| Affecter à s la valeur $s + \dfrac{1}{n}f\left(\dfrac{k}{n}\right)$
	Fin de boucle.
Sortie :	Afficher s.

On note s_n le nombre affiché par cet algorithme lorsque l'utilisateur entre un entier naturel strictement positif comme valeur de n.

a. Justifier que s_3 représente l'aire, exprimée en unités d'aire, du domaine hachuré sur le graphique ci-dessous où les trois rectangles ont la même largeur.

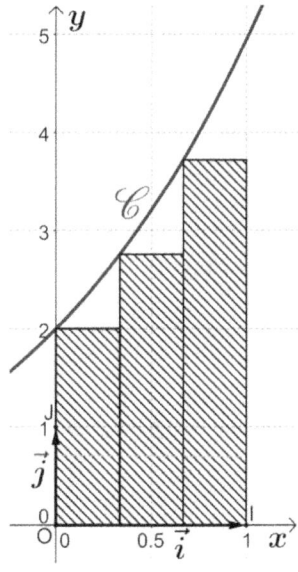

b. Que dire de la valeur de s_n fournie par l'algorithme proposé lorsque n devient grand ?

Exercice 2 (4 points) : complexes, géométrie dans l'espace

Commun à tous les candidats

Cet exercice est un questionnaire à choix multiples.

Pour chaque question, trois réponses sont proposées et une seule d'entre elles est exacte.
Le candidat portera sur la copie le numéro de la question suivi de la réponse choisie et justifiera son choix.
Il est attribué un point par réponse correcte et convenablement justifiée. Une réponse non justifiée ne sera pas prise en compte. Aucun point n'est enlevé en l'absence de réponse ou en cas de réponse fausse.

Pour les questions 1 et 2, l'espace est muni d'un repère orthonormé $(O\,;\,\vec{i},\vec{j},\vec{k})$.

La droite $\mathscr{D}$ est définie par la représentation paramétrique : $\begin{cases} x = 5 - 2t \\ y = 1 + 3t \\ z = 4 \end{cases}$, $t \in \mathbb{R}$.

1. On note $\mathscr{P}$ le plan d'équation cartésienne $3x + 2y + z - 6 = 0$.
a. La droite $\mathscr{D}$ est perpendiculaire au plan $\mathscr{P}$.
b. La droite $\mathscr{D}$ est parallèle au plan $\mathscr{P}$.
c. La droite $\mathscr{D}$ est incluse dans le plan $\mathscr{P}$.

2. On note $\mathscr{D}'$ la droite qui passe par le point A de coordonnées (3 ; 1 ; 1) et a pour vecteur directeur $\vec{u} = 2\vec{i} - \vec{j} + 2\vec{k}$.
a. Les droites $\mathscr{D}$ et $\mathscr{D}'$ sont parallèles.
b. Les droites $\mathscr{D}$ et $\mathscr{D}'$ sont sécantes.
c. Les droites $\mathscr{D}$ et $\mathscr{D}'$ ne sont pas coplanaires.

Pour les questions 3 et 4, le plan est muni d'un repère orthonormé direct d'origine O.

3. Soit $\mathcal{E}$ l'ensemble des points M d'affixe z vérifiant $|z + \mathrm{i}| = |z - \mathrm{i}|$.
a. $\mathcal{E}$ est l'axe des abscisses.
b. $\mathcal{E}$ est l'axe des ordonnées.
c. $\mathcal{E}$ est le cercle ayant pour centre O et pour rayon 1.

4. On désigne par B et C deux points du plan dont les affixes respectives b et c vérifient l'égalité :

$$\frac{c}{b} = \sqrt{2}e^{\mathrm{i}\frac{\pi}{4}}.$$

a. Le triangle OBC est isocèle en O.
b. Les points O, B, C sont alignés.
c. Le triangle OBC est isocèle et rectangle en B.

Exercice 3 (5 points) : probabilités, loi binomiale, fluctuation

Commun à tous les candidats

Dans une usine, on utilise deux machines A et B pour fabriquer des pièces.

1. La machine A assure 40% de la production et la machine B en assure 60%.

On estime que 10% des pièces issues de la machine A ont un défaut et que 9% des pièces issues de la machine B ont un défaut.

On choisit une pièce au hasard et on considère les événements suivants :
- A : « La pièce est produite par la machine A ».
- B : « La pièce est produite par la machine B ».
- D : « La pièce a un défaut ».
- $\bar{D}$, l'évènement contraire de l'évènement D.

a. Traduire la situation à l'aide d'un arbre pondéré.

b. Calculer la probabilité que la pièce choisie présente un défaut et ait été fabriquée par la machine A.

c. Démontrer que la probabilité $P(D)$ de l'évènement D est égale à 0,094.

d. On constate que la pièce choisie a un défaut.
Quelle est la probabilité que cette pièce provienne de la machine A ?

2. On estime que la machine A est convenablement réglée si 90% des pièces qu'elle fabrique sont conformes.

On décide de contrôler cette machine en examinant n pièces choisies au hasard (n entier naturel) dans la production de la machine A. On assimile ces n tirages à des tirages successifs indépendants et avec remise.

On note X_n le nombre de pièces qui sont conformes dans l'échantillon de n pièces, et $F_n = \frac{X_n}{n}$ la proportion correspondante.

a. Justifier que la variable aléatoire X_n suit une loi binomiale et préciser ses paramètres.

b. Dans cette question, on prend $n = 150$.
Déterminer l'intervalle de fluctuation asymptotique I au seuil de 95% de la variable aléatoire F_{150}.

c. Un test qualité permet de dénombrer 21 pièces non conformes sur un échantillon de 150 pièces produites.
Cela remet-il en cause le réglage de la machine ? Justifier la réponse.

Exercice 4 (5 points) : suites, récurrence, limite

Candidats n'ayant pas suivi l'enseignement de spécialité

On considère la suite (u_n) définie sur $\mathbb{N}$ par :

$$u_0 = 2 \text{ et pour tout entier naturel } n, \quad u_{n+1} = \frac{u_n + 2}{2u_n + 1}.$$

On admet que pour tout entier naturel n, $u_n > 0$.

1. a. Calculer u_1, u_2, u_3, u_4. On pourra en donner une valeur approchée à 10^{-2} près.

b. Vérifier que si n est l'un des entiers 0, 1, 2, 3, 4 alors $u_n - 1$ a le même signe que $(-1)^n$.

c. Etablir que pour tout entier naturel n, $\quad u_{n+1} - 1 = \dfrac{-u_n + 1}{2u_n + 1}.$

d. Démontrer par récurrence que pour tout entier naturel n, $u_n - 1$ a le même signe que $(-1)^n$.

2. Pour tout entier naturel n, on pose $v_n = \dfrac{u_n - 1}{u_n + 1}.$

a. Etablir que pour tout entier naturel n, $\quad v_{n+1} = \dfrac{-u_n + 1}{3u_n + 3}.$

b. Démontrer que la suite (v_n) est une suite géométrique de raison $-\dfrac{1}{3}$.

En déduire l'expression de v_n en fonction de n.

c. On admet que pour tout entier naturel n, $\quad u_n = \dfrac{1 + v_n}{1 - v_n}.$

Exprimer u_n en fonction de n et déterminer la limite de la suite (u_n).

E11 : Énoncé du sujet Nouvelle-Calédonie (14 novembre 2013)

Exercice 1 (5 points) : exponentielle, dérivée, limite

Commun à tous les candidats

Soit f la fonction dérivable, définie sur l'intervalle $]0\,;\,+\infty[$ par :

$$f(x) = e^x + \frac{1}{x}.$$

1. Étude d'une fonction auxiliaire

a. Soit la fonction g dérivable, définie sur $[0\,;\,+\infty[$ par :

$$g(x) = x^2 e^x - 1.$$

Étudier le sens de variation de la fonction g.

b. Démontrer qu'il existe un unique réel a appartenant à $[0\,;\,+\infty[$ tel que $g(a) = 0$.
Démontrer que a appartient à l'intervalle $[0{,}703\,;\,0{,}704[$.

c. Déterminer le signe de $g(x)$ sur $[0\,;\,+\infty[$.

2. Étude de la fonction f

a. Déterminer les limites de la fonction f en 0 et en $+\infty$.

b. On note f' la fonction dérivée de f sur l'intervalle $]0\,;\,+\infty[$.
Démontrer que pour tout réel strictement positif x, $\quad f'(x) = \dfrac{g(x)}{x^2}.$

c. En déduire le sens de variation de la fonction f et dresser son tableau de variation sur l'intervalle $]0\,;\,+\infty[$.

d. Démontrer que la fonction f admet pour minimum le nombre réel :

$$m = \frac{1}{a^2} + \frac{1}{a}.$$

e. Justifier que $3{,}43 < m < 3{,}45$.

Exercice 2 (5 points) : suites, limite, algorithme

Commun à tous les candidats

Soient deux suites (u_n) et (v_n) définies par $u_0 = 2$ et $v_0 = 10$ et pour tout entier naturel n,

$$u_{n+1} = \frac{2u_n + v_n}{3} \quad \text{et} \quad v_{n+1} = \frac{u_n + 3v_n}{4}.$$

PARTIE A

On considère l'algorithme suivant :

Variables :	N est un entier
	U, V, W sont des réels
	K est un entier
Début :	Affecter 0 à K
	Affecter 2 à U
	Affecter 10 à V
	Saisir N
	Tant que $K < N$
	$\quad$ Affecter $K + 1$ à K
	$\quad$ Affecter U à W
	$\quad$ Affecter $\dfrac{2U + V}{3}$ à U
	$\quad$ Affecter $\dfrac{W + 3V}{4}$ à V
	Fin tant que
	Afficher U
	Afficher V
Fin	

On exécute cet algorithme en saisissant $N = 2$. Recopier et compléter le tableau donné ci-dessous donnant l'état des variables au cours de l'exécution de l'algorithme.

K	W	U	V
0			
1			
2			

PARTIE B

1. a. Montrer que pour tout entier naturel n, $v_{n+1} - u_{n+1} = \dfrac{5}{12}(v_n - u_n)$.

b. Pour tout entier naturel n on pose $w_n = v_n - u_n$.

Montrer que pour tout entier naturel n, $w_n = 8\left(\dfrac{5}{12}\right)^n$.

2. a. Démontrer que la suite (u_n) est croissante et que la suite (v_n) est décroissante.

b. Déduire des résultats des questions **1. b.** et **2. a.** que pour tout entier naturel n on a :
$$u_n \leq 10 \quad \text{et} \quad v_n \geq 2.$$

c. En déduire que les suites (u_n) et (v_n) sont convergentes.

3. Montrer que les suites (u_n) et (v_n) ont la même limite.

4. Montrer que la suite (t_n) définie par $t_n = 3u_n + 4v_n$ est constante.
En déduire que la limite commune des suites (u_n) et (v_n) est $\dfrac{46}{7}$.

Exercice 3 (5 points) : probabilités, lois normale et binomiale

Commun à tous les candidats

Tous les résultats numériques devront être donnés sous forme décimale et arrondis au dix-millième.

Une usine fabrique des billes sphériques dont le diamètre est exprimé en millimètres.
Une bille est dite hors norme lorsque son diamètre est inférieur à 9 mm ou supérieur à 11 mm.

Partie A

1. On appelle X la variable aléatoire qui à chaque bille choisie au hasard dans la production associe son diamètre exprimé en mm.
On admet que la variable aléatoire X suit la loi normale d'espérance 10 et d'écart-type 0,4.
Montrer qu'une valeur approchée à 0,000 1 près de la probabilité qu'une bille soit hors norme est 0,012 4. On pourra utiliser la table de valeurs donnée en annexe.

2. On met en place un contrôle de production tel que 98 % des billes hors norme sont écartés et 99 % des billes correctes sont conservées.
On choisit une bille au hasard dans la production. On note N l'événement : « la bille choisie est aux normes », A l'événement : « la bille choisie est acceptée à l'issue du contrôle ».

a. Construire un arbre pondéré qui réunit les données de l'énoncé.

b. Calculer la probabilité de l'événement A.

c. Quelle est la probabilité pour qu'une bille acceptée soit hors norme ?

Partie B

Ce contrôle de production se révélant trop coûteux pour l'entreprise, il est abandonné : dorénavant, toutes les billes produites sont donc conservées, et elles sont conditionnées par sacs de 100 billes.
On considère que la probabilité qu'une bille soit hors norme est de 0,012 4.
On admettra que prendre au hasard un sac de 100 billes revient à effectuer un tirage avec remise de 100 billes dans l'ensemble des billes fabriquées.
On appelle Y la variable aléatoire qui à tout sac de 100 billes associe le nombre de billes hors norme de ce sac.

1. Quelle est la loi suivie par la variable aléatoire Y ?

2. Quels sont l'espérance et l'écart-type de la variable aléatoire Y ?

3. Quelle est la probabilité pour qu'un sac de 100 billes contienne exactement deux billes hors norme ?

4. Quelle est la probabilité pour qu'un sac de 100 billes contienne au plus une bille hors norme ?

Exercice 4 (5 points) : complexes

Candidats n'ayant pas suivi l'enseignement de spécialité

Le plan est rapporté à un repère orthonormal direct $(O, \vec{u}, \vec{v})$.

On note $\mathbb{C}$ l'ensemble des nombres complexes.

Pour chacune des propositions suivantes, dire si elle est vraie ou fausse en justifiant la réponse.

1. **Proposition** : Pour tout entier naturel n : $(1 + i)^{4n} = (-4)^n$.

2. Soit (E) l'équation $(z - 4)(z^2 - 4z + 8) = 0$ où z désigne un nombre complexe.

   Proposition : Les points dont les affixes sont les solutions, dans $\mathbb{C}$, de (E) sont les sommets d'un triangle d'aire 8.

3. **Proposition** : Pour tout nombre réel α, $1 + e^{2i\alpha} = 2e^{i\alpha}\cos(\alpha)$.

4. Soit A le point d'affixe $z_A = \frac{1}{2}(1 + i)$ et M_n le point d'affixe $(z_A)^n$ où n désigne un entier naturel supérieur ou égal à 2.

   Proposition : si $n - 1$ est divisible par 4, alors les points O, A et M_n sont alignés.

5. Soit j le nombre complexe de module 1 et d'argument $\frac{2\pi}{3}$.

   Proposition : $1 + j + j^2 = 0$.

Annexe

Exercice 3

	A	B
1	d	$P(X < d)$
2	0	3,06E-138
3	1	2,08E-112
4	2	2,75E-89
5	3	7,16E-69
6	4	3,67E-51
7	5	3,73E-36
8	6	7,62E-24
9	7	3,19E-14
10	8	2,87E-07
11	9	0,00620967
12	10	0,5
13	11	0,99379034
14	12	0,99999971
15	13	1
16	14	1
17	15	1
18	16	1
19	17	1
20	18	1
21	19	1
22	20	1
23	21	1
24	22	1
25		

Copie d'écran d'une feuille de calcul

E12 : Énoncé du sujet Amérique du Sud (21 novembre 2013)

Exercice 1 (6 points) : exponentielle, dérivée, limite

Commun à tous les candidats

Partie A

Soit f la fonction définie sur $\mathbb{R}$ par :
$$f(x) = xe^{1-x}.$$

1. Vérifier que pour tout réel x, $\quad f(x) = e \times \dfrac{x}{e^x}$.

2. Déterminer la limite de la fonction f en $-\infty$.

3. Déterminer la limite de la fonction f en $+\infty$. Interpréter graphiquement cette limite.

4. Déterminer la dérivée de la fonction f.

5. Étudier les variations de la fonction f sur $\mathbb{R}$ puis dresser le tableau de variation.

Partie B

Pour tout entier naturel n non nul, on considère les fonctions g_n et h_n définies sur $\mathbb{R}$ par :

$$g_n(x) = 1 + x + x^2 + \cdots + x^n \qquad \text{et} \qquad h_n(x) = 1 + 2x + \cdots + nx^{n-1}.$$

1. Vérifier que, pour tout réel x : $(1-x)g_n(x) = 1 - x^{n+1}$.

On obtient alors, pour tout réel $x \neq 1$: $g_n(x) = \dfrac{1 - x^{n+1}}{1 - x}$.

2. Comparer les fonctions h_n et g'_n, g'_n étant la dérivée de la fonction g_n.

En déduire que, pour tout réel $x \neq 1$: $h_n(x) = \dfrac{nx^{n+1} - (n+1)x^n + 1}{(1-x)^2}$.

3. Soit $S_n = f(1) + f(2) + \cdots + f(n)$, f étant la fonction définie dans la **partie A**.
En utilisant les résultats de la **partie B**, déterminer une expression de S_n puis sa limite quand n tend vers $+\infty$.

Exercice 2 (4 points) : géométrie dans l'espace

Commun à tous les candidats

On considère le cube ABCDEFGH, d'arête de longueur 1, représenté ci-dessous et on munit l'espace du repère orthonormé $\left(A\,;\,\overrightarrow{AB},\,\overrightarrow{AD},\,\overrightarrow{AE}\right)$.

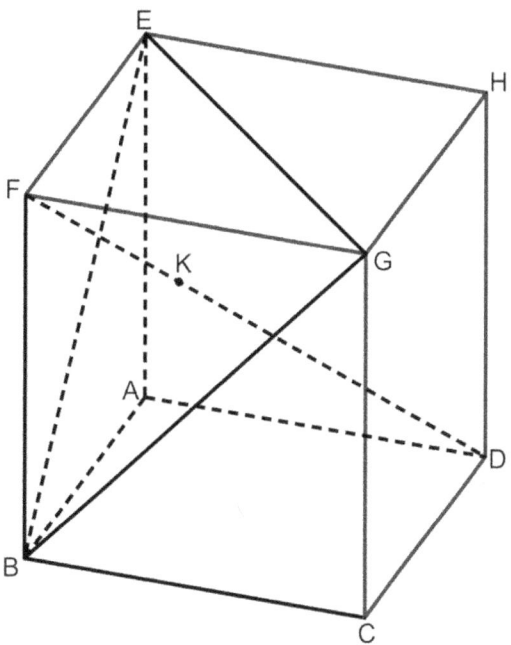

1. Déterminer une représentation paramétrique de la droite (FD).

2. Démontrer que le vecteur $\vec{n}\begin{pmatrix}1\\-1\\1\end{pmatrix}$ est un vecteur normal au plan (BGE) et déterminer une équation du plan (BGE).

3. Montrer que la droite (FD) est perpendiculaire au plan (BGE) en un point K de coordonnées :

$$K\left(\frac{2}{3}\,;\,\frac{1}{3}\,;\,\frac{2}{3}\right).$$

4. Quelle est la nature du triangle BEG ? Déterminer son aire.

5. En déduire le volume du tétraèdre BEGD.

Exercice 3 (5 points) : complexes, suites

Candidats n'ayant pas suivi l'enseignement de spécialité

Le plan complexe est rapporté à un repère orthonormé direct.

On considère l'équation
$$(E): \quad z^2 - 2z\sqrt{3} + 4 = 0.$$

1. Résoudre l'équation (E) dans l'ensemble $\mathbb{C}$ des nombres complexes.

2. On considère la suite (M_n) des points d'affixes $z_n = 2^n e^{i(-1)^n \frac{\pi}{6}}$, définie pour $n \geq 1$.

a. Vérifier que z_1 est une solution de (E).

b. Écrire z_2 et z_3 sous forme algébrique.

c. Placer les points M_1, M_2, M_3 et M_4 sur la figure donnée en annexe et tracer, sur la figure donnée en annexe, les segments $[M_1, M_2]$, $[M_2, M_3]$ et $[M_3, M_4]$.

3. Montrer que, pour tout entier $n \geq 1$, $z_n = 2^n \left(\dfrac{\sqrt{3}}{2} + \dfrac{(-1)^n i}{2} \right)$.

4. Calculer les longueurs $M_1 M_2$ et $M_2 M_3$.

Pour la suite de l'exercice, on admet que, pour tout entier $n \geq 1$, $M_n M_{n+1} = 2^n \sqrt{3}$.

5. On note $\ell_n = M_1 M_2 + M_2 M_3 + \cdots + M_n M_{n+1}$.

a. Montrer que, pour tout entier $n \geq 1$, $\quad \ell_n = 2\sqrt{3}(2^n - 1)$.

b. Déterminer le plus petit entier n tel que $\ell_n \geq 1\,000$.

Exercice 4 (5 points) : probabilités, loi binomiale, fluctuation

Commun à tous les candidats

Dans cet exercice, les résultats seront arrondis à 10^{-4} près.

Partie A

En utilisant sa base de données, la sécurité sociale estime que la proportion de Français présentant, à la naissance, une malformation cardiaque de type anévrisme est de 10 %. L'étude a également permis de prouver que 30 % des Français présentant, à la naissance, une malformation cardiaque de type anévrisme, seront victimes d'un accident cardiaque au cours de leur vie alors que cette proportion n'atteint plus que 8 % pour ceux qui ne souffrent pas de cette malformation congénitale.

On choisit au hasard une personne dans la population française et on considère les évènements :
M : « La personne présente, à la naissance, une malformation cardiaque de type anévrisme » ;
C : « La personne est victime d'un accident cardiaque au cours de sa vie ».

1. a. Montrer que $P(M \cap C) = 0,03$.

  b. Calculer $P(C)$.

2. On choisit au hasard une victime d'un accident cardiaque. Quelle est la probabilité qu'elle présente une malformation cardiaque de type anévrisme ?

Partie B

La sécurité sociale décide de lancer une enquête de santé publique, sur ce problème de malformation cardiaque de type anévrisme, sur un échantillon de 400 personnes, prises au hasard dans la population française.

On note X la variable aléatoire comptabilisant le nombre de personnes de l'échantillon présentant une malformation cardiaque de type anévrisme.

1. Définir la loi de la variable aléatoire X.

2. Déterminer $P(X = 35)$.

3. Déterminer la probabilité que 30 personnes de ce groupe, au moins, présentent une malformation cardiaque de type anévrisme.

Partie C

1. On considère la variable aléatoire F, définie par $F = \frac{X}{400}$, X étant la variable aléatoire de la partie B.
Déterminer l'intervalle de fluctuation asymptotique de la variable aléatoire F au seuil de 95 %.

2. Dans l'échantillon considéré, 60 personnes présentent une malformation cardiaque de type anévrisme. Qu'en pensez-vous ?

ANNEXE

À rendre avec la copie

Exercice 3 : Candidats n'ayant pas suivi l'enseignement de spécialité

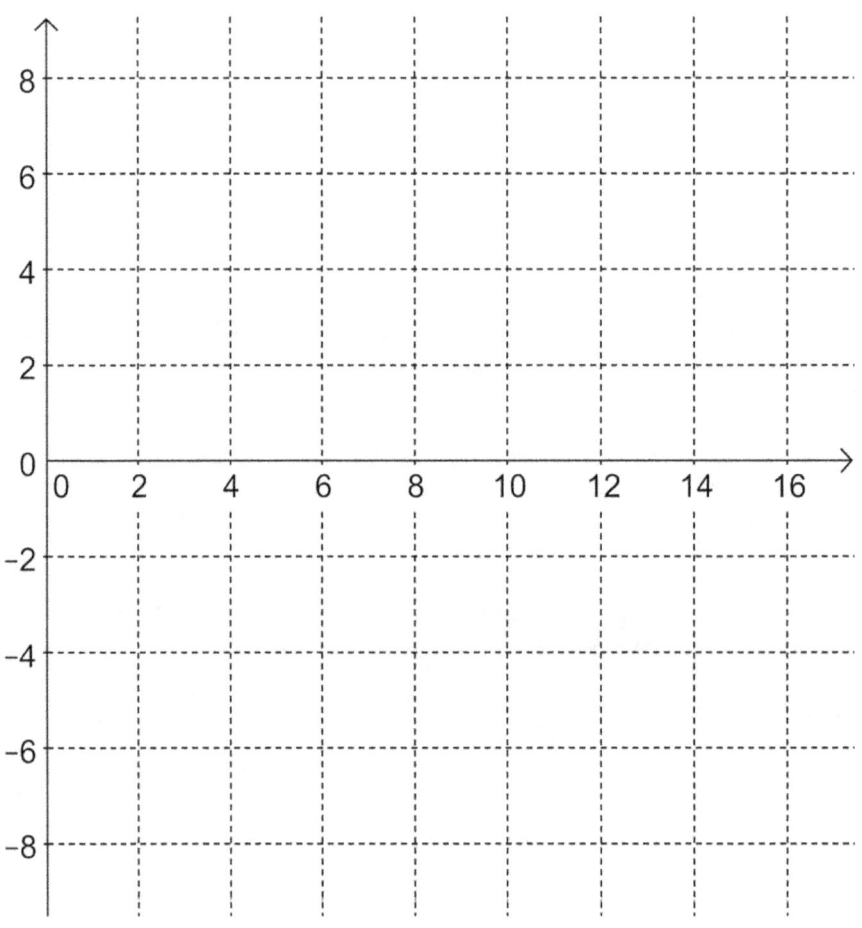

E13 : Énoncé du sujet Nouvelle-Calédonie (7 mars 2014)
Exercice 1 (4 points) : complexes

Commun à tous les candidats

Cet exercice est un QCM (questionnaire à choix multiple). Pour chaque question, une seule des quatre réponses proposées est exacte.
Le candidat indiquera sur la copie le numéro de la question et la réponse choisie.
Chaque réponse exacte rapporte un point. Aucune justification n'est demandée. Aucun point n'est enlevé en l'absence de réponse ou en cas de réponse fausse.

Le plan complexe est rapporté au repère orthonormal direct (O ; $\vec{u}$, $\vec{v}$).
Soit z un nombre complexe de la forme $x + iy$, où x et y sont des réels.

1. Soit z le nombre complexe d'affixe $(1 + i)^4$. L'écriture exponentielle de z est :

   a) $\sqrt{2}e^{i\pi}$
   b) $4e^{i\pi}$
   c) $\sqrt{2}e^{i\frac{\pi}{4}}$
   d) $4e^{i\frac{\pi}{4}}$

2. L'ensemble des points M du plan d'affixe $z = x + iy$ tels que $|z - 1 + i| = |\sqrt{3} - i|$ a pour équation :

   a) $(x - 1)^2 + (y + 1)^2 = 2$
   b) $(x + 1)^2 + (y - 1)^2 = 2$
   c) $(x - 1)^2 + (y + 1)^2 = 4$
   d) $y = x + \frac{\sqrt{3}-1}{2}$

3. On considère la suite de nombres complexes (Z_n) définie pour tout entier naturel n par :
$Z_0 = 1 + i$ et $Z_{n+1} = \frac{1+i}{2} Z_n$. On note M_n le point du plan d'affixe Z_n.

   a) Pour tout entier naturel n, le point M_n appartient au cercle de centre O et de rayon $\sqrt{2}$.
   b) Pour tout entier naturel n, le triangle $OM_n M_{n+1}$ est équilatéral.
   c) La suite (U_n) définie par $U_n = |Z_n|$ est convergente.
   d) Pour tout entier naturel n, un argument de $\frac{Z_{n+1}-Z_n}{Z_n}$ est $\frac{\pi}{2}$.

4. Soit A, B, C trois points du plan complexe d'affixes respectives :
$Z_A = -1 - i$; $Z_B = 2 - 2i$ et $Z_C = 1 + 5i$. On pose $Z = \dfrac{Z_C - Z_A}{Z_B - Z_A}$.

   a) Z est un nombre réel.
   b) Le triangle ABC est isocèle en A.
   c) Le triangle ABC est rectangle en A.
   d) Le point M d'affixe Z appartient à la médiatrice du segment [BC].

Exercice 2 (6 points) : probabilités, lois binomiale et normale, fluctuation

Commun à tous les candidats

Les parties A, B et C sont indépendantes.

Partie A
Restitution organisée des connaissances

L'objectif de cette partie est de démontrer le théorème suivant :

> Si X est une variable aléatoire suivant la loi normale centrée réduite, alors pour tout réel α appartenant à l'intervalle $]0\,;1[$, il existe un unique réel strictement positif x_α tel que :
> $P(-x_\alpha \leq X \leq x_\alpha) = 1 - \alpha$.

Soit f la fonction définie sur l'ensemble des nombres réels $\mathbb{R}$ par $f(t) = \frac{1}{\sqrt{2\pi}} e^{-\frac{t^2}{2}}$.

Soit H la fonction définie et dérivable sur $[0\,;+\infty[$ par : $H(x) = P(-x \leq X \leq x) = \int_{-x}^{x} f(t)\,dt$.

1. Que représente la fonction f pour la loi normale centrée réduite ?

2. Préciser $H(0)$ et la limite de $H(x)$ quand x tend vers $+\infty$.

3. À l'aide de considérations graphiques, montrer que pour tout nombre réel positif x,

$$H(x) = 2 \int_0^x f(t)\,dt.$$

4. En déduire que la dérivée H' de la fonction H sur $[0\,;+\infty[$ est la fonction $2f$ et dresser le tableau de variations de H sur $[0\,;+\infty[$.

5. Démontrer alors le théorème énoncé.

Partie B

Un laboratoire se fournit en pipettes auprès de deux entreprises, notées A et B.
60% des pipettes viennent de l'entreprise A et 4,6% des pipettes de cette entreprise possèdent un défaut.
Dans le stock total du laboratoire, 5% des pièces présentent un défaut.
On choisit au hasard une pipette dans le stock du laboratoire et on note :
  A l'évènement : « La pipette est fournie par l'entreprise A » ;
  B l'évènement : « La pipette est fournie par l'entreprise B » ;
  D l'évènement : « La pipette a un défaut ».

1. La pipette choisie au hasard présente un défaut ; quelle est la probabilité qu'elle vienne de l'entreprise A ?

2. Montrer que $p(B \cap D) = 0{,}0224$.

3. Parmi les pipettes venant de l'entreprise B, quel pourcentage de pipettes présente un défaut ?

Partie C

Une pipette est dite conforme si sa contenance est comprise, au sens large entre 98 millilitres (mL) et 102 mL.

Soit X la variable aléatoire qui à chaque pipette prise au hasard dans le stock d'un laboratoire associe sa contenance (en millilitres). On admet que X suit une loi normale de moyenne μ et écart type σ tels que $\mu = 100$ et $\sigma^2 = 1{,}0424$.

1. Quelle est alors la probabilité, à 10^{-4} près, pour qu'une pipette prise au hasard soit conforme ? On pourra s'aider de la table ci-dessous ou utiliser une calculatrice.

Contenance x (en mL)	95	96	97	98	99	100	101	102	103	104
$P(X \leq x)$ (arrondi à 10^{-5})	0,00000	0,00004	0,00165	0,02506	0,16368	0,5	0,83632	0,97494	0,99835	0,99996

Pour la suite, on admet que la probabilité pour qu'une pipette soit non-conforme est $p = 0{,}05$.

2. On prélève dans le stock du laboratoire des échantillons de pipettes de taille n, où n est un entier naturel supérieur ou égal à 100. On suppose que le stock est assez important pour considérer ces tirages comme indépendants.

Soit Y_n la variable aléatoire qui à chaque échantillon de taille n associe le nombre de pipettes non-conformes de l'échantillon.

a) Quelle est la loi suivie par la variable aléatoire Y_n ?

b) Vérifier que $n \geq 30$, $np \geq 5$ et $n(1-p) \geq 5$.

c) Donner en fonction de n l'intervalle de fluctuation asymptotique au seuil de 95% de la fréquence des pipettes non-conformes dans un échantillon.

Exercice 3 (5 points) : logarithme, exponentielle, dérivée, limite, intégrale, algorithme

Commun à tous les candidats

Partie A

Soit f la fonction dérivable, définie sur l'intervalle $]0\,;\,+\infty[$ par $\quad f(x) = x\ln(x)$.

1. Déterminer les limites de f en 0 et en $+\infty$.

2. On appelle f' la fonction dérivée de f sur $]0\,;\,+\infty[$. Montrer que $f'(x) = \ln(x) + 1$.

3. Déterminer les variations de f sur $]0\,;\,+\infty[$.

Partie B

Soit $\mathcal{C}$ la courbe représentative de la fonction f dans un repère orthonormal.
Soit $\mathcal{A}$ l'aire, exprimée en unités d'aire, de la partie du plan comprise entre l'axe des abscisses, la courbe $\mathcal{C}$ et les droites d'équations respectives $x = 1$ et $x = 2$.
On utilise l'algorithme suivant pour calculer, par la méthode des rectangles, une valeur approchée de l'aire $\mathcal{A}$. (voir la figure ci-après).

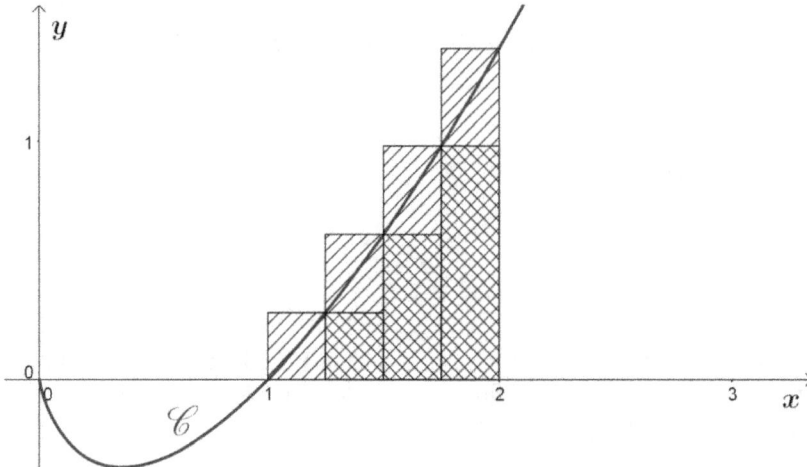

Algorithme :

> **Variables**
> k et n sont des entiers naturels
> U, V sont des nombres réels
> **Initialisation**
> U prend la valeur 0
> V prend la valeur 0
> n prend la valeur 4
> **Traitement**
> Pour k allant de 0 à $n-1$
>   Affecter à U la valeur $U + \frac{1}{n}f\left(1 + \frac{k}{n}\right)$
>   Affecter à V la valeur $V + \frac{1}{n}f\left(1 + \frac{k+1}{n}\right)$
> Fin pour
> **Affichage**
>   Afficher U
>   Afficher V

1.

a) Que représentent U et V sur le graphique précédent ?

b) Quelles sont les valeurs U et V affichées en sortie de l'algorithme (on donnera une valeur approchée de U par défaut à 10^{-4} près et une valeur approchée par excès de V à 10^{-4} près) ?

c) En déduire un encadrement de $\mathcal{A}$.

2. Soient les suites (U_n) et (V_n) définies pour tout entier n non nul par :

$$U_n = \frac{1}{n}\left[f(1) + f\left(1+\frac{1}{n}\right) + f\left(1+\frac{2}{n}\right) + \cdots + f\left(1+\frac{n-1}{n}\right)\right],$$

$$V_n = \frac{1}{n}\left[f\left(1+\frac{1}{n}\right) + f\left(1+\frac{2}{n}\right) + \cdots + f\left(1+\frac{n-1}{n}\right) + f(2)\right].$$

On admettra que, pour tout n entier naturel non nul, $U_n \leq \mathcal{A} \leq V_n$.

a) Trouver le plus petit entier n tel que $V_n - U_n < 0{,}1$.

b) Comment modifier l'algorithme précédent pour qu'il permette d'obtenir un encadrement de $\mathcal{A}$ d'amplitude inférieure à 0,1 ?

Partie C

Soit F la fonction dérivable, définie sur $]0\,;\,+\infty[$ par $F(x) = \dfrac{x^2}{2}\ln x - \dfrac{x^2}{4}$.

1. Montrer que F est une primitive de f sur $]0\,;\,+\infty[$.

2. Calculer la valeur exacte de $\mathcal{A}$.

Exercice 4 (5 points) : géométrie dans l'espace

Candidats n'ayant pas suivi l'enseignement de spécialité

Soit ABCDEFGH un parallélépipède rectangle tel que AB = 2, AD = 3 et AE = 1.
On appelle respectivement I, J et P les milieux respectifs des segments [CD], [EF] et [AB].
On note Q le point défini par $\vec{AQ} = \dfrac{1}{3}\vec{AD}$.

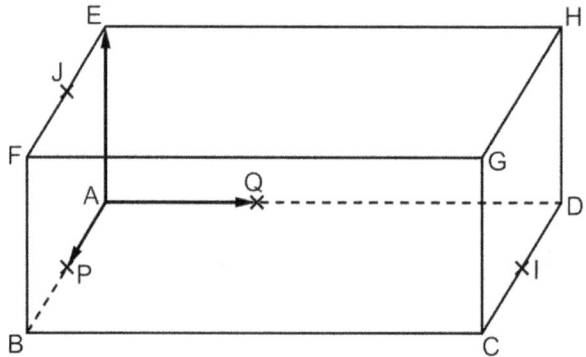

On appelle **plan médiateur d'un segment** le plan perpendiculaire à ce segment et passant par son milieu.
L'objectif de l'exercice est de déterminer les coordonnées du centre d'une sphère circonscrite au tétraèdre ABIJ (c'est-à-dire une sphère qui passe par les quatre points A, B, I, J).

L'espace est rapporté au repère orthonormal $\left(A\,;\, \vec{AP},\, \vec{AQ},\, \vec{AE}\right)$.

1. Justifier que les quatre points A, B, I et J ne sont pas coplanaires.

2. Déterminer une équation cartésienne du plan médiateur (P_1) du segment [AB].

3. Soit (P_2) le plan d'équation cartésienne $3y - z - 4 = 0$.

Montrer que le plan (P_2) est le plan médiateur du segment [IJ].

4.

a) Démontrer que les plans (P_1) et (P_2) sont sécants.

b) Montrer que leur intersection est une droite (Δ) dont une représentation paramétrique est :

$$\begin{cases} x = 1 \\ y = t \\ z = 3t - 4 \end{cases} \text{ où } t \text{ décrit l'ensemble des nombres réels } \mathbb{R}.$$

c) Déterminer les coordonnées du point Ω de la droite (Δ) tel que $\Omega A = \Omega I$.

d) Montrer que le point Ω est centre de la sphère circonscrite au tétraèdre ABIJ.

E14 : Enoncé du sujet Pondichéry (8 avril 2014)

Exercice 1 (4 points) : probabilités, loi exponentielle, fluctuation

Commun à tous les candidats

Dans cet exercice, sauf indication contraire, les résultats seront arrondis au centième.

1. La durée de vie, exprimée en années, d'un moteur pour automatiser un portail fabriqué par une entreprise A est une variable aléatoire X qui suit une loi exponentielle de paramètre λ, où λ est un réel strictement positif.

On sait que $P(X \leq 2) = 0,15$.
Déterminer la valeur exacte du réel λ.

Dans la suite de l'exercice on prendra 0,081 pour valeur de λ.

2.

a. Déterminer $P(X \geq 3)$.

b. Montrer que pour tous réels positifs t et h, $P_{X \geq t}(X \geq t + h) = P(X \geq h)$.

c. Le moteur a déjà fonctionné durant 3 ans. Quelle est la probabilité pour qu'il fonctionne encore 2 ans ?

d. Calculer l'espérance de la variable aléatoire X et donner une interprétation de ce résultat.

3. Dans la suite de cet exercice, on donnera des valeurs arrondies des résultats à 10^{-3}.

L'entreprise A annonce que le pourcentage de moteurs défectueux dans la production est égal à 1%. Afin de vérifier cette affirmation 800 moteurs sont prélevés au hasard. On constate que 15 moteurs sont détectés défectueux.

Le résultat de ce test remet-il en question l'annonce de l'entreprise A ? Justifier.
On pourra s'aider d'un intervalle de fluctuation.

Exercice 2 (4 points) : suites, logarithme, exponentielle, géométrie dans l'espace

Commun à tous les candidats

Pour chacune des propositions suivantes, indiquer si elle est vraie ou fausse et justifier la réponse choisie. Il est attribué un point par réponse exacte correctement justifiée. Une réponse non justifiée n'est pas prise en compte. Une absence de réponse n'est pas pénalisée.

1. **Proposition 1**

Toute suite positive croissante tend vers $+\infty$.

2. g est la fonction définie sur $\left]-\dfrac{1}{2}\,;\,+\infty\right[$ par $g(x) = 2x\ln(2x+1)$.

Proposition 2

Sur $\left]-\dfrac{1}{2}\,;\,+\infty\right[$, l'équation $g(x) = 2x$ a une unique solution : $\dfrac{e-1}{2}$.

Proposition 3

Le coefficient directeur de la tangente à la courbe représentative de la fonction g au point d'abscisse $\dfrac{1}{2}$ est : $1 + \ln 4$.

3. L'espace est muni d'un repère orthonormé $(O\,;\,\vec{i},\vec{j},\vec{k})$.

$\mathscr{P}$ et $\mathscr{R}$ sont les plans d'équations respectives : $2x + 3y - z - 11 = 0$ et $x + y + 5z - 11 = 0$.

Proposition 4

Les plans $\mathscr{P}$ et $\mathscr{R}$ se coupent perpendiculairement.

Exercice 3 (5 points) : suites, complexes, algorithme

Candidats n'ayant pas suivi la spécialité.

Le plan complexe est muni d'un repère orthonormé $(O\,;\,\vec{u},\vec{v})$.

Pour tout entier naturel n, on note A_n le point d'affixe z_n défini par :
$$z_0 = 1 \text{ et } z_{n+1} = \left(\frac{3}{4} + \frac{\sqrt{3}}{4}i\right)z_n\,.$$
On définit la suite (r_n) par $r_n = |z_n|$ pour tout entier naturel n.

1. Donner la forme exponentielle du nombre complexe $\frac{3}{4} + \frac{\sqrt{3}}{4}i$.

2. **a.** Montrer que la suite (r_n) est géométrique de raison $\frac{\sqrt{3}}{2}$.
   b. En déduire l'expression de r_n en fonction de n.
   c. Que dire de la longueur OA_n lorsque n tend vers $+\infty$?

3. On considère l'algorithme suivant :

Variables	n entier naturel R réel P réel strictement positif
Entrée	Demander la valeur de P

Traitement	R prend la valeur 1
	n prend la valeur 0
	Tant que $R > P$
	    n prend la valeur $n+1$
	    R prend la valeur $\frac{\sqrt{3}}{2}R$
	Fin tant que

Sortie	Afficher n

   a. Quelle est la valeur affichée par l'algorithme pour $P = 0{,}5$?

   b. Pour $P = 0{,}01$ on obtient $n = 33$. Quel est le rôle de cet algorithme ?

4. **a.** Démontrer que le triangle OA_nA_{n+1} est rectangle en A_{n+1}.

   b. On admet que $z_n = r_n e^{i\frac{n\pi}{6}}$.
   Déterminer les valeurs de n pour lesquelles A_n est un point de l'axe des ordonnées.

   c. Compléter la figure donnée en annexe, **à rendre avec la copie**, en représentant les points A_6, A_7, A_8 et A_9.
   Les traits de construction seront apparents.

Exercice 4 (7 points) : exponentielle, dérivée, limite, intégrale

Commun à tous les candidats

Partie A

f est une fonction définie et dérivable sur $\mathbb{R}$. f' est la fonction dérivée de la fonction f.

Dans le plan muni d'un repère orthogonal, on nomme $\mathcal{C}_1$ la courbe représentative de la fonction f et $\mathcal{C}_2$ la courbe représentative de la fonction f'.

Le point A de coordonnées $(0\,;2)$ appartient à la courbe $\mathcal{C}_1$.
Le point B de coordonnées $(0\,;1)$ appartient à la courbe $\mathcal{C}_2$.

1. Dans les trois situations ci-dessous, on a dessiné la courbe représentative $\mathcal{C}_1$ de la fonction f. Sur l'une d'entre elles, la courbe $\mathcal{C}_2$ de la fonction dérivée f' est tracée convenablement. Laquelle ? Expliquer le choix effectué.

Situation 1

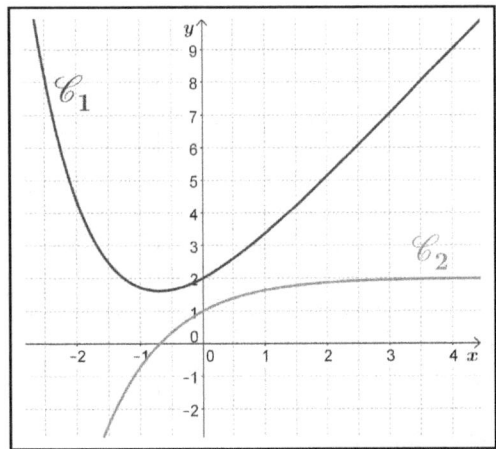

Situation 2 ($\mathcal{C}_2$ **est une droite**)

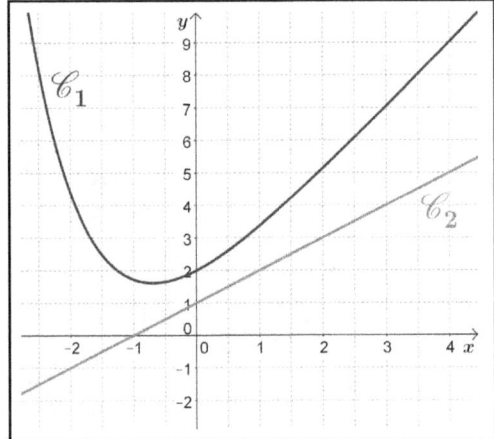

Situation 3

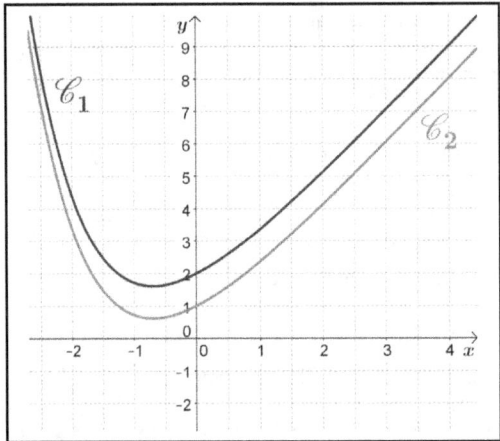

2. Déterminer l'équation réduite de la droite Δ tangente à la courbe $\mathcal{C}_1$ en A.

3. On sait que pour tout réel x, $f(x) = e^{-x} + ax + b$ où a et b sont deux nombres réels.

   a. Déterminer la valeur de b en utilisant les renseignements donnés par l'énoncé.

   b. Prouver que $a = 2$.

4. Étudier les variations de la fonction f sur $\mathbb{R}$.

5. Déterminer la limite de la fonction f en $+\infty$.

Partie B

Soit g la fonction définie sur $\mathbb{R}$ par $g(x) = f(x) - (x + 2)$.

1. a. Montrer que la fonction g admet 0 comme minimum sur $\mathbb{R}$.

   b. En déduire la position de la courbe $\mathcal{C}_1$ par rapport à la droite Δ.

La figure 2 ci-dessous représente le logo d'une entreprise. Pour dessiner ce logo, son créateur s'est servi de la courbe $\mathcal{C}_1$ et de la droite Δ, comme l'indique la figure 3 ci-dessous. Afin d'estimer les coûts de peinture, il souhaite déterminer l'aire de la partie colorée en gris.

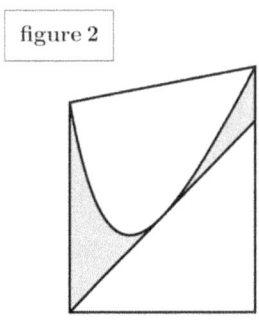
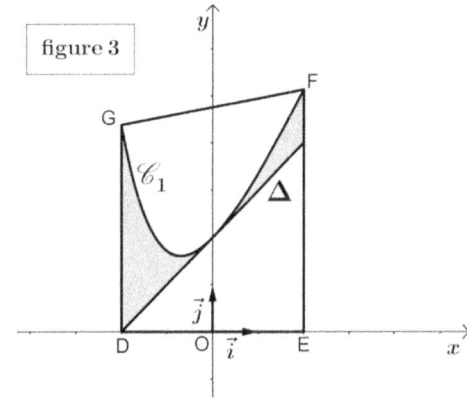

Le contour du logo est représenté par le trapèze DEFG où :
- D est le point de coordonnées $(-2\,;0)$,
- E est le point de coordonnées $(2\,;0)$,
- F est le point d'abscisse 2 de la courbe $\mathcal{C}_1$,
- G est le point d'abscisse -2 de la courbe $\mathcal{C}_1$.

La partie du logo colorée en gris correspond à la surface située entre la droite Δ, la courbe $\mathcal{C}_1$, la droite d'équation $x = -2$ et la droite d'équation $x = 2$.

2. Calculer, en unités d'aire, l'aire de la partie du logo colorée en gris (on donnera la valeur exacte puis la valeur arrondie à 10^{-2} du résultat).

ANNEXE EXERCICE 3

À compléter et à rendre avec la copie

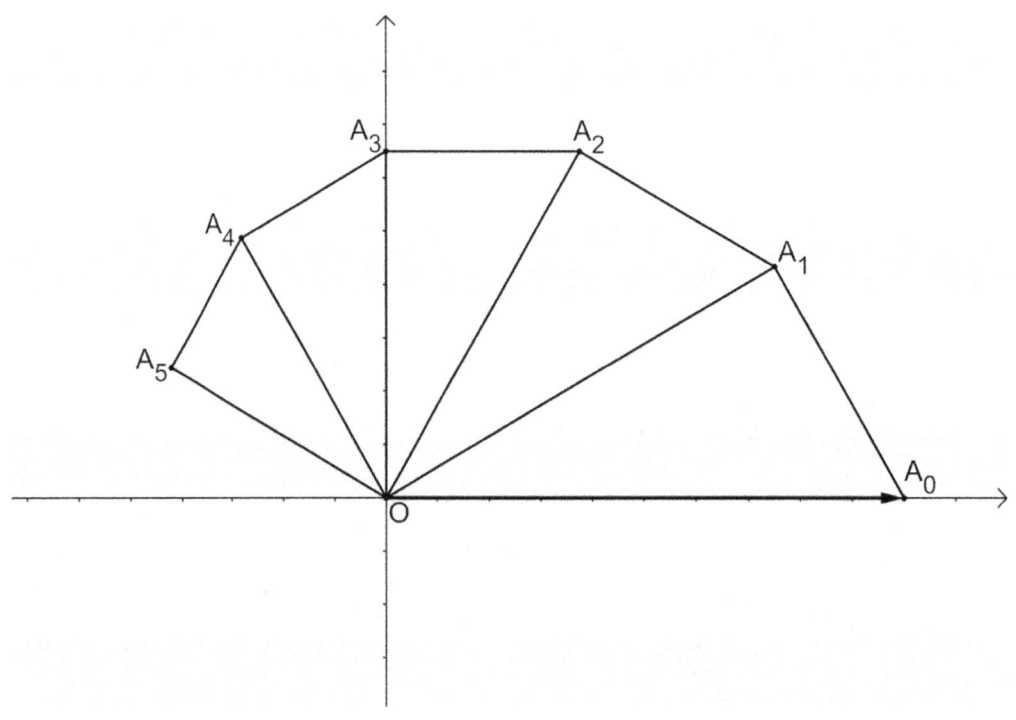

C1 : Corrigé du sujet Pondichéry (16 avril 2013)

Corrigé de l'exercice 1 : logarithme, exponentielle, dérivée, primitive

Partie 1

$2 = \lim\limits_{t \to +\infty} h(t) = \lim\limits_{t \to +\infty} \dfrac{a}{1 + be^{-0,04t}}$.

$\lim\limits_{t \to +\infty} (-0,04t) = -\infty \Rightarrow \lim\limits_{t \to +\infty} e^{-0,04t} = \lim\limits_{u \to -\infty} e^u = 0 \Rightarrow \lim\limits_{t \to +\infty} (1 + be^{-0,04t}) = 1 + b \times 0 = 1$.

$2 = \lim\limits_{t \to +\infty} \dfrac{a}{1 + be^{-0,04t}} = \dfrac{a}{1} = a \quad \Rightarrow \quad a = 2$.

$0,1 = h(0) = \dfrac{2}{1 + be^{-0,04 \times 0}} = \dfrac{2}{1 + be^0} = \dfrac{2}{1 + b} \Rightarrow 1 + b = \dfrac{2}{0,1} = 20 \Rightarrow b = 20 - 1 = 19$.

Conclusion : $a = 2$ et $b = 19 \quad \Rightarrow \quad h(t) = \dfrac{2}{1 + 19e^{-0,04t}}$.

Partie 2

1. f est une fonction définie et dérivable sur $[0\,;250]$.

$\forall t \in [0\,;250],\quad f(t) = 2 \times \dfrac{1}{u(t)}$ où $u(t) = 1 + 19e^{-0,04t}$

$\Rightarrow \quad u'(t) = 19 \times (-0,04)e^{-0,04t} = -0,76 e^{-0,04t}$.

$\forall t \in [0\,;250],\quad f'(t) = -2 \times \dfrac{u'(t)}{[u(t)]^2} = -2 \times \dfrac{-0,76 e^{-0,04t}}{(1 + 19e^{-0,04t})^2} = \dfrac{1,52 e^{-0,04t}}{(1 + 19e^{-0,04t})^2}$.

$\forall t \in [0\,;250],\quad e^{-0,04t} > 0$ et $(1 + 19e^{-0,04t})^2 > 0 \quad \Rightarrow \quad f'(t) > 0$.

La fonction f est strictement croissante sur $[0\,;250]$.

2. $f(t) > 1,5 \Leftrightarrow \dfrac{2}{1 + 19e^{-0,04t}} > 1,5 \Leftrightarrow 2 > 1,5(1 + 19e^{-0,04t}) \Leftrightarrow 2 > 1,5 + 28,5 e^{-0,04t}$

$\Leftrightarrow \quad 0,5 > 28,5 e^{-0,04t} \quad \Leftrightarrow \quad \dfrac{0,5}{28,5} > e^{-0,04t} \quad \Leftrightarrow \quad \dfrac{1}{57} > e^{-0,04t} \quad \Leftrightarrow \quad 57 < e^{0,04t}$

$\Leftrightarrow \quad \ln 57 < 0,04 t \quad \Leftrightarrow \quad \dfrac{1}{0,04} \ln 57 < t \quad \Leftrightarrow \quad t > 25 \ln 57$.

Le temps nécessaire pour que le plant de maïs atteigne une hauteur supérieure à 1,5 m vaut :

$$25 \ln 57 \approx 101,08 \text{ jours.}$$

3. a) $\forall t \in [0\,;250], f(t) = \dfrac{2}{1 + 19e^{-0,04t}} \times \dfrac{e^{0,04t}}{e^{0,04t}} = \dfrac{2e^{0,04t}}{e^{0,04t} + 19e^{-0,04t} \times e^{0,04t}} = \dfrac{2e^{0,04t}}{e^{0,04t} + 19}$

car $e^{-0,04t} \times e^{0,04t} = e^{-0,04t+0,04t} = e^0 = 1$.

$\forall t \in [0\,;250],\quad F(t) = 50 \ln u(t)$ où $u(t) = e^{0,04t} + 19 \quad \Rightarrow \quad u'(t) = 0,04 e^{0,04t}$.

$\forall t \in [0\,;250], u(t)$ appartient à l'intervalle $]0\,;+\infty[$ sur lequel la fonction ln est dérivable, donc F est dérivable sur $[0\,;250]$.

$\forall t \in [0\,;250],\quad F'(t) = 50 \dfrac{u'(t)}{u(t)} = 50 \dfrac{0,04 e^{0,04t}}{e^{0,04t} + 19} = \dfrac{2 e^{0,04t}}{e^{0,04t} + 19} = f(t)$.

Sur $[0\,;250],\quad F' = f$ donc F est une primitive de f.

b) La valeur moyenne de f sur $[50\,;100]$ est : $\bar{f} = \dfrac{1}{100-50}\displaystyle\int_{50}^{100} f(t)\,dt$.

$$\bar{f} = \frac{1}{50}[F(100) - F(50)] = \frac{1}{50}[50\ln(e^{0,04\times 100} + 19) - 50\ln(e^{0,04\times 50} + 19)]$$

$$= \ln(e^4 + 19) - \ln(e^2 + 19) = \ln\frac{e^4 + 19}{e^2 + 19} \approx 1,03 \text{ m à } 10^{-2} \text{ près.}$$

La hauteur moyenne d'un plant de maïs entre le 50e et le 100e jour est égale à 1,03 m.

4. Graphiquement, la vitesse de croissance $f'(t)$ est le coefficient directeur de la tangente $\mathcal{T}$ à la courbe représentant f au point d'abscisse t. On observe que ce coefficient directeur est maximal pour $t \approx 74$ jours. La hauteur du plant vaut alors $f(74) \approx 1$ m.

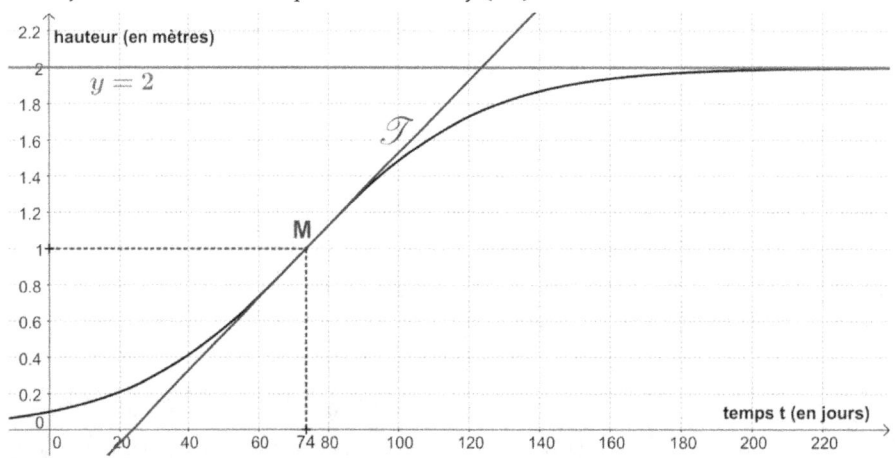

Remarque (non demandée, donc à ne pas écrire sur la copie) :
démonstration algébrique des résultats obtenus graphiquement
f' est dérivable sur $[0\,;250]$.

$\forall t \in [0\,;250],\quad f'(t) = 1,52\dfrac{u(t)}{v(t)}$ où $\begin{cases} u(t) = e^{-0,04t} \\ v(t) = (1+19e^{-0,04t})^2 \end{cases}$

$\Rightarrow \begin{cases} u'(t) = -0,04e^{-0,04t} \\ v'(t) = 2\times 19\times(-0,04)e^{-0,04t}(1+19e^{-0,04t}) = -1,52e^{-0,04t}(1+19e^{-0,04t}) \end{cases}$

$\forall t \in [0\,;250],\quad f''(t) = \dfrac{u'(t)v(t) - u(t)v'(t)}{[v(t)]^2}$

$= \dfrac{-0,04e^{-0,04t}(1+19e^{-0,04t})^2 - e^{-0,04t}\times -1,52e^{-0,04t}(1+19e^{-0,04t})}{(1+19e^{-0,04t})^4}$

$= \dfrac{-0,04(1+19e^{-0,04t}) + 1,52e^{-0,04t}}{(1+19e^{-0,04t})^3}e^{-0,04t}$

$= \dfrac{-0,04 - 0,76e^{-0,04t} + 1,52e^{-0,04t}}{(1+19e^{-0,04t})^3}e^{-0,04t} = \dfrac{0,76e^{-0,04t} - 0,04}{(1+19e^{-0,04t})^3}e^{-0,04t}$.

f' atteint son maximum lorsque $f''(t) = 0$, c'est-à-dire lorsque :

$0,76e^{-0,04t} - 0,04 = 0 \Leftrightarrow 0,76e^{-0,04t} = 0,04 \Leftrightarrow e^{-0,04t} = \dfrac{0,04}{0,76} \Leftrightarrow e^{0,04t} = \dfrac{0,76}{0,04} = 19$

$\Leftrightarrow 0,04t = \ln 19 \Leftrightarrow t = \dfrac{1}{0,04}\ln 19 = 25\ln 19 \approx 74$ jours.

A cet instant où la vitesse de croissance est maximale, la hauteur du plant de maïs vaut :

$f(25\ln 19) = \dfrac{2}{1+19e^{-0,04\times 25\ln 19}} = \dfrac{2}{1+19e^{-\ln 19}} = \dfrac{2}{1+19e^{\ln\frac{1}{19}}} = \dfrac{2}{1+19\times\frac{1}{19}} = \dfrac{2}{1+1} = \dfrac{2}{2} = 1$ m.

Corrigé de l'exercice 2 : géométrie dans l'espace
1. b

Justification au brouillon :
- 1ère méthode (c'est la meilleure)

a) $x - 2y + 3z + 5 = t - 2(1 - 2t) + 3(-1 + 3t) + 5 = t - 2 + 4t - 3 + 9t + 5 = 14t \neq 0$
si $t \neq 0$ donc la proposition **a** est fausse.

b) $x - 2y + 3z + 5 = t + 2t' - 2(1 - t + t') + 3(-1 - t) + 5$
$= t + 2t' - 2 + 2t - 2t' - 3 - 3t + 5 = 0$ donc la proposition **b** est vraie.

c) $x - 2y + 3z + 5 = t + t' - 2(1 - t - 2t') + 3(1 - t - 3t') + 5$
$= t + t' - 2 + 2t + 4t' + 3 - 3t - 9t' + 5 = -4t' + 6 \neq 0$ si $t' \neq \frac{3}{2}$

donc la proposition **c** est fausse.

d) $x - 2y + 3z + 5 = 1 + 2t + t' - 2(1 - 2t + 2t') + 3(-1 - t') + 5$
$= 1 + 2t + t' - 2 + 4t - 4t' - 3 - 3t' + 5 = 6t - 6t' + 1 \neq 0$ si $t' - t \neq \frac{1}{6}$

donc la proposition **d** est fausse.

- 2ᵉ méthode

Le point $B(0 ; 1 ; -1)$ appartient au plan (P) car les coordonnées de B vérifient l'équation de (P) :
$$x - 2y + 3z + 5 = 0 - 2 \times 1 + 3 \times (-1) + 5 = -2 - 3 + 5 = 0.$$

a) $\begin{cases} 0 = t \\ 1 = 1 - 2t \\ -1 = -1 + 3t \end{cases} \Rightarrow \begin{cases} t = 0 \\ -2t = 0 \\ 3t = 0 \end{cases} \Rightarrow t = 0$.

B appartient à la droite de représentation paramétrique **a**, mais cette droite n'est pas un plan. Donc la proposition **a** est fausse.

c) $\begin{cases} 0 = t + t' \\ 1 = 1 - t - 2t' \\ -1 = 1 - t - 3t' \end{cases} \Rightarrow \begin{cases} t' = -t \\ t' = -\dfrac{t}{2} \\ t' = \dfrac{2-t}{3} \end{cases} \Rightarrow \begin{cases} t' = -t \\ t = \dfrac{t}{2} \\ t' = \dfrac{2-t}{3} \end{cases} \Rightarrow \begin{cases} t' = 0 \\ t = 0 \\ t' = \dfrac{2}{3} \end{cases}$.

Comme $\frac{2}{3} \neq 0$, il n'existe pas de réel t' vérifiant le système, donc B n'appartient pas au plan de représentation paramétrique **c**, donc la proposition **c** est fausse.

d) $\begin{cases} 0 = 1 + 2t + t' \\ 1 = 1 - 2t + 2t' \\ -1 = -1 - t' \end{cases} \Rightarrow \begin{cases} t = -\dfrac{1}{2} \\ t = 0 \\ t' = 0 \end{cases}$.

Comme $-\frac{1}{2} \neq 0$, il n'existe pas de réel t vérifiant le système, donc B n'appartient pas au plan de représentation paramétrique **d**, donc la proposition **d** est fausse.

Conclusion : c'est la proposition **b** qui est vraie. On peut le vérifier :

b) $\begin{cases} 0 = t + 2t' \\ 1 = 1 - t + t' \\ -1 = -1 - t \end{cases} \Rightarrow \begin{cases} t' = -\dfrac{t}{2} \\ t = t' \\ t = 0 \end{cases} \Rightarrow t = t' = 0$.

B appartient au plan de représentation paramétrique **b**, donc la proposition **b** est vraie.

- 3ᵉ méthode

a) La représentation paramétrique **a** est celle d'une droite, donc la proposition **a** est fausse.

b) Soit (P') le plan de représentation paramétrique **b** : $\begin{cases} x = t + 2t' \\ y = 1 - t + t' \\ z = -1 - t \end{cases}$.

Le plan (P') contient les vecteurs $\vec{u}(1 ; -1 ; -1)$ et $\vec{u'}(2 ; 1 ; 0)$ qui sont non colinéaires car $\frac{1}{2} \neq \frac{-1}{1}$. Le plan (P') passe par le point $B(0 ; 1 ; -1)$ obtenu quand $t = t' = 0$.

Le plan (P) a pour vecteur normal $\vec{n}(1\,;-2\,;3)$.
$\vec{n}\cdot\vec{u}=1\times 1+(-2)\times(-1)+3\times(-1)=1+2-3=0$.
$\vec{n}\cdot\vec{u}'=1\times 2+(-2)\times 1+3\times 0=2-2+0=0$.
$\vec{n}$ est orthogonal aux vecteurs non colinéaires $\vec{u}$ et $\vec{u}'$ de (P'), donc $\vec{n}$ est normal au plan (P').
Comme $\vec{n}$ est aussi normal au plan (P), on en déduit que (P) ∥ (P').
Le point B(0 ; 1 ; −1) appartient au plan (P) car les coordonnées de B vérifient l'équation de (P) :
$$x-2y+3z+5=0-2\times 1+3\times(-1)+5=-2-3+5=0.$$
Les plans parallèles (P) et (P') ont le point B en commun, donc ces plans sont confondus :
(P) = (P'). Conclusion : Une représentation paramétrique du plan (P) est $\begin{cases} x=t+2t' \\ y=1-t+t' \\ z=-1-t \end{cases}$.
La proposition **b** est vraie.

2. c

Justification au brouillon :
a) Pour le point A(−8 ; 3 ; 2) :
$$x-2y+3z+5=-8-2\times 3+3\times 2+5=-8-6+6+5=-3\neq 0.$$
A ∉ (P) donc (D) et (P) ne peuvent pas être sécants au point A. La proposition **a** est fausse.
b) Le plan (P) a pour vecteur normal $\vec{n}(1\,;-2\,;3)$.
La droite (D) a pour vecteur directeur $\vec{u}(1\,;-1\,;-1)$.
Comme $\frac{1}{1}\neq\frac{-2}{-1}$, les vecteurs $\vec{n}$ et $\vec{u}$ ne sont pas colinéaires, donc (D) et (P) ne sont pas perpendiculaires. La proposition **b** est fausse.
c) • 1ère méthode
Un point quelconque M($x\,;y\,;z$) appartient à la droite (D) si, et seulement si, il existe un réel t
tel que : $\begin{cases} x=-2+t \\ y=-t \\ z=-1-t \end{cases}$.
$x-2y+3z+5=-2+t-2(-t)+3(-1-t)+5=-2+t+2t-3-3t+5=0$.
Les coordonnées de tout point M ∈ (D) vérifient l'équation du plan (P), donc M ∈ (P), donc (D) ⊂ (P). Conclusion : la droite (D) est une droite du plan (P). La proposition **c** est vraie.
• 2e méthode
Le produit scalaire entre le vecteur normal $\vec{n}(1\,;-2\,;3)$ à (P) et le vecteur directeur $\vec{u}(1\,;-1\,;-1)$ de (D) est égal à :
$$\vec{n}\cdot\vec{u}=1\times 1+(-2)\times(-1)+3\times(-1)=1+2-3=0.$$
$\vec{n}\cdot\vec{u}=0$ donc les vecteurs $\vec{n}$ et $\vec{u}$ sont orthogonaux, donc (D) et (P) sont parallèles.
C(−2 ; 0 ; −1) est un point de la droite (D) obtenu pour $t=0$.
Le point C appartient aussi au plan (P) car les coordonnées de C vérifient l'équation de (P) :
$$x-2y+3z+5=-2-2\times 0+3\times(-1)+5=-2+0-3+5=0.$$
La droite (D) est parallèle au plan (P) et passe par le point C de (P), donc (D) ⊂ (P).
Conclusion : la droite (D) est une droite du plan (P). La proposition **c** est vraie.
d) D'après **c**, (D) ⊂ (P) donc (D) et (P) sont parallèles mais non strictement.
La proposition **d** est fausse.

3. a

Justification au brouillon :
$\overrightarrow{MN}(2\,;-4\,;6)$ est un vecteur directeur de la droite (MN).
$\vec{u}(1\,;-1\,;-1)$ est un vecteur directeur de la droite (D).
$$\overrightarrow{MN}\cdot\vec{u}=2\times 1+(-4)\times(-1)+6\times(-1)=2+4-6=0.$$
$\overrightarrow{MN}\cdot\vec{u}=0$ donc les vecteurs $\overrightarrow{MN}$ et $\vec{u}$ sont orthogonaux, donc la droite (MN) et la droite (D) sont orthogonales. La proposition **a** est vraie.

4. b

Justification au brouillon :

a) Le plan (P) a pour vecteur normal $\vec{n}(1\,;-2\,;3)$.
Le plan (S) contient les vecteurs $\vec{u}(1\,;-1\,;-1)$ et $\vec{v}(2\,;-2\,;3)$ qui sont non colinéaires car $\frac{1}{2} \neq \frac{-1}{3}$.

$$\vec{n}\cdot\vec{u} = 1 \times 1 + (-2) \times (-1) + 3 \times (-1) = 1 + 2 - 3 = 0.$$

$\vec{n}\cdot\vec{u} = 0$ donc les vecteurs $\vec{n}$ et $\vec{u}$ sont orthogonaux.

$$\vec{n}\cdot\vec{v} = 1 \times 2 + (-2) \times (-2) + 3 \times 3 = 2 + 4 + 9 = 15.$$

$\vec{n}\cdot\vec{v} \neq 0$ donc les vecteurs $\vec{n}$ et $\vec{v}$ ne sont pas orthogonaux.

Le vecteur $\vec{n}$ normal au plan (P) n'est pas orthogonal à deux vecteurs non colinéaires du plan (S), donc il n'est pas normal au plan (S). Donc les plans (P) et (S) ne sont pas parallèles.

La proposition **a** est fausse.

b) • 1ère méthode

Un point quelconque $M(x\,;y\,;z)$ appartient à l'intersection des plans (P) et (S) si, et seulement si, il existe des réels t et t' tels que : $\begin{cases} x = -2 + t + 2t' \\ y = -t - 2t' \\ z = -1 - t + 3t' \end{cases}$ avec $x - 2y + 3z + 5 = 0$

$\Rightarrow \; 0 = x - 2y + 3z + 5 = -2 + t + 2t' - 2(-t - 2t') + 3(-1 - t + 3t') + 5$

$= -2 + t + 2t' + 2t + 4t' - 3 - 3t + 9t' + 5 = 15t' \;\Rightarrow\; t' = 0 \;\Rightarrow\; \begin{cases} x = -2 + t \\ y = -t \\ z = -1 - t \end{cases}$.

Donc l'intersection des plans (P) et (S) est la droite (D) de représentation paramétrique :
$$\begin{cases} x = -2 + t \\ y = -t \\ z = -1 - t \end{cases} \text{ où } t \in \mathbb{R}.$$

En effectuant le changement de paramètre $-2 + t = \theta$, cette représentation paramétrique devient :
$$\begin{cases} x = \theta \\ y = -2 - \theta \\ z = -3 - \theta \end{cases} \text{ où } \theta \in \mathbb{R}.$$

On peut réécrire le paramètre θ par la lettre t.

Conclusion : La droite $(\Delta) = (D)$ de représentation paramétrique $\begin{cases} x = t \\ y = -2 - t \\ z = -3 - t \end{cases}$ où $t \in \mathbb{R}$

est la droite d'intersection des plans (P) et (S).

La proposition **b** est vraie.

• 2e méthode

D'après sa représentation paramétrique, le plan (S) contient les vecteurs $\vec{u}(1\,;-1\,;-1)$ et $\vec{v}(2\,;-2\,;3)$ qui sont non colinéaires car $\frac{1}{2} \neq \frac{-1}{3}$. Le plan (S) passe par le point $C(-2\,;0\,;-1)$ obtenu quand $t = t' = 0$.

D'après la question 1, une représentation paramétrique du plan (P) est : $\begin{cases} x = t + 2t' \\ y = 1 - t + t' \\ z = -1 - t \end{cases}$.

Le plan (P) contient les vecteurs $\vec{u}(1\,;-1\,;-1)$ et $\vec{w}(2\,;1\,;0)$ qui sont non colinéaires car $\frac{1}{2} \neq \frac{-1}{1}$. Le plan (P) passe par le point $C(-2\,;0\,;-1)$ obtenu quand $t = 0$ et $t' = -1$.

Le vecteur $\vec{u}(1\,;-1\,;-1)$ et le point $C(-2\,;0\,;-1)$ appartiennent aux plans (P) et (S), donc la droite d'intersection des plans (P) et (S) a pour vecteur directeur $\vec{u}(1\,;-1\,;-1)$ et passe par le point C($-2\,;0\,;-1$). Donc cette droite a pour représentation paramétrique celle de (D) :

$$\begin{cases} x = -2 + \theta \\ y = -\theta \\ z = -1 - \theta \end{cases} \text{ où } \theta \in \mathbb{R}. \text{ Cette droite est confondue avec (D)}.$$

En effectuant le changement de paramètre $-2 + \theta = t$, cette représentation paramétrique devient :

$$\begin{cases} x = t \\ y = -2 - t \\ z = -3 - t \end{cases} \text{ où } t \in \mathbb{R}.$$

Conclusion : La droite (Δ) = (D) de représentation paramétrique $\begin{cases} x = t \\ y = -2 - t \\ z = -3 - t \end{cases}$ où $t \in \mathbb{R}$

est la droite d'intersection des plans (P) et (S).
La proposition **b** est vraie.

- 3e méthode

Un point quelconque M($x\,;y\,;z$) appartient à la droite (Δ) si, et seulement si, il existe un réel t tel que : $\begin{cases} x = t \\ y = -2 - t \\ z = -3 - t \end{cases}$.

Si M $\in$ (Δ), alors M $\in$ (P) car les coordonnées de M vérifient l'équation de (P) :
$$x - 2y + 3z + 5 = t - 2(-2 - t) + 3(-3 - t) + 5 = t + 4 + 2t - 9 - 3t + 5 = 0.$$
Donc (Δ) $\subset$ (P).

Montrons que (Δ) $\subset$ (S), c'est-à-dire que tout point de (Δ) appartient à (S).

Le plan (S) a pour représentation paramétrique : $\begin{cases} x = -2 + t + 2t' \\ y = -t - 2t' \\ z = -1 - t + 3t' \end{cases}$ où $t \in \mathbb{R}$ et $t' \in \mathbb{R}$.

(Δ) $\subset$ (S) $\Leftrightarrow$ les coordonnées ($k\,;-2 - k\,;-3 - k$) d'un point quelconque ($k \in \mathbb{R}$) de (Δ) vérifient la représentation paramétrique de (S)

$\Leftrightarrow$ il existe des réels k, t et t' tels que : $\begin{cases} k = -2 + t + 2t' & [A] \\ -2 - k = -t - 2t' & [B] \\ -3 - k = -1 - t + 3t' & [C] \end{cases}$

$[B] - [C] \implies -2 + 3 = 1 - 2t' - 3t' \Leftrightarrow 0 = -5t' \Leftrightarrow t' = 0.$

Le système devient : $\begin{cases} k = -2 + t \\ -2 - k = -t \\ -3 - k = -1 - t \end{cases} \Leftrightarrow k = -2 + t.$

Il existe des réels $k = -2 + t, t$ et $t' = 0$ tels que : $\begin{cases} k = -2 + t + 2t' \\ -2 - k = -t - 2t' \\ -3 - k = -1 - t + 3t' \end{cases}$. Donc ($\Delta$) $\subset$ (S).

Conclusion : (Δ) $\subset$ (P) et (Δ) $\subset$ (S) donc la droite (Δ) est incluse dans les plans (P) et (S).

Donc la droite (Δ) de représentation paramétrique $\begin{cases} x = t \\ y = -2 - t \\ z = -3 - t \end{cases}$ où $t \in \mathbb{R}$

est la droite d'intersection des plans (P) et (S).

La proposition **b** est vraie.

Corrigé de l'exercice 3 : complexes et géométrie plane

1. a) $Z_M = 2\,e^{-i\frac{\pi}{3}} = 2\left[\cos\left(-\frac{\pi}{3}\right) + i\sin\left(-\frac{\pi}{3}\right)\right] = 2\left(\cos\frac{\pi}{3} - i\sin\frac{\pi}{3}\right) = 2\left(\frac{1}{2} - i\frac{\sqrt{3}}{2}\right) = 1 - i\sqrt{3}$.

La forme algébrique de Z_M est $1 - i\sqrt{3}$.

b) $Z_{M'} = -iZ_M = -i(1 - i\sqrt{3}) = -i + i^2\sqrt{3} = -i - \sqrt{3} = -\sqrt{3} - i$.

● 1ère méthode : utilisation de la forme algébrique

Le module de $Z_{M'} = -\sqrt{3} - i$ est $|Z_{M'}| = \sqrt{(-\sqrt{3})^2 + (-1)^2} = \sqrt{3+1} = \sqrt{4} = 2$.

Déterminons une forme trigonométrique de $Z_{M'}$:

$$Z_{M'} = 2 \times \frac{-\sqrt{3} - i}{2} = 2\left(-\frac{\sqrt{3}}{2} - i\frac{1}{2}\right) = 2\left[\cos\left(-\frac{5\pi}{6}\right) + i\sin\left(-\frac{5\pi}{6}\right)\right].$$

Un argument de $Z_{M'}$ est $-\frac{5\pi}{6}$ $[2\pi]$.

● 2e méthode : utilisation de la forme exponentielle

Déterminons une forme exponentielle de $Z_{M'}$:

$$Z_{M'} = -iZ_M = e^{-i\frac{\pi}{2}} \times 2\,e^{-i\frac{\pi}{3}} = 2e^{-i\left(\frac{\pi}{2}+\frac{\pi}{3}\right)} = 2e^{-i\left(\frac{3\pi}{6}+\frac{2\pi}{6}\right)} = 2e^{-i\frac{5\pi}{6}}.$$

$Z_{M'} = 2e^{-i\frac{5\pi}{6}}$ a pour module $|Z_{M'}| = 2$ et pour argument $-\frac{5\pi}{6}$ $[2\pi]$.

c) On constate graphiquement que la médiane (OI) du triangle OAM est perpendiculaire à (BM'), donc (OI) est une hauteur du triangle OBM' (propriété 1).

On mesure graphiquement que BM' ≈ 5,3 cm et OI ≈ 2,65 cm. Comme 5,3 = 2,65 × 2, on constate que BM' = 2 OI (propriété 2).

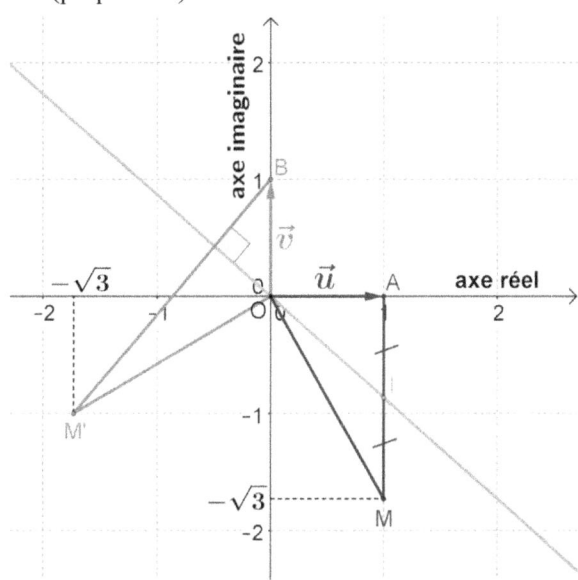

2. a) I le milieu du segment [AM], donc son affixe est égale à :

$$Z_I = \frac{Z_A + Z_M}{2} = \frac{1 + x + iy}{2} = \frac{x+1}{2} + i\frac{y}{2}.$$

b) L'affixe du point M' est $Z_{M'} = -iZ_M = -i(x+iy) = -ix - i^2 y = -ix + y = y - ix$.

c) Les coordonnées des points I, B, M' sont : $I\left(\frac{x+1}{2}; \frac{y}{2}\right)$, $B(0;1)$, $M'(y;-x)$.

d) Le produit scalaire des vecteurs $\overrightarrow{OI}\left(\frac{x+1}{2}; \frac{y}{2}\right)$ et $\overrightarrow{BM'}(y; -x-1)$ est égal à :

$$\overrightarrow{OI} \cdot \overrightarrow{BM'} = \frac{x+1}{2} \times y + \frac{y}{2}(-x-1) = \frac{xy + y - yx - y}{2} = \frac{0}{2} = 0.$$

$\overrightarrow{OI} \cdot \overrightarrow{BM'} = 0$ donc les vecteurs $\overrightarrow{OI}$ et $\overrightarrow{BM'}$ sont orthogonaux, donc les droites (OI) et (BM') sont perpendiculaires. Donc la droite (OI) est la hauteur du triangle OBM' issue du sommet O.

e) $BM' = |Z_{M'} - Z_B| = |y - ix - i| = |y - i(x+1)| = \sqrt{y^2 + (x+1)^2}$.

$$OI = |Z_I - Z_O| = |Z_I| = \left|\frac{x+1}{2} + i\frac{y}{2}\right| = \sqrt{\left(\frac{x+1}{2}\right)^2 + \left(\frac{y}{2}\right)^2} = \sqrt{\frac{(x+1)^2 + y^2}{2^2}}$$

$$= \frac{\sqrt{(x+1)^2 + y^2}}{\sqrt{2^2}} = \frac{BM'}{2}.$$

$$OI = \frac{BM'}{2} \implies BM' = 2\,OI.$$

Corrigé de l'exercice 4 : probabilités, loi normale, suites, limite, algorithme

1. a) La probabilité de l'événement E_3 : « le salarié est absent pour cause de maladie la 3e semaine » vaut :

$$p_3 = p(E_3) = p(E_2 \cap E_3) + p(\overline{E_2} \cap E_3) = p(E_2) \times p_{E_2}(E_3) + p(\overline{E_2}) \times p_{\overline{E_2}}(E_3)$$

$$= 0{,}04 \times 0{,}24 + 0{,}96 \times 0{,}04 = 0{,}048 = 4{,}8\,\%.$$

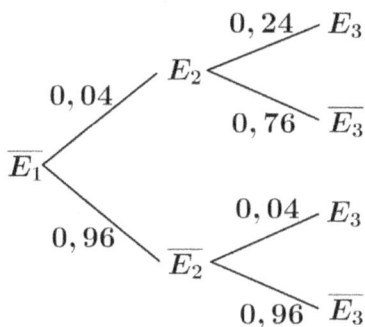

b) Sachant que le salarié a été absent pour cause de maladie la troisième semaine, la probabilité qu'il ait été aussi absent pour cause de maladie la deuxième semaine vaut :

$$p_{E_3}(E_2) = \frac{p(E_3 \cap E_2)}{p(E_3)} = \frac{p(E_2 \cap E_3)}{p_3} = \frac{p(E_2) \times p_{E_2}(E_3)}{p_3} = \frac{0{,}04 \times 0{,}24}{0{,}048} = 0{,}2.$$

2.
a)

b) $\forall n \in \mathbb{N}^*, p_{n+1} = p(E_{n+1}) = p(E_n \cap E_{n+1}) + p(\overline{E_n} \cap E_{n+1})$

$$= p(E_n) \times p_{E_n}(E_{n+1}) + p(\overline{E_n}) \times p_{\overline{E_n}}(E_{n+1}) = p_n \times 0{,}24 + (1 - p_n) \times 0{,}04$$

$$= 0{,}24 p_n - 0{,}04 p_n + 0{,}04 = 0{,}2 p_n + 0{,}04.$$

c) $\forall n \in \mathbb{N}^*, u_{n+1} = p_{n+1} - 0{,}05 = 0{,}2 p_n + 0{,}04 - 0{,}05 = 0{,}2 p_n - 0{,}01 = 0{,}2\left(p_n - \dfrac{0{,}01}{0{,}2}\right)$

$$= 0{,}2(p_n - 0{,}05) = 0{,}2 u_n.$$

Donc (u_n) est une suite géométrique de raison $r = 0{,}2$ et de premier terme :

$$u_1 = p_1 - 0{,}05 = 0 - 0{,}05 = -0{,}05.$$

$\forall n \in \mathbb{N}^*,\ u_n = u_1 \times r^{n-1} = -0{,}05 \times (0{,}2)^{n-1} = -0{,}05 r^{n-1}.$

$\forall n \in \mathbb{N}^*,\ p_n = u_n + 0{,}05 = -0{,}05 r^{n-1} + 0{,}05 = 0{,}05[1 - r^{n-1}] = 0{,}05[1 - (0{,}2)^{n-1}].$

d) $\lim\limits_{n \to +\infty} (n-1) = +\infty \quad \Rightarrow \quad \lim\limits_{n \to +\infty} (0{,}2)^{n-1} = \lim\limits_{u \to +\infty} (0{,}2)^u = 0$ car $-1 < 0{,}2 < 1$.

$\lim\limits_{n \to +\infty} [1 - (0{,}2)^{n-1}] = 1 - 0 = 1 \quad \Rightarrow \quad$ par produit, $\lim\limits_{n \to +\infty} p_n = 0{,}05 \times 1 = 0{,}05$.

e) L'affichage final J correspond à la plus petite valeur du rang n telle que $p_n \geq 0{,}05 - 10^{-K}$.
La suite (p_n) converge vers $0{,}05$, ce qui signifie que :

$\forall \varepsilon \in \mathbb{R}^{*+}$, il existe un entier p tel que pour tout entier $n \geq p$, $0{,}05 - \varepsilon < p_n < 0{,}05 + \varepsilon$.

En particulier, pour $\varepsilon = 10^{-K}$, il existe un entier p tel que pour tout entier $n \geq p$,

$$0{,}05 - 10^{-K} < p_n < 0{,}05 + 10^{-K} \quad \Rightarrow \quad p_n \geq 0{,}05 - 10^{-K}.$$

Lorsque le rang J atteint la valeur p, la condition $P < 0{,}05 - 10^{-K}$ n'est plus vérifiée, et l'algorithme s'arrête.

3. a) • Le choix d'un salarié est une expérience aléatoire qui admet deux issues :
- l'une appelée « succès », correspondant au fait que le salarié est malade une semaine donnée, dont la probabilité d'apparition est $p = 0{,}05$;
- l'une appelée « échec », correspondant au fait que le salarié n'est pas malade une semaine donnée, dont la probabilité d'apparition est $1 - p = 0{,}95$.

Le choix d'un salarié constitue donc une épreuve de Bernoulli de paramètre $p = 0{,}05$.

• La répétition 220 fois, de façon indépendante, de cette épreuve de Bernoulli, constitue un schéma de 220 épreuves de Bernoulli de paramètre $p = 0{,}05$.

• La variable aléatoire X qui à chaque résultat associe le nombre de succès (nombre de salariés malades une semaine donnée) suit donc la loi binomiale de paramètres $n = 220$ et $p = 0{,}95$.

L'espérance mathématique de X est $\mu = np = 220 \times 0{,}05 = 11$.

L'écart type de X est $\sigma = \sqrt{np(1-p)} = \sqrt{220 \times 0{,}05 \times 0{,}95} = \sqrt{10{,}45} \approx 3{,}23$.

b) La probabilité de l'événement : « le nombre de salariés absents dans l'entreprise au cours d'une semaine donnée est supérieur ou égal à 7 et inférieur ou égal à 15 » est égale à :

$$P(7 \leq X \leq 15) = P\left(\frac{7-\mu}{\sigma} \leq \frac{X-\mu}{\sigma} \leq \frac{15-\mu}{\sigma}\right) = P\left(\frac{7-11}{\sqrt{10{,}45}} \leq Z \leq \frac{15-11}{\sqrt{10{,}45}}\right)$$

$\approx P(-1{,}237 \leq Z \leq 1{,}237) \approx P(-1{,}24 < Z < 1{,}24) = P(Z < 1{,}24) - P(Z < -1{,}24)$.

Pour évaluer cette différence, il y a deux méthodes :

$P(7 \leq X \leq 15) \approx P(Z < 1{,}24) - P(Z < -1{,}24) \approx 0{,}892 - 0{,}108 \approx 0{,}784 \approx 0{,}78$

ou bien :

$P(7 \leq X \leq 15) \approx P(Z < 1{,}24) - P(Z < -1{,}24) = P(Z < 1{,}24) - P(Z > 1{,}24) =$

$P(Z < 1{,}24) - [1 - P(Z < 1{,}24)] = 2\,P(Z < 1{,}24) - 1 \approx 2 \times 0{,}892 - 1 \approx 0{,}784 \approx 0{,}78$.

> **Remarque (non demandée dans l'énoncé) :**
> $n = 220$; $np = 11$; $n(1-p) = 209$ donc les conditions $n \geq 30$; $np \geq 5$; $n(1-p) \geq 5$ sont vérifiées pour approcher la loi de la variable aléatoire $\frac{X-\mu}{\sigma}$ par la loi normale centrée réduite.

C2 : Corrigé du sujet Liban (28 mai 2013)

Corrigé de l'exercice 1 : géométrie dans l'espace

Question 1 : *Proposition d*

Justification au brouillon :

Un vecteur directeur de $\mathcal{D}$ est $\vec{u}(1\,;2\,;3)$. Un vecteur directeur de $\mathcal{D}'$ est $\vec{v}(1\,;1\,;-1)$.

$$\vec{u} \cdot \vec{v} = 1 \times 1 + 2 \times 1 + 3 \times (-1) = 1 + 2 - 3 = 0\,.$$

$\vec{u} \cdot \vec{v} = 0$ donc les vecteurs $\vec{u}$ et $\vec{v}$ sont orthogonaux, donc les droites $\mathcal{D}$ et $\mathcal{D}'$ sont orthogonales.

La proposition **d** est vraie.

Question 2 : *Proposition c*

Justification au brouillon :

Le plan $\mathcal{P}$ a pour vecteur normal $\vec{v}(1\,;1\,;-1)$ qui est aussi un vecteur directeur de $\mathcal{D}'$.
Donc le plan $\mathcal{P}$ est orthogonal à la droite $\mathcal{D}'$. Donc la proposition **c** est vraie.

Cette conclusion est confirmée par la remarque ci-dessous :

Soit M$(x\,;y\,;z)$ un point quelconque de la droite $\mathcal{D}$. Alors il existe un réel t tel que :

$$\begin{cases} x = t + 1 \\ y = 2t - 1 \\ z = 3t + 2 \end{cases}.$$

$x + y - z + 2 = t + 1 + 2t - 1 - (3t + 2) + 2 = 3t - 3t - 2 + 2 = 0\,.$

Les coordonnées de tout point M $\in \mathcal{D}$ vérifient l'équation du plan $\mathcal{P}$, donc M $\in \mathcal{P}$, donc $\mathcal{D} \subset \mathcal{P}$.

Conclusion : Le plan $\mathcal{P}$ contient la droite $\mathcal{D}$ et il est orthogonal à la droite $\mathcal{D}'$.

La proposition **c** est vraie.

Question 3 : *Proposition c*

Justification au brouillon :

- $\vec{AD}(0\,;3\,;1)$ et $\vec{AC}(-4\,;6\,;2)$ ne sont pas colinéaires car $\dfrac{0}{-4} \neq \dfrac{1}{2}$.

Donc les points A, D et C ne sont pas alignés. La proposition *a* est fausse.

- $\vec{AB}(2\,;4\,;6)$ et $\vec{AC}(-4\,;6\,;2)$ ont pour produit scalaire :

$$\vec{AB}\cdot\vec{AC} = 2\times(-4) + 4\times 6 + 6\times 2 = -8 + 24 + 12 = 28 \neq 0.$$

Comme $\vec{AB}\cdot\vec{AC} \neq 0$, les vecteurs $\vec{AB}$ et $\vec{AC}$ ne sont pas orthogonaux, donc les droites (AB) et (AC) ne sont pas orthogonales, donc le triangle ABC n'est pas rectangle en A. La proposition *b* est fausse.

- Le milieu de [AB] a pour coordonnées : $\begin{cases} \dfrac{x_A + x_B}{2} = \dfrac{1+3}{2} = \dfrac{4}{2} = 2 \\ \dfrac{y_A + y_B}{2} = \dfrac{-1+3}{2} = \dfrac{2}{2} = 1 \\ \dfrac{z_A + z_B}{2} = \dfrac{2+8}{2} = \dfrac{10}{2} = 5 \end{cases}$.

Le point D(1, 2, 3) n'est donc pas le milieu du segment [AB]. La proposition *d* est fausse.

- Conclusion : c'est la proposition *c* qui est vraie. On peut le vérifier directement :

$\vec{AB}(2\,;4\,;6), \vec{AC}(-4\,;6\,;2)$ et $\vec{BC}(-6\,;2\,;-4)$ ont pour normes respectives les distances :
$AB = \sqrt{2^2 + 4^2 + 6^2} = \sqrt{56} = 2\sqrt{14}$,
$AC = \sqrt{(-4)^2 + 6^2 + 2^2} = \sqrt{56} = 2\sqrt{14}$,
$BC = \sqrt{(-6)^2 + 2^2 + (-4)^2} = \sqrt{56} = 2\sqrt{14}$.
$AB = AC = BC = 2\sqrt{14}$ donc le triangle ABC est équilatéral.
La proposition *c* est vraie.

Question 4 : *Proposition b*

Justification au brouillon :

Un vecteur $\vec{n}(a\,;b\,;c)$ est normal au plan $\mathcal{P}'$ si, et seulement si, il est orthogonal à deux vecteurs non colinéaires de $\mathcal{P}'$. $\mathcal{P}'$ contient la droite $\mathcal{D}'$ dont un vecteur directeur est $\vec{v}(1\,;1\,;-1)$. Donc $\mathcal{P}'$ contient $\vec{v}$. Pour $k = 0$, on obtient que le point $E(1,3,4) \in \mathcal{D}' \subset \mathcal{P}'$ donc $\mathcal{P}'$ contient E. De plus, $\mathcal{P}'$ contient $A(1,-1,2)$. Donc $\mathcal{P}'$ contient $\vec{AE}(0\,;4\,;2)$.
$\vec{n}(a\,;b\,;c)$ est orthogonal à $\vec{v}(1\,;1\,;-1)$ et à $\vec{AE}(0\,;4\,;2)$, donc

$\begin{cases} 0 = \vec{v}\cdot\vec{n} = 1a + 1b - 1c \\ 0 = \vec{AE}\cdot\vec{n} = 0a + 4b + 2c \end{cases} \Leftrightarrow \begin{cases} 0 = a + b - c \\ 0 = 4b + 2c \end{cases} \Leftrightarrow \begin{cases} 0 = a + b + 2b = a + 3b \\ c = -2b \end{cases}$

$\Leftrightarrow \begin{cases} a = -3b \\ c = -2b \end{cases} \Leftrightarrow \vec{n}(-3b\,;b\,;-2b)$ où $b \in \mathbb{R}$.

Pour $b = -1$, on obtient $\vec{n}(3,-1,2)$.
La proposition *b* est vraie.

Corrigé de l'exercice 2 : probabilités et loi normale

Partie A

1. Voici l'arbre pondéré sur lequel on a indiqué les données de l'énoncé :

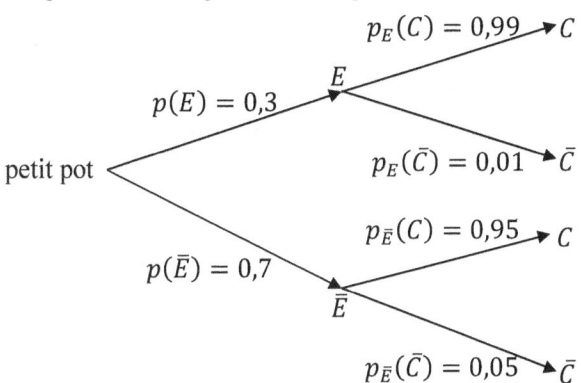

2. La probabilité de l'événement : « Le petit pot est conforme et provient de la chaîne de production F_1 » est $p(\bar{E} \cap C) = p(\bar{E}) \times p_{\bar{E}}(C) = 0{,}7 \times 0{,}95 = 0{,}665$.

3. Quand on prélève au hasard un pot dans la production totale, soit le pot provient de la chaîne F_1 ($\bar{E}$), soit il provient de la chaîne F_2 (E). L'univers de l'expérience aléatoire consistant à prélever au hasard un pot dans la production totale est $\Omega = E \cup \bar{E}$. Donc les événements disjoints E et $\bar{E}$ forment une partition de l'univers Ω. La probabilité de l'événement C est donc égale à :
$p(C) = p(\Omega \cap C) = p(E \cap C) + p(\bar{E} \cap C) = p(E) \times p_E(C) + p(\bar{E} \cap C) = 0{,}3 \times 0{,}99 + 0{,}665 = 0{,}962$.

4. La probabilité de l'événement E sachant que l'événement C est réalisé est notée $p_C(E)$.
$$p(E \cap C) = p(C \cap E) \quad \Leftrightarrow \quad p(E) \times p_E(C) = p(C) \times p_C(E)$$
$$\Leftrightarrow \quad p_C(E) = \frac{p(E) \times p_E(C)}{p(C)} = \frac{0{,}3 \times 0{,}99}{0{,}962} = \frac{297}{962} \approx 0{,}309 \text{ à } 10^{-3} \text{ près.}$$

Partie B

1. La probabilité qu'un petit pot prélevé au hasard dans la production de la chaîne F_1 soit conforme est lue directement dans le tableau : $P(0{,}16 \leq X \leq 0{,}18) \approx 0{,}904\,4$ à 10^{-4} près.

2. a. Y suit la loi normale d'espérance $m_2 = 0{,}17$ et d'écart-type σ_2, donc la variable aléatoire $Z = \dfrac{Y - m_2}{\sigma_2}$ suit la loi normale centrée réduite, c'est-à-dire la loi normale d'espérance 0 et d'écart-type 1.

b. $Y \in [0{,}16\,;0{,}18] \quad \Leftrightarrow \quad 0{,}16 \leq Y \leq 0{,}18 \quad \Leftrightarrow \quad \dfrac{0{,}16 - 0{,}17}{\sigma_2} \leq \dfrac{Y - 0{,}17}{\sigma_2} \leq \dfrac{0{,}18 - 0{,}17}{\sigma_2}$

$\Leftrightarrow \quad -\dfrac{0{,}01}{\sigma_2} \leq Z \leq \dfrac{0{,}01}{\sigma_2} \quad \Leftrightarrow \quad Z \in \left[-\dfrac{0{,}01}{\sigma_2}\,;\dfrac{0{,}01}{\sigma_2}\right].$

Conclusion : $Y \in [0{,}16\,;0{,}18] \quad \Rightarrow \quad Z \in \left[-\dfrac{0{,}01}{\sigma_2}\,;\dfrac{0{,}01}{\sigma_2}\right].$

c. La probabilité qu'un petit pot prélevé au hasard dans la production de la chaîne F_2 soit conforme est :
$$0{,}99 = P(0{,}16 \leq Y \leq 0{,}18) = P\left(-\dfrac{0{,}01}{\sigma_2} \leq Z \leq \dfrac{0{,}01}{\sigma_2}\right).$$

D'après le tableau, $P(-2{,}575\,8 \leq Z \leq 2{,}575\,8) = 0{,}99$

$\Rightarrow \quad P\left(-\dfrac{0{,}01}{\sigma_2} \leq Z \leq \dfrac{0{,}01}{\sigma_2}\right) = P(-2{,}575\,8 \leq Z \leq 2{,}575\,8) \quad \Rightarrow \quad \dfrac{0{,}01}{\sigma_2} = 2{,}575\,8$

$\Rightarrow \quad \sigma_2 = \dfrac{0{,}01}{2{,}575\,8} = \dfrac{50}{12\,879} \approx 0{,}004$ à 10^{-3} près.

Corrigé de l'exercice 3 : exponentielle, dérivée, limite, intégrale

Partie A

1. • Limite en $+\infty$

$$\lim_{x\to+\infty} e^{-x} = \lim_{u\to-\infty} e^u = 0 \implies \lim_{x\to+\infty}(1+e^{-x}) = 1+0 = 1 \implies \lim_{x\to+\infty}\frac{1}{1+e^{-x}} = \frac{1}{1} = 1$$

$$\implies \lim_{x\to+\infty} f_1(x) = 1.$$

$\mathcal{C}_1$ admet la droite d'équation $y = 1$ comme asymptote horizontale en $+\infty$.

• Limite en $-\infty$

$$\lim_{x\to-\infty} e^{-x} = \lim_{u\to+\infty} e^u = +\infty \implies \lim_{x\to-\infty}(1+e^{-x}) = +\infty \implies \lim_{x\to-\infty}\frac{1}{1+e^{-x}} = 0$$

$$\implies \lim_{x\to-\infty} f_1(x) = 0.$$

$\mathcal{C}_1$ admet la droite d'équation $y = 0$ (i.e. l'axe des abscisses) comme asymptote horizontale en $-\infty$.

2. $\forall x \in \mathbb{R}$, $f_1(x) = \frac{1}{1+e^{-x}} \times \frac{e^x}{e^x} = \frac{e^x}{e^x + e^{-x}e^x} = \frac{e^x}{e^x+1} = \frac{e^x}{1+e^x}$ car $e^{-x}e^x = e^0 = 1$.

3. f_1 est une fonction définie et dérivable sur $\mathbb{R}$.

$$f_1(x) = \frac{1}{1+e^{-x}} = \frac{1}{u(x)} \text{ où } u(x) = 1+e^{-x} \implies u'(x) = -e^{-x}.$$

$$\forall x \in \mathbb{R}, \quad f_1'(x) = -\frac{u'(x)}{[u(x)]^2} = -\frac{-e^{-x}}{(1+e^{-x})^2} = \frac{e^{-x}}{(1+e^{-x})^2}.$$

Remarque : $f_1'(x) = \frac{e^{-x}}{(1+e^{-x})^2} \times \frac{e^{2x}}{e^{2x}} = \frac{e^{-x+2x}}{[(1+e^{-x})e^x]^2} = \frac{e^x}{(e^x+1)^2} = \frac{e^x}{(1+e^x)^2}.$

$\forall x \in \mathbb{R}$, $e^{-x} > 0$ et $(1+e^{-x})^2 > 0 \implies f_1'(x) > 0$.

Donc la fonction f_1 est strictement croissante sur $\mathbb{R}$.

4. $\forall x \in \mathbb{R}$, $f_1(x) = \frac{e^x}{1+e^x} = \frac{v'(x)}{v(x)}$ où $v(x) = 1+e^x \implies v'(x) = e^x$.

Une primitive de $f_1 = \frac{v'}{v}$ sur $\mathbb{R}$ est $F_1 = \ln|v| : x \mapsto F_1(x) = \ln|1+e^x|$.

$\forall x \in \mathbb{R}$, $1+e^x > 0 \implies |1+e^x| = 1+e^x \implies F_1(x) = \ln(1+e^x)$.

Comme f_1 est continue sur $[0\,;1]$, $I = \int_0^1 f_1(x)\,dx = F_1(1) - F_1(0)$

$= \ln(1+e^1) - \ln(1+e^0) = \ln(1+e) - \ln(1+1) = \ln(1+e) - \ln 2 = \ln\left(\frac{1+e}{2}\right) \approx 0{,}62\ u.a.$

Comme f_1 est une fonction positive sur $[0\,;1]$, I représente l'aire du domaine :

$$\mathcal{D}_1 = \{M(x\,;y) \in \mathcal{P} \text{ tels que } 0 \leq x \leq 1 \text{ et } 0 \leq y \leq f_1(x)\}$$

compris entre $\mathcal{C}_1$ et l'axe des abscisses d'une part, et entre les droites verticales d'équations $x = 0$ et $x = 1$ d'autre part.

Partie B

1. • 1ère méthode

$$\forall x \in \mathbb{R}, \quad f_1(x) + f_{-1}(x) = \frac{1}{1+e^{-x}} + \frac{1}{1+e^x} = \frac{e^x}{1+e^x} + \frac{1}{1+e^x} = \frac{e^x+1}{1+e^x} = 1.$$

• 2e méthode

$$\forall x \in \mathbb{R}, \quad f_1(x) + f_{-1}(x) = \frac{1}{1+e^{-x}} + \frac{1}{1+e^x} = \frac{1+e^x+1+e^{-x}}{(1+e^{-x})(1+e^x)} = \frac{2+e^x+e^{-x}}{1+e^x+e^{-x}+1}$$

$$= \frac{2+e^x+e^{-x}}{2+e^x+e^{-x}} = 1.$$

2. K est le milieu du segment [MP] avec $P(x\,;f_1(x))$ et $M(x\,;f_{-1}(x))$ donc son ordonnée est :

$$y_K = \frac{y_P + y_M}{2} = \frac{f_1(x) + f_{-1}(x)}{2} = \frac{1}{2}.$$

Donc le point K appartient à la droite d'équation $y = \frac{1}{2}$.

3. K est le milieu du segment [MP] donc $M(x\,;f_{-1}(x))$ est le symétrique de $P(x\,;f_1(x))$ par rapport au point $K\left(x\,;\frac{1}{2}\right)$. Donc la courbe $\mathcal{C}_{-1}$ est le symétrique de la courbe $\mathcal{C}_1$ par rapport à la droite d'équation $y = \frac{1}{2}$.

4. • 1ère méthode

Le domaine $\mathcal{D} = P_0P_1M_1$ délimité par les courbes $\mathcal{C}_1$, $\mathcal{C}_{-1}$, l'axe des ordonnées et la droite verticale d'équation $x = 1$, peut se diviser en deux sous-domaines $P_0K_1P_1$ et $P_0K_1M_1$ symétriques par rapport à la droite d'équation $y = \frac{1}{2}$. Ces deux sous-domaines ont la même aire, égale à :

$$\mathcal{A}_{P_0K_1M_1} = \mathcal{A}_{P_0K_1P_1} = \mathcal{A}_{OIP_1P_0} - \mathcal{A}_{OIK_1P_0} = I - \frac{1}{2}.$$

Le domaine $\mathcal{D}$ a pour aire :

$$\mathcal{A}_\mathcal{D} = \mathcal{A}_{P_0K_1M_1} + \mathcal{A}_{P_0K_1P_1} = 2\mathcal{A}_{P_0K_1P_1} = 2I - 1 = 2\ln\left(\frac{1+e}{2}\right) - 1 \approx 0{,}24\,u.a.$$

• 2e méthode

$$\forall x \in \mathbb{R}, \quad f_1(x) + f_{-1}(x) = 1 \quad \Leftrightarrow \quad -f_{-1}(x) = f_1(x) - 1.$$

Comme $f_1(x) \geq f_{-1}(x)$ sur $[0\,;1]$, le domaine $\mathcal{D} = P_0P_1M_1$ délimité par les courbes $\mathcal{C}_1$, $\mathcal{C}_{-1}$, l'axe des ordonnées et la droite verticale d'équation $x = 1$, a pour aire :

$$\mathcal{A}_\mathcal{D} = \int_0^1 [f_1(x) - f_{-1}(x)]\,dx = \int_0^1 [f_1(x) + f_1(x) - 1]\,dx = \int_0^1 [2f_1(x) - 1]\,dx$$

$$= 2\int_0^1 f_1(x)\,dx - \int_0^1 1\,dx = 2\ln\left(\frac{1+e}{2}\right) - 1 \approx 0{,}24\,u.a.$$

• 3e méthode

Comme $f_1(x) \geq f_{-1}(x)$ sur $[0\,;1]$, le domaine $\mathcal{D} = P_0P_1M_1$ délimité par les courbes $\mathcal{C}_1$, $\mathcal{C}_{-1}$, l'axe des ordonnées et la droite verticale d'équation $x = 1$, a pour aire :

$$\mathcal{A}_\mathcal{D} = \int_0^1 [f_1(x) - f_{-1}(x)]\,dx = \int_0^1 f_1(x)\,dx - \int_0^1 f_{-1}(x)\,dx = \ln\left(\frac{1+e}{2}\right) - \int_0^1 f_{-1}(x)\,dx.$$

f_{-1} est une fonction définie et dérivable sur $\mathbb{R}$.

$$\forall x \in \mathbb{R}, \quad f_{-1}(x) = \frac{1}{1+e^x} \times \frac{e^{-x}}{e^{-x}} = \frac{e^{-x}}{e^{-x} + e^x e^{-x}} = \frac{e^{-x}}{e^{-x} + 1} \quad \text{car} \quad e^{-x}e^x = e^0 = 1.$$

$$\forall x \in \mathbb{R}, \quad f_{-1}(x) = -\frac{-e^{-x}}{1+e^{-x}} = -\frac{v'(x)}{v(x)} \quad \text{où} \quad v(x) = 1 + e^{-x} \quad \Rightarrow \quad v'(x) = -e^{-x}.$$

Une primitive de $f_{-1} = \dfrac{v'}{v}$ sur $\mathbb{R}$ est $F_{-1} = -\ln|v| : x \mapsto F_{-1}(x) = -\ln|1 + e^{-x}|$.

$\forall x \in \mathbb{R}, \ 1 + e^x > 0 \implies |1 + e^x| = 1 + e^x \implies F_{-1}(x) = -\ln(1 + e^x).$

Comme f_{-1} est continue sur $[0\,;1]$, $\displaystyle\int_0^1 f_{-1}(x)\,dx = F_{-1}(1) - F_{-1}(0)$

$= -\ln(1 + e^{-1}) + \ln(1 + e^{-0}) = -\ln\left(\dfrac{e}{e} + \dfrac{1}{e}\right) + \ln(1+1) = -\ln\left(\dfrac{1+e}{e}\right) + \ln 2$

$= -\ln(1+e) + \ln e + \ln 2 = 1 - [\ln(1+e) - \ln 2] = 1 - \ln\left(\dfrac{1+e}{2}\right).$

$$\mathcal{A}_\mathcal{D} = \ln\left(\dfrac{1+e}{2}\right) - 1 + \ln\left(\dfrac{1+e}{2}\right) = 2\ln\left(\dfrac{1+e}{2}\right) - 1 \approx 0{,}24 \ u.a.$$

Partie C

1. VRAI

$\forall x \in \mathbb{R}, \quad e^{-kx} > 0 \implies \dfrac{1}{1 + e^{-kx}} > 0 \implies f_k(x) > 0.$

$\forall x \in \mathbb{R}, \quad e^{-kx} > 0 \implies 1 + e^{-kx} > 1 \implies 1 > \dfrac{1}{1 + e^{-kx}} \implies 1 > f_k(x).$

$\forall x \in \mathbb{R}, \quad \forall k \in \mathbb{R}, \quad 0 < f_k(x) < 1.$

Conclusion : Quelle que soit la valeur du nombre réel k, la représentation graphique de la fonction f_k est strictement comprise entre les droites d'équations $y = 0$ et $y = 1$.

2. FAUX

• $1^{\text{ère}}$ méthode

f_1 est strictement croissante sur $\mathbb{R}$, donc $f_{-1} = 1 - f_1$ est strictement décroissante sur $\mathbb{R}$.

• 2e méthode

f_k est une fonction définie et dérivable sur $\mathbb{R}$.

$\forall x \in \mathbb{R}, \quad f_k(x) = \dfrac{1}{1 + e^{-kx}} = \dfrac{1}{u(x)} \quad \text{où} \quad u(x) = 1 + e^{-kx} \implies u'(x) = -ke^{-kx}.$

$\forall x \in \mathbb{R}, \quad f_k'(x) = -\dfrac{u'(x)}{[u(x)]^2} = -\dfrac{-ke^{-kx}}{(1 + e^{-kx})^2} = k\dfrac{e^{-kx}}{(1 + e^{-kx})^2}.$

$\forall x \in \mathbb{R}, \quad e^{-kx} > 0 \text{ et } (1 + e^{-kx})^2 > 0 \implies f_k'(x)$ a pour signe celui de k.

- Si $k > 0$, alors $f_k'(x) > 0$ et f_k est strictement croissante sur $\mathbb{R}$.
- Si $k < 0$, alors $f_k'(x) < 0$ et f_k est strictement décroissante sur $\mathbb{R}$.
- Si $k = 0$, alors $f_k'(x) = 0$ et f_k est constante (égale à 1) sur $\mathbb{R}$.

3. VRAI

$$f_k\left(\dfrac{1}{2}\right) = \dfrac{1}{1 + e^{-k \times \frac{1}{2}}} = \dfrac{1}{1 + e^{-\frac{k}{2}}}.$$

$k \geq 10 \implies k \times \dfrac{-1}{2} \leq 10 \times \dfrac{-1}{2} \implies -\dfrac{k}{2} \leq -5 \implies e^{-\frac{k}{2}} \leq e^{-5} \implies 1 + e^{-\frac{k}{2}} \leq 1 + e^{-5}$

$\implies \dfrac{1}{1 + e^{-\frac{k}{2}}} \geq \dfrac{1}{1 + e^{-5}} \implies f_k\left(\dfrac{1}{2}\right) \geq \dfrac{1}{1 + e^{-5}} \geq 0{,}9933 \geq 0{,}99.$

Corrigé de l'exercice 4 : suites, récurrence, limite, algorithme

Partie A

1. L'algorithme n° 1 affiche seulement le dernier terme v_n.
L'algorithme n° 2 affiche n fois la valeur 1.
L'algorithme n° 3 affiche les termes $v_0, v_1, v_2, ..., v_{n-1}, v_n$. C'est l'algorithme n° 3 qui convient.

2. On peut émettre trois conjectures : la suite (v_n) est positive, croissante, et converge vers 3.

3. a. Démontrons par récurrence que la propriété P_n : « $0 < v_n < 3$ » est vraie pour tout entier naturel n.

1) initialisation : $0 < 1 < 3 \implies 0 < v_0 < 3$, donc P_0 est vraie.

2) hérédité : si la propriété P_n est vraie pour un rang $n \geq 0$ quelconque fixé (hypothèse de récurrence), alors :

$$0 < v_n < 3 \implies 0 > -v_n > -3 \implies 6 > 6 - v_n > 3 \implies \frac{1}{6} < \frac{1}{6-v_n} < \frac{1}{3} \implies \frac{9}{6} < \frac{9}{6-v_n} < \frac{9}{3}$$

$$\implies 0 < \frac{3}{2} < v_{n+1} < 3 \implies 0 < v_{n+1} < 3.$$

Donc la propriété P_{n+1} est vraie.

3) conclusion : la propriété P_n est vraie au rang $n = 0$ et elle est héréditaire, donc elle est vraie pour tout entier naturel n.

$$\forall n \in \mathbb{N}, \quad 0 < v_n < 3.$$

b. $\forall n \in \mathbb{N}, v_{n+1} - v_n = \dfrac{9}{6-v_n} - v_n = \dfrac{9}{6-v_n} - \dfrac{v_n(6-v_n)}{6-v_n} = \dfrac{9 - 6v_n + v_n^2}{6-v_n} = \dfrac{(3-v_n)^2}{6-v_n}.$

$\forall n \in \mathbb{N}, 0 < v_n < 3 \implies \begin{cases} 3 - v_n > 0 \\ 0 > -v_n > -3 \end{cases} \implies \begin{cases} (3-v_n)^2 > 0 \\ 6 > 6 - v_n > 3 > 0 \end{cases}$

$\implies \dfrac{(3-v_n)^2}{6-v_n} > 0 \implies v_{n+1} - v_n > 0 \implies v_{n+1} > v_n.$

La suite (v_n) est monotone : elle est strictement croissante.

c. La suite (v_n) est strictement croissante et elle est majorée par 3, donc elle est convergente.

Partie B : Recherche de la limite de la suite (v_n)

1. $\forall n \in \mathbb{N}, w_{n+1} - w_n = \dfrac{1}{v_{n+1} - 3} - \dfrac{1}{v_n - 3} = \dfrac{1}{\dfrac{9}{6-v_n} - 3} - \dfrac{1}{v_n - 3} = \dfrac{6-v_n}{9 - 3(6-v_n)} - \dfrac{1}{v_n - 3}$

$= \dfrac{6-v_n}{9 - 18 + 3v_n} - \dfrac{1}{v_n - 3} = \dfrac{6-v_n}{-9 + 3v_n} - \dfrac{1}{v_n - 3} = \dfrac{2 - \frac{1}{3}v_n}{-3 + v_n} - \dfrac{1}{v_n - 3}$

$= \dfrac{2 - \frac{1}{3}v_n - 1}{v_n - 3} = \dfrac{1 - \frac{1}{3}v_n}{v_n - 3} = -\dfrac{1}{3} \times \dfrac{-3 + v_n}{v_n - 3} = -\dfrac{1}{3}.$

Conclusion : $\forall n \in \mathbb{N}, w_{n+1} = w_n - \dfrac{1}{3}$ donc (w_n) est une suite arithmétique de raison $-\dfrac{1}{3}$.

2. $\forall n \in \mathbb{N}, \quad w_n = w_0 - \dfrac{1}{3}n = \dfrac{1}{v_0 - 3} - \dfrac{1}{3}n = \dfrac{1}{1 - 3} - \dfrac{1}{3}n = -\dfrac{1}{2} - \dfrac{1}{3}n = -\dfrac{3 + 2n}{6}.$

$\forall n \in \mathbb{N}, \quad w_n = \dfrac{1}{v_n - 3} \implies v_n - 3 = \dfrac{1}{w_n} \implies v_n = \dfrac{1}{w_n} + 3 = -\dfrac{6}{3 + 2n} + 3.$

3. $\lim\limits_{n \to +\infty} (3 + 2n) = +\infty \xRightarrow{\text{par inverse}} \lim\limits_{n \to +\infty} \dfrac{1}{3 + 2n} = 0 \xRightarrow{\text{par produit}} \lim\limits_{n \to +\infty} \left(-\dfrac{6}{3 + 2n}\right) = 0$

$\xRightarrow{\text{par somme}} \lim\limits_{n \to +\infty} v_n = 0 + 3 = 3.$

C3 : Corrigé du sujet Amérique du Nord (30 mai 2013)
Corrigé de l'exercice 1 : géométrie dans l'espace

1. $\overrightarrow{AB}(1\,;-1\,;\,-1)$ et $\overrightarrow{AC}(2\,;-5\,;\,-3)$ ne sont pas colinéaires car $\dfrac{1}{2} \neq \dfrac{-1}{-5}$.
Donc les points A, B et C ne sont pas alignés.

2. a. $\overrightarrow{AB} \cdot \vec{u} = 1 \times 2 - 1 \times (-1) - 1 \times 3 = 2 + 1 - 3 = 0$.

$\overrightarrow{AC} \cdot \vec{u} = 2 \times 2 - 5 \times (-1) - 3 \times 3 = 4 + 5 - 9 = 0$.

$\vec{u}$ est orthogonal aux vecteurs $\overrightarrow{AB}$ et $\overrightarrow{AC}$, donc $\vec{u}$ est normal au plan formé par ces deux vecteurs non colinéaires, qui est la plan (ABC).
Donc la droite Δ de vecteur directeur $\vec{u}$ est orthogonale au plan (ABC).

b. • 1ère méthode
Une équation cartésienne du plan (ABC) de vecteur normal $\vec{u}(2\,,-1\,,3)$ est :
$$2x - y + 3z + d = 0.$$
A$(0\,,4\,,1) \in$ (ABC) $\Rightarrow 0 = 2x - y + 3y + d = 2 \times 0 - 4 + 3 \times 1 + d = -1 + d \Rightarrow d = 1$.
Conclusion : une équation cartésienne du plan (ABC) est : $2x - y + 3z + 1 = 0$.

• 2e méthode
M$(x\,;y\,;z) \in$ (ABC) $\Leftrightarrow \overrightarrow{AM}(x\,;y-4\,;z-1)$ et $\vec{u}(2\,;\,-1\,;\,3)$ sont orthogonaux
$\Leftrightarrow 0 = \vec{u} \cdot \overrightarrow{AM} = 2x - (y-4) + 3(z-1) = 2x - y + 4 + 3z - 3 = 2x - y + 3z + 1$.
Conclusion : une équation cartésienne du plan (ABC) est : $2x - y + 3z + 1 = 0$.

c. La droite Δ passant par le point D$(7\,,-1\,,4)$ et de vecteur directeur $\vec{u}(2\,,-1\,,3)$ est l'ensemble des points M$(x\,;y\,;z)$ tels que $\overrightarrow{DM} = t\vec{u}$, donc elle admet comme représentation paramétrique :
$$\begin{cases} x = 2t + 7 \\ y = -t - 1 \\ z = 3t + 4 \end{cases} \text{ où } t \in \mathbb{R}.$$

d. Les coordonnées $(x\,;y\,;z)$ du point H, intersection de la droite Δ et du plan (ABC), vérifient :
$$\begin{cases} x = 2t + 7 \\ y = -t - 1 \\ z = 3t + 4 \end{cases} \text{ où } t \in \mathbb{R} \quad \text{et} \quad 2x - y + 3z + 1 = 0.$$

$\Rightarrow 0 = 2(2t+7) - (-t-1) + 3(3t+4) + 1 = 4t + 14 + t + 1 + 9t + 12 + 1 = 14t + 28$

$\Rightarrow t = -\dfrac{28}{14} = -2$.

Les coordonnées $(x\,;y\,;z)$ du point H s'obtiennent pour $t = -2$:
$$\begin{cases} x = 2 \times (-2) + 7 = -4 + 7 = 3 \\ y = -(-2) - 1 = 2 - 1 = 1 \\ z = 3 \times (-2) + 4 = -6 + 4 = -2 \end{cases}.$$

Conclusion : la droite Δ et le plan (ABC) se coupent au point H$(3\,;1\,;-2)$.

3. a. $\mathcal{P}_1$ a pour vecteur normal $\overrightarrow{n_1}(1\,;1\,;1)$ et $\mathcal{P}_2$ a pour vecteur normal $\overrightarrow{n_2}(1\,;4\,;0)$.

$\overrightarrow{n_1}$ et $\overrightarrow{n_2}$ ne sont pas colinéaires car $\dfrac{1}{1} \neq \dfrac{1}{4}$ donc $\mathcal{P}_1$ et $\mathcal{P}_2$ ne sont pas parallèles.

$\overrightarrow{n_1} \cdot \overrightarrow{n_2} = 1 \times 1 + 1 \times 4 + 1 \times 0 = 1 + 4 + 0 = 5 \neq 0$.

$\overrightarrow{n_1}$ et $\overrightarrow{n_2}$ ne sont pas orthogonaux, donc $\mathcal{P}_1$ et $\mathcal{P}_2$ ne sont pas orthogonaux.

Conclusion : les plans $\mathcal{P}_1$ et $\mathcal{P}_2$ ne sont ni parallèles ni orthogonaux, donc ils sont sécants.

b. • 1ère méthode

Les coordonnées $(x\,;y\,;z)$ d'un point M de la droite d, intersection des plans $\mathcal{P}_1$ et $\mathcal{P}_2$, vérifient

le système d'équations : $\begin{cases} x + y + z = 0 \\ x + 4y + 2 = 0 \end{cases} \Leftrightarrow \begin{cases} x + z = -y & [A] \\ x + 2 = -4y & [B] \end{cases}$

Pour résoudre ce système, il y a deux méthodes :

- méthode par substitution :

$$\begin{cases} -2 - 4y + z = -y & [A] \\ x = -2 - 4y & [B] \end{cases}$$

$[A] \Leftrightarrow z = 2 + 4y - y = 2 + 3y$.

$\begin{cases} x = -4y - 2 \\ z = 3y + 2 \end{cases} \Rightarrow \begin{cases} x = -4t - 2 \\ y = t \\ z = 3t + 2 \end{cases}, \quad t \in \mathbb{R}.$

- méthode par addition :

$[A] - [B] \Leftrightarrow z - 2 = -y + 4y \Leftrightarrow z = 3y + 2$.

$[B] \Leftrightarrow x = -4y - 2$.

$\begin{cases} x = -4y - 2 \\ z = 3y + 2 \end{cases} \Rightarrow \begin{cases} x = -4t - 2 \\ y = t \\ z = 3t + 2 \end{cases}, \quad t \in \mathbb{R}.$

Conclusion : d admet comme représentation paramétrique : $\begin{cases} x = -4t - 2 \\ y = t \\ z = 3t + 2 \end{cases}, \quad t \in \mathbb{R}.$

• 2e méthode

Soit $\mathcal{D}$ la droite ayant pour représentation paramétrique : $\begin{cases} x = -4t - 2 \\ y = t \\ z = 3t + 2 \end{cases}, \quad t \in \mathbb{R}.$

Les coordonnées $(x\,;y\,;z)$ d'un point M quelconque de la droite $\mathcal{D}$ vérifient :

$x + y + z = -4t - 2 + t + 3t + 2 = 0$ donc M $\in \mathcal{P}_1$.

$x + 4y + 2 = -4t - 2 + 4t + 2 = 0$ donc M $\in \mathcal{P}_2$.

Tout point M de la droite $\mathcal{D}$ appartient aux plans sécants $\mathcal{P}_1$ et $\mathcal{P}_2$, donc la droite $\mathcal{D}$ est confondue avec la droite d d'intersection des plans $\mathcal{P}_1$ et $\mathcal{P}_2$.

Conclusion : d admet comme représentation paramétrique : $\begin{cases} x = -4t - 2 \\ y = t \\ z = 3t + 2 \end{cases}, \quad t \in \mathbb{R}.$

c. Le plan (ABC) a pour vecteur normal $\vec{u}(2,-1,3)$.

La droite d a pour vecteur directeur $\vec{v}(-4,1,3)$.

$\vec{u} \cdot \vec{v} = 2 \times (-4) - 1 \times 1 + 3 \times 3 = -8 - 1 + 9 = 0$.

$\vec{u}$ et $\vec{v}$ sont orthogonaux, donc la droite d et le plan (ABC) sont parallèles.

Corrigé de l'exercice 2 : suites, récurrence, limite, algorithme

1. a. Si $n = 3$, le compteur i varie de 1 à 3 :

$i = 1$; $u = \sqrt{2 \times 1} = \sqrt{2}$.

$i = 2$; $u = \sqrt{2\sqrt{2}}$.

$i = 3$; $u = \sqrt{2\sqrt{2\sqrt{2}}} \approx 1{,}8340$ donc le résultat affiché à la sortie est 1,8340.

b. Cet algorithme permet de calculer le terme u_n de la suite (u_n).

c. On peut émettre trois conjectures : la suite (u_n) est positive, croissante, et converge vers 2 :

$$\lim_{n \to +\infty} u_n = 2.$$

2. a. Démontrons par récurrence que la propriété P_n : « $0 < u_n \leq 2$ » est vraie pour tout entier naturel n.

1) initialisation : $0 < 1 \leq 2 \implies 0 < u_0 \leq 2$, donc P_0 est vraie.

2) hérédité : si la propriété P_n est vraie pour un rang $n \geq 0$ quelconque fixé (hypothèse de récurrence), alors :

$$0 < u_n \leq 2 \implies 0 < 2u_n \leq 4 \stackrel{(*)}{\implies} 0 < \sqrt{2u_n} \leq \sqrt{4}$$

(*) car la fonction racine carrée est strictement croissante sur $]0\,;\,+\infty[$.

Donc $0 < u_{n+1} \leq 2 \implies$ la propriété P_{n+1} est vraie.

3) conclusion : la propriété P_n est vraie au rang $n = 0$ et elle est héréditaire, donc elle est vraie pour tout entier naturel n.

Donc $\forall n \in \mathbb{N}, 0 < u_n \leq 2$.

b. • 1ère méthode

$$\forall n \in \mathbb{N}, \quad 0 < u_n \implies \frac{u_{n+1}}{u_n} = \frac{\sqrt{2u_n}}{u_n} = \frac{\sqrt{2}\sqrt{u_n}}{\sqrt{u_n}\sqrt{u_n}} = \frac{\sqrt{2}}{\sqrt{u_n}} = \sqrt{\frac{2}{u_n}}.$$

$$\forall n \in \mathbb{N}, 0 < u_n \leq 2 \implies \frac{0}{u_n} < \frac{u_n}{u_n} \leq \frac{2}{u_n} \implies 0 < 1 \leq \frac{2}{u_n} \stackrel{(*)}{\implies} \sqrt{0} < \sqrt{1} \leq \sqrt{\frac{2}{u_n}} \implies 0 < 1 \leq \sqrt{\frac{2}{u_n}}.$$

(*) car la fonction racine carrée est strictement croissante sur $]0\,;\,+\infty[$.

$$\sqrt{\frac{2}{u_n}} \geq 1 \implies \frac{u_{n+1}}{u_n} \geq 1 \implies u_{n+1} \geq u_n.$$

Conclusion : $\forall n \in \mathbb{N}, u_{n+1} \geq u_n$ donc la suite (u_n) est croissante.

• 2e méthode

$$u_{n+1} - u_n = \sqrt{2u_n} - u_n = \sqrt{2}\sqrt{u_n} - \sqrt{u_n}\sqrt{u_n} = \sqrt{u_n}(\sqrt{2} - \sqrt{u_n}).$$

$\forall n \in \mathbb{N}, 0 < u_n \leq 2 \stackrel{(*)}{\implies} 0 < \sqrt{u_n} \leq \sqrt{2} \implies 0 > -\sqrt{u_n} \geq -\sqrt{2} \implies \sqrt{2} > \sqrt{2} - \sqrt{u_n} \geq 0$.

(*) car la fonction racine carrée est strictement croissante sur $]0\,;\,+\infty[$.

$\sqrt{2} - \sqrt{u_n} \geq 0$ et $\sqrt{u_n} \geq 0 \implies \sqrt{u_n}(\sqrt{2} - \sqrt{u_n}) \geq 0 \implies u_{n+1} - u_n \geq 0 \implies u_{n+1} \geq u_n$.

Conclusion : $\forall n \in \mathbb{N}, u_{n+1} \geq u_n$ donc la suite (u_n) est croissante.

c. La suite (u_n) est croissante et majorée par 2, donc elle est convergente.

3. a. $\forall n \in \mathbb{N}$, $v_{n+1} = \ln u_{n+1} - \ln 2 = \ln \sqrt{2u_n} - \ln 2 = \frac{1}{2}\ln(2u_n) - \ln 2$

$$= \frac{1}{2}(\ln 2 + \ln u_n) - \ln 2 = \frac{1}{2}(\ln 2 + \ln u_n - 2\ln 2) = \frac{1}{2}(\ln u_n - \ln 2) = \frac{1}{2}v_n.$$

$\forall n \in \mathbb{N}$, $\quad v_{n+1} = \frac{1}{2}v_n$

Donc (v_n) est la suite géométrique de raison $\frac{1}{2}$ et de premier terme :

$$v_0 = \ln u_0 - \ln 2 = \ln 1 - \ln 2 = 0 - \ln 2 = -\ln 2.$$

b. D'après le résultat de la question précédente :

$$\forall n \in \mathbb{N}, \quad v_n = v_0 \times \left(\frac{1}{2}\right)^n = -\ln 2 \times \left(\frac{1}{2}\right)^n.$$

$v_n = \ln u_n - \ln 2 \implies \ln u_n = v_n + \ln 2 \implies u_n = e^{v_n + \ln 2} = e^{v_n} e^{\ln 2} = 2e^{v_n} = 2e^{-\ln 2 \times \left(\frac{1}{2}\right)^n}.$

$$\forall n \in \mathbb{N}, \quad u_n = 2e^{-\ln 2 \times \left(\frac{1}{2}\right)^n} = 2\exp\left[-\ln 2 \times \left(\frac{1}{2}\right)^n\right].$$

c. $\lim\limits_{n \to +\infty} \left(\frac{1}{2}\right)^n = 0 \quad \text{car} \quad -1 < \frac{1}{2} < 1 \quad \implies \quad \lim\limits_{n \to +\infty} \left[-\ln 2 \times \left(\frac{1}{2}\right)^n\right] = 0$

$\implies \lim\limits_{n \to +\infty} \left[e^{-\ln 2 \times \left(\frac{1}{2}\right)^n}\right] = \lim\limits_{u \to 0}(e^u) = e^0 = 1 \quad \implies \quad$ par produit, $\lim\limits_{n \to +\infty} u_n = 2 \times 1 = 2.$

Conclusion : $\quad \lim\limits_{n \to +\infty} u_n = 2.$

d. Voici l'algorithme qui affiche en sortie la plus petite valeur de n telle que $u_n > 1{,}999$:

Variables :	n est un entier naturel
	u est un réel
Initialisation :	Affecter à n la valeur 0
	Affecter à u la valeur 1
Traitement :	Tantque $u \leq 1{,}999$
	$\quad$ Affecter à n la valeur $n+1$
	$\quad$ Affecter à u la valeur $\sqrt{2u}$
	Fin de Tantque
Sortie :	Afficher n

Corrigé de l'exercice 3 : probabilités, lois normale et exponentielle, fluctuation

Partie A

1. $P(390 \leq X \leq 410) = P(X \leq 410) - P(X \leq 390) = 0,818 - 0,182 = 0,636$.

2. La probabilité p qu'un pain choisi au hasard dans la production soit commercialisable est :
$$p = P(X \geq 385) = 1 - P(X < 385) = 1 - P(X \leq 385) = 1 - 0,086 = 0,914$$
ou bien :
$$p = P(X \geq 385) = P(X \geq 400 - 15) = P(X \leq 400 + 15) = P(X \leq 415) = 0,914.$$

3. On veut que la probabilité qu'un pain soit commercialisable soit égale à :
$$P(X \geq 385) = 0,96.$$
X suit la loi normale d'espérance $\mu = 400$ et d'écart-type σ, donc $Z = \frac{X-\mu}{\sigma} = \frac{X-400}{\sigma}$ suit la loi normale d'espérance 0 et d'écart-type 1.
$$0,96 = P(X \geq 385) = P\left(\frac{X-400}{\sigma} \geq \frac{385-400}{\sigma}\right) = P\left(Z \geq \frac{-15}{\sigma}\right) = 1 - P\left(Z < \frac{-15}{\sigma}\right).$$
$$P\left(Z \leq \frac{-15}{\sigma}\right) = P\left(Z < \frac{-15}{\sigma}\right) = 1 - 0,96 = 0,04 \approx P(Z \leq -1,751).$$
$$P\left(Z \leq \frac{-15}{\sigma}\right) \approx P(Z \leq -1,751) \implies \frac{-15}{\sigma} \approx -1,751 \implies \sigma \approx \frac{15}{1,751} \approx 8,6.$$

Partie B

1. L'intervalle de fluctuation asymptotique au seuil de 95% de la proportion $p = 0,96$ de pains commercialisables dans un échantillon de taille $n = 300$ est :
$$I = \left[p - 1,96\sqrt{\frac{p(1-p)}{n}}\,;\, p + 1,96\sqrt{\frac{p(1-p)}{n}}\right] \approx [0,9378\,;\, 0,9822].$$
On constate que : $n = 300 \geq 30$; $np = 288 \geq 5$; $n(1-p) = 12 \geq 5$.

Les conditions $n \geq 30$; $np \geq 5$; $n(1-p) \geq 5$ sont vérifiées, donc on peut affirmer que la fréquence f de pains commercialisables appartient à I avec une probabilité environ égale à 95 %.

2. Parmi les 300 pains de l'échantillon, 283 sont commercialisables, donc la fréquence de pains commercialisables est $f = \frac{283}{300} \approx 0,9433 \in I$ donc on peut décider que l'objectif a été atteint.

Partie C

1. La probabilité que la balance électronique ne se dérègle pas avant 30 jours est :
$$0,913 = P(T \geq 30) = e^{-30\lambda} \implies \ln 0,913 = -30\lambda \implies \lambda = \frac{\ln 0,913}{-30} \approx 0,003.$$

2. D'après la propriété de durée de vie sans vieillissement, la probabilité que la balance électronique fonctionne encore sans dérèglement après 90 jours, sachant qu'elle a fonctionné sans dérèglement 60 jours, est égale à :
$$P_{T \geq 60}(T \geq 90) = P_{T \geq 60}(T \geq 60 + 30) = P(T \geq 30) = 0,913.$$

3. La probabilité pour que la balance ne se dérègle pas avant un an est égale à :
$$P(T \geq 365) = e^{-365\lambda} = e^{-365 \times 0,003} \approx 0,335 \neq 0,5 \text{ donc le vendeur a tort.}$$
Il y a une chance sur deux pour que la balance ne se dérègle pas avant n jours, où l'entier n vérifie :
$$\frac{1}{2} = P(T \geq n) = e^{-\lambda n} \implies \ln\frac{1}{2} = -\lambda n \implies -\ln 2 = -\lambda n \implies n = \frac{\ln 2}{\lambda} = \frac{\ln 2}{0,003} \approx 231,05 \text{ jours.}$$
Il y a une chance sur deux pour que la balance ne se dérègle pas avant 231 jours.

Corrigé de l'exercice 4 : exponentielle, logarithme, dérivée, limite, intégrale

1. a. f n'est pas définie pour $x \in \mathbb{R}^-$ donc $\lim\limits_{x \to 0^-} f(x)$ n'existe pas.

$\lim\limits_{x \to 0^+} (\ln x) = -\infty \implies \lim\limits_{x \to 0^+} (1 + \ln x) = -\infty$, et $\lim\limits_{x \to 0^+} (x^2) = 0^+$.

Donc, par quotient, $\lim\limits_{x \to 0^+} f(x) = -\infty$.

b. $\lim\limits_{x \to +\infty} \dfrac{\ln x}{x} = 0$.

$\lim\limits_{x \to +\infty} (\ln x) = +\infty \implies \lim\limits_{x \to +\infty} (1 + \ln x) = +\infty$, et $\lim\limits_{x \to +\infty} (x^2) = +\infty$.

Par quotient, on obtient la forme indéterminée « $\dfrac{+\infty}{+\infty}$ ». Pour lever l'indétermination :

$$f(x) = \frac{1 + \ln x}{x^2} = \frac{1}{x^2} + \frac{\ln x}{x^2} = \frac{1}{x^2} + \frac{\ln x}{x} \times \frac{1}{x}.$$

$\lim\limits_{x \to +\infty} \dfrac{\ln x}{x} = 0$ et $\lim\limits_{x \to +\infty} \dfrac{1}{x} = 0$ donc, par produit, $\lim\limits_{x \to +\infty} \left(\dfrac{\ln x}{x} \times \dfrac{1}{x} \right) = 0 \times 0 = 0$.

$\lim\limits_{x \to +\infty} \dfrac{1}{x^2} = 0$ donc, par somme, $\lim\limits_{x \to +\infty} f(x) = 0 + 0 = 0$.

c. $\lim\limits_{x \to 0^+} f(x) = -\infty$ donc la droite d'équation $x = 0$ (i.e. l'axe des ordonnées) est asymptote verticale à $\mathcal{C}$.

$\lim\limits_{x \to +\infty} f(x) = 0$ donc la droite d'équation $y = 0$ (i.e. l'axe des abscisses) est asymptote horizontale à $\mathcal{C}$ en $+\infty$.

2. a. $f(x) = \dfrac{1 + \ln x}{x^2} = \dfrac{u(x)}{v(x)}$ où $\begin{cases} u(x) = 1 + \ln x \\ v(x) = x^2 \end{cases} \implies \begin{cases} u'(x) = 0 + \dfrac{1}{x} = \dfrac{1}{x} \\ v'(x) = 2x \end{cases}$.

Les fonctions u et v sont définies et dérivables sur $]0, +\infty[$, avec v qui ne s'annule pas sur $]0, +\infty[$, donc leur quotient $f = \dfrac{u}{v}$ est défini et dérivable sur $]0, +\infty[$.

$\forall x \in]0, +\infty[, f'(x) = \dfrac{u'(x)v(x) - u(x)v'(x)}{v^2(x)} = \dfrac{\dfrac{1}{x} \times x^2 - (1 + \ln x) \times 2x}{(x^2)^2}$

$= \dfrac{x - 2x - 2x \ln x}{x^4} = \dfrac{-x - 2x \ln x}{x^4} = \dfrac{-1 - 2 \ln x}{x^3}$.

Conclusion : $\forall x \in]0 ; +\infty[, \quad f'(x) = \dfrac{-1 - 2 \ln x}{x^3}$.

b. $\forall x \in]0 ; +\infty[, \ -1 - 2 \ln x > 0 \iff -1 > 2 \ln x \iff -\dfrac{1}{2} > \ln x \iff e^{-\frac{1}{2}} > e^{\ln x}$

$\iff e^{-\frac{1}{2}} > x \iff x < e^{-\frac{1}{2}} \iff x \in \left]-\infty ; e^{-\frac{1}{2}}\right[$.

La solution est $S =]0 ; +\infty[\cap \left]-\infty ; e^{-\frac{1}{2}}\right[= \left]0 ; e^{-\frac{1}{2}}\right[$.

Sur $]0 ; +\infty[, x^3 > 0$ donc $f'(x)$ a le signe de $-1 - 2 \ln x$.

- $\forall x \in \left]0 ; e^{-\frac{1}{2}}\right[, \quad f'(x) > 0$.
- $\forall x \in \left]e^{-\frac{1}{2}} ; +\infty\right[, \quad f'(x) < 0$.
- Si $x = e^{-\frac{1}{2}}, \quad f'(x) = 0$.

c.

x	0		e^{-1}		$e^{-\frac{1}{2}}$		$+\infty$
signe de $f'(x)$		+		+	0	−	
variations de f	$-\infty$ ↗		0 ↗		$\frac{e}{2}$ ↘		0

$$f\left(e^{-\frac{1}{2}}\right) = \frac{1+\ln\left(e^{-\frac{1}{2}}\right)}{x^2} = \frac{1-\frac{1}{2}}{\left(e^{-\frac{1}{2}}\right)^2} = \frac{\frac{1}{2}}{e^{-1}} = \frac{1}{2}e^1 = \frac{e}{2}.$$

3. a. L'abscisse x d'un point d'intersection de $\mathscr{C}$ avec l'axe des abscisses est un réel strictement positif et solution de l'équation :

$$f(x) = 0 \Leftrightarrow \frac{1+\ln x}{x^2} = 0 \Leftrightarrow 1+\ln x = 0 \Leftrightarrow \ln x = -1 \Leftrightarrow e^{\ln x} = e^{-1} \Leftrightarrow x = e^{-1} = \frac{1}{e^1} = \frac{1}{e}.$$

Conclusion : la courbe $\mathscr{C}$ a un unique point d'intersection avec l'axe des abscisses, de coordonnées $\left(\frac{1}{e}\,;0\right)$.

b. • Sur $\left]0\,;\,e^{-\frac{1}{2}}\right[$, f est strictement croissante donc :

− Si $0 < x \leq e^{-1}$ alors $f(x) \leq f(e^{-1})$ $\Rightarrow$ $f(x) \leq 0$.

− Si $e^{-1} < x < e^{-\frac{1}{2}}$ alors $f(e^{-1}) < f(x) < f\left(e^{-\frac{1}{2}}\right)$ $\Rightarrow$ $0 < f(x) < \frac{e}{2}$.

• Sur $\left[e^{-\frac{1}{2}}\,;\,+\infty\right[$, f est strictement décroissante, $f(x)$ décroît de $f\left(e^{-\frac{1}{2}}\right) = \frac{e}{2}$ qui est strictement positif à $\lim\limits_{x \to +\infty} f(x) = 0^+$. Donc $f(x) > 0$.

Conclusion :
$f(x) < 0$ sur $]0\,;\,e^{-1}[$.
$f(x) = 0 \Leftrightarrow x = e^{-1}$.
$f(x) > 0$ sur $]e^{-1}\,;\,+\infty[$.

4. a. Pour tout entier $n \geq 1$, $I_n = \displaystyle\int_{\frac{1}{e}}^{n} f(x)\,dx$.

En particulier, $I_2 = \displaystyle\int_{\frac{1}{e}}^{2} f(x)\,dx$.

D'après le tableau de variations, sur $\left]\frac{1}{e}\,;\,2\right[$ on a l'encadrement : $0 \leq f(x) \leq \frac{e}{2}$

$$\Rightarrow \int_{\frac{1}{e}}^{2} 0\,dx \leq \int_{\frac{1}{e}}^{2} f(x)\,dx \leq \int_{\frac{1}{e}}^{2} \frac{e}{2}\,dx \Leftrightarrow 0 \leq I_2 \leq \frac{e}{2}\left(2-\frac{1}{e}\right) \Leftrightarrow 0 \leq I_2 \leq \frac{e}{2}\times 2 - \frac{e}{2}\times\frac{1}{e}$$

$$\Leftrightarrow 0 \leq I_2 \leq e - \frac{1}{2}.$$

Remarque sur F (non demandée dans l'énoncé, donc à ne pas écrire sur la copie)

Il est facile de montrer que F est une primitive de f sur $]0,+\infty[$:

$$F(x) = \frac{-2 - \ln x}{x} = \frac{u(x)}{v(x)} \quad \text{où} \quad \begin{cases} u(x) = -2 - \ln x \\ v(x) = x \end{cases} \Rightarrow \begin{cases} u'(x) = 0 - \frac{1}{x} = -\frac{1}{x} \\ v'(x) = 1 \end{cases}$$

Les fonctions u et v sont définies et dérivables sur $]0,+\infty[$, avec v qui ne s'annule pas sur $]0,+\infty[$, donc leur quotient $F = \frac{u}{v}$ est défini et dérivable sur $]0,+\infty[$.

$$\forall x \in]0,+\infty[, \quad F'(x) = \frac{u'(x)v(x) - u(x)v'(x)}{v^2(x)} = \frac{-\frac{1}{x} \times x - (-2 - \ln x) \times 1}{x^2}$$

$$= \frac{-1 + 2 + \ln x}{x^2} = \frac{1 + \ln x}{x^2} = f(x).$$

b. Pour tout entier $n \geq 1$, $\quad I_n = \int_{\frac{1}{e}}^{n} f(x)\,dx = F(n) - F\left(\frac{1}{e}\right) = \frac{-2 - \ln n}{n} - \frac{-2 - \ln\frac{1}{e}}{\frac{1}{e}}.$

$$I_n = \frac{-2 - \ln n}{n} - (-2 + \ln e) \times e = \frac{-2 - \ln n}{n} + (2 - \ln e) \times e = \frac{-2 - \ln n}{n} + (2 - 1) \times e.$$

Conclusion : Pour tout entier $n \geq 1$, $\quad I_n = \frac{-2 - \ln n}{n} + e$.

c. $\lim\limits_{n \to +\infty} \ln n = +\infty \Rightarrow \lim\limits_{n \to +\infty} (-\ln n) = -\infty \Rightarrow \lim\limits_{n \to +\infty} (-2 - \ln n) = -\infty$ et $\lim\limits_{n \to +\infty} n = +\infty$.

Par quotient, on obtient la forme indéterminée « $\frac{-\infty}{+\infty}$ ». Pour lever l'indétermination :

$$I_n = \frac{-2}{n} - \frac{\ln n}{n} + e.$$

$\lim\limits_{n \to +\infty} \frac{1}{n} = 0 \quad \overset{\text{par produit}}{\Longrightarrow} \quad \lim\limits_{n \to +\infty} \left(\frac{-2}{n}\right) = -2 \times 0 = 0.$

$\lim\limits_{n \to +\infty} \frac{\ln n}{n} = 0 \quad \overset{\text{par produit}}{\Longrightarrow} \quad \lim\limits_{n \to +\infty} \left(-\frac{\ln n}{n}\right) = -0 = 0.$

Par somme, $\lim\limits_{n \to +\infty} I_n = 0 + 0 + e = e$.

Graphiquement, cela signifie que l'aire du domaine délimité par l'axe des abscisses et la courbe $\mathscr{C}$, et situé à droite de la droite verticale d'équation $x = \frac{1}{e}$, est égale à e.

Figure non demandée :

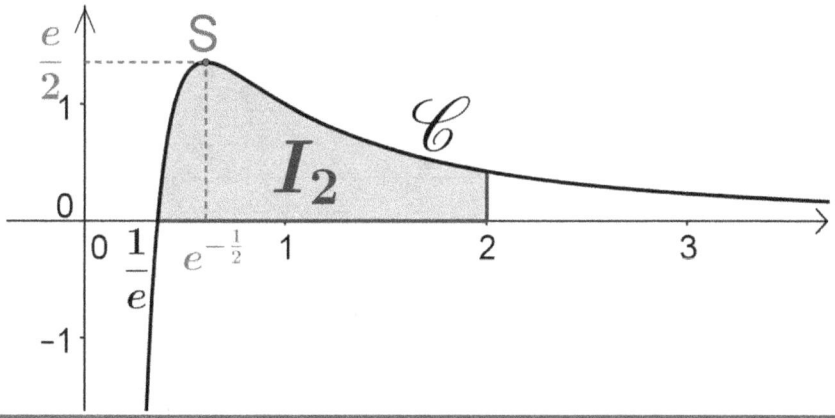

C4 : Corrigé du sujet Polynésie (7 juin 2013)

Corrigé de l'exercice 1 : exponentielle, dérivée, intégrale, limite, algorithme

1. Etude de la fonction f

a. • L'abscisse x du point d'intersection de $\mathscr{C}$ avec l'axe des abscisses est solution de l'équation :
$$f(x) = 0 \iff (x+2)e^{-x} = 0 \iff x+2 = 0 \iff x = -2.$$
La courbe $\mathscr{C}$ coupe l'axe des abscisses au point A(-2 ; 0).

• L'ordonnée du point d'intersection de $\mathscr{C}$ avec l'axe des ordonnées est égale à :
$$y = f(0) = (0+2)e^{-0} = 2 \times 1 = 2.$$
La courbe $\mathscr{C}$ coupe l'axe des abscisses au point B(0 ; 2).

b. • Limite de f en $-\infty$.
$\lim\limits_{x \to -\infty} (x+2) = -\infty$ et $\lim\limits_{x \to -\infty} e^{-x} = \lim\limits_{u \to +\infty} e^{u} = +\infty$, donc par produit, $\lim\limits_{x \to -\infty} f(x) = -\infty$.

• Limite de f en $+\infty$.
$\lim\limits_{x \to +\infty} (x+2) = +\infty$ et $\lim\limits_{x \to +\infty} e^{-x} = \lim\limits_{u \to -\infty} e^{u} = 0$. Par produit, on obtient la forme indéterminée « $+\infty \times 0$ ». Pour lever l'indétermination : $f(x) = \dfrac{x+2}{e^x} = \dfrac{x}{e^x} + \dfrac{2}{e^x}$.

$\begin{cases} \lim\limits_{x \to +\infty} \dfrac{e^x}{x} = +\infty \xRightarrow{\text{par inverse}} \lim\limits_{x \to +\infty} \dfrac{x}{e^x} = 0 \\ \lim\limits_{x \to +\infty} e^x = +\infty \xRightarrow{\text{par inverse}} \lim\limits_{x \to +\infty} \dfrac{1}{e^x} = 0 \xRightarrow{\text{par produit}} \lim\limits_{x \to +\infty} \dfrac{2}{e^x} = 0 \end{cases} \xRightarrow{\text{par somme}} \lim\limits_{x \to +\infty} f(x) = 0 + 0 = 0.$

La courbe $\mathscr{C}$ admet la droite d'équation $y = 0$ (axe des abscisses) comme asymptote horizontale en $+\infty$.

c. $\forall x \in \mathbb{R}$, $f(x) = (x+2)e^{-x} = u(x) \times v(x)$ où $\begin{cases} u(x) = x+2 \\ v(x) = e^{-x} \end{cases} \Rightarrow \begin{cases} u'(x) = 1 \\ v'(x) = -e^{-x} \end{cases}.$

Les fonctions u et v sont dérivables sur $\mathbb{R}$, donc leur produit $f = uv$ est dérivable sur $\mathbb{R}$.

$\forall x \in \mathbb{R}$, $f'(x) = u'(x)v(x) + u(x)v'(x) = 1 \times e^{-x} + (x+2) \times (-e^{-x})$
$= e^{-x}(1-x-2) = e^{-x}(-1-x) = -(1+x)e^{-x}.$

$\forall x \in \mathbb{R}$, $e^{-x} > 0 \Rightarrow f'(x)$ est du signe opposé à celui de $1+x$.

x	$-\infty$		-1		$+\infty$
$1+x$		$-$	0	$+$	
signe de $f'(x)$		$+$	0	$-$	
variations de f	$-\infty$	$\nearrow$	e	$\searrow$	0

$f(-1) = (-1+2)e^1 = e.$

f est strictement croissante sur $]-\infty\,;\,-1]$ et strictement décroissante sur $[-1\,;\,+\infty[$.

2. Calcul d'une valeur approchée de l'aire sous une courbe.

a. Le résultat affiché par cet algorithme est :

$$S = \frac{1}{4}\left[f(0) + f\left(\frac{1}{4}\right) + f\left(\frac{1}{2}\right) + f\left(\frac{3}{4}\right)\right] = \frac{1}{4}\left[2 + \left(\frac{1}{4}+2\right)e^{-\frac{1}{4}} + \left(\frac{1}{2}+2\right)e^{-\frac{1}{2}} + \left(\frac{3}{4}+2\right)e^{-\frac{3}{4}}\right]$$

$$= \frac{1}{4}\left[2 + \left(\frac{1}{4}+\frac{8}{4}\right)e^{-\frac{1}{4}} + \left(\frac{1}{2}+\frac{4}{2}\right)e^{-\frac{1}{2}} + \left(\frac{3}{4}+\frac{8}{4}\right)e^{-\frac{3}{4}}\right] = \frac{1}{4}\left(2 + \frac{9}{4}e^{-\frac{1}{4}} + \frac{5}{2}e^{-\frac{1}{2}} + \frac{11}{4}e^{-\frac{3}{4}}\right)$$

$$\approx 1{,}642 \, .$$

b. Voici l'algorithme qui affiche en sortie la somme des aires des N rectangles :

Variables :	k est un nombre entier
	N est un nombre entier
	S est un nombre réel
Initialisation :	Affecter à S la valeur 0
Traitement :	Pour k variant 0 à $N-1$
	$\quad$ Affecter à S la valeur $S + \frac{1}{N}f\left(\frac{k}{N}\right)$
	Fin Pour
Sortie :	Afficher S

3. Calcul de la valeur exacte de l'aire sous une courbe.

Remarque (non demandée, donc à ne pas écrire sur la copie) :

$\forall x \in \mathbb{R}, \; g(x) = (-x-3)e^{-x} = u(x) \times v(x)$ où $\begin{cases} u(x) = -x-3 \\ v(x) = e^{-x} \end{cases} \Rightarrow \begin{cases} u'(x) = -1 \\ v'(x) = -e^{-x} \end{cases}.$

$\forall x \in \mathbb{R}, \; g'(x) = u'(x)v(x) + u(x)v'(x) = -1 \times e^{-x} + (-x-3) \times (-e^{-x})$

$\qquad = e^{-x}(-1 + x + 3) = (x+2)e^{-x} = f(x)\,.$

Comme $g' = f$, une primitive de f sur $[0\,;1]$ est g.

a. f est continue et positive sur $[0\,;1]$; une primitive de f sur $[0\,;1]$ est g. Donc :

$$\mathcal{A} = \int_0^1 f(x)dx = g(1) - g(0) = (-1-3)e^{-1} - (-0-3)e^{-0} = -4e^{-1} + 3 \times 1 = -\frac{4}{e} + 3$$

$$= \left(3 - \frac{4}{e}\right) \text{ u.a.}$$

b. L'erreur commise vaut $S - \mathcal{A} \approx 1{,}642 - \left(3 - \frac{4}{e}\right) \approx 0{,}114$ u.a.

Corrigé de l'exercice 2 : complexes et géométrie dans l'espace

1. d

Justification au brouillon :
- 1ère méthode

$$i\frac{z_1}{z_2} = e^{i\frac{\pi}{2}}\frac{\sqrt{6}\,e^{i\frac{\pi}{4}}}{\sqrt{2}\,e^{-i\frac{\pi}{3}}} = \sqrt{\frac{6}{2}}\,e^{i\left(\frac{\pi}{2}+\frac{\pi}{4}+\frac{\pi}{3}\right)} = \sqrt{3}\,e^{i\left(\frac{6\pi+3\pi+4\pi}{12}\right)} = \sqrt{3}\,e^{i\frac{13\pi}{12}}.$$

Une forme exponentielle de $i\dfrac{z_1}{z_2}$ est $\sqrt{3}\,e^{i\frac{13\pi}{12}}$.

- 2e méthode

$$\left|i\frac{z_1}{z_2}\right| = |i|\frac{|z_1|}{|z_2|} = 1 \times \frac{\sqrt{6}}{\sqrt{2}} = \sqrt{3}.$$

$$\arg\left(i\frac{z_1}{z_2}\right) = \arg(i) + \arg(z_1) - \arg(z_2) = \frac{\pi}{2}+\frac{\pi}{4}+\frac{\pi}{3} = \frac{6\pi+3\pi+4\pi}{12} = \frac{13\pi}{12}\;[2\pi]$$

Une forme exponentielle de $i\dfrac{z_1}{z_2}$ est $\sqrt{3}\,e^{i\frac{13\pi}{12}}$.

Conclusion : $i\dfrac{z_1}{z_2} = \sqrt{3}\,e^{i\frac{13\pi}{12}}$.

2. c

Justification au brouillon :
Soit $z = x + iy$ où x et y sont réels. Alors $\bar{z} = x - iy$.
$-z = \bar{z} \Leftrightarrow -x - iy = x - iy \Leftrightarrow -x = x \Leftrightarrow 2x = 0 \Leftrightarrow x = 0$.
L'équation $-z = \bar{z}$ a pour solution l'ensemble infini des nombres complexes imaginaires purs : $z = iy$ où $y \in \mathbb{R}$. L'image d'un imaginaire pur $z = iy$ est un point M d'affixe $z = iy$, de coordonnées $(0\,;y)$ dans le plan complexe, appartenant à l'axe imaginaire. L'ensemble des points M est donc une droite : la droite d'équation $x = 0$ correspondant à l'axe imaginaire.

Conclusion : l'équation $-z = \bar{z}$, d'inconnue complexe z, admet une infinité de solutions dont les points images dans le plan complexe sont situés sur une droite.

3. a.

Justification au brouillon :
La droite parallèle à la droite (AB) a pour vecteur directeur $\overrightarrow{AB}(-2\,;3\,;1)$. Elle passe de plus par le point C$(-1,0,4)$. Tout point M$(x\,;y\,;z)$ appartient à cette droite si, et seulement si :

$$\overrightarrow{CM} = t\overrightarrow{AB} \Leftrightarrow \begin{cases} x = -2t-1 \\ y = 3t+0 \\ z = 1t+4 \end{cases} \Leftrightarrow \begin{cases} x = -2t-1 \\ y = 3t \\ z = t+4 \end{cases}, t \in \mathbb{R}.$$

Conclusion : $\begin{cases} x = -2t-1 \\ y = 3t \\ z = t+4 \end{cases}, t \in \mathbb{R}$ **est la représentation paramétrique recherchée.**

4. b.

Justification au brouillon :
$\mathscr{P}$ a pour vecteur normal $\vec{n}(3\,;-5\,;1)$ et Δ a pour vecteur directeur $\vec{u}(1\,;1\,;2)$.
$\vec{n}\cdot\vec{u} = 3\times 1 - 5\times 1 + 1\times 2 = 3 - 5 + 2 = 0$.
$\vec{n}$ et $\vec{u}$ sont orthogonaux, donc Δ est parallèle à $\mathscr{P}$.
Il y a deux possibilités : soit Δ est incluse dans $\mathscr{P}$, soit Δ n'a aucun point commun avec $\mathscr{P}$.
La droite Δ passe par le point A$(-7\,;3\,;5)$ obtenu pour $t = 0$.
Vérifions l'appartenance de A au plan $\mathscr{P}$, équivalente à l'orthogonalité de $\overrightarrow{DA}(-6\,;1\,;2)$ et de $\vec{n}(3\,;-5\,;1) : \overrightarrow{DA}\cdot\vec{n} = -6\times 3 + 1\times(-5) + 2\times 1 = -18 - 5 + 2 = -21 \neq 0$.
$\overrightarrow{DA}\cdot\vec{n} \neq 0 \Rightarrow \overrightarrow{DA}$ et $\vec{n}$ ne sont pas orthogonaux $\Rightarrow$ A $\notin \mathscr{P} \Rightarrow \Delta$ n'est pas incluse dans $\mathscr{P}$.

Conclusion : la droite Δ est parallèle au plan $\mathscr{P}$ et n'a pas de point commun avec le plan $\mathscr{P}$.

Corrigé de l'exercice 3 : probabilité, loi normale, fluctuation

Partie 1

Le pourcentage de morceaux de jazz est égal à $100 - 30 - 45 = 25\,\%$.

Voici l'arbre de probabilités représentant la situation :

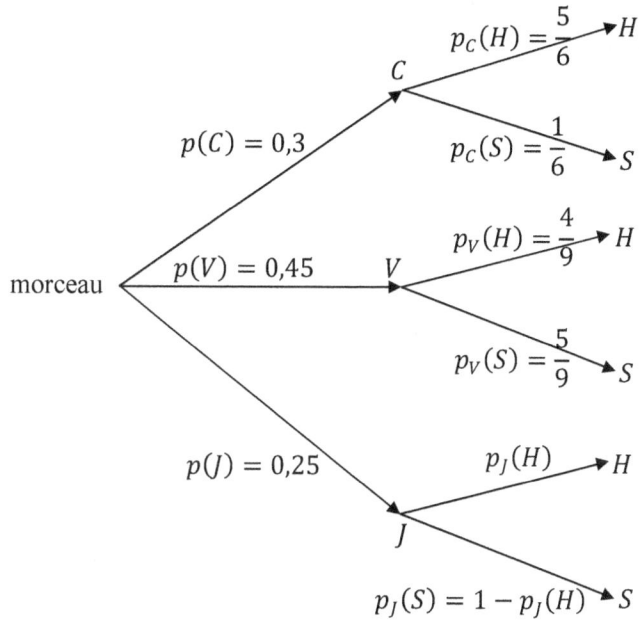

1. La probabilité qu'il s'agisse d'un morceau de musique classique encodé en haute qualité est égale à :

$$P(C \cap H) = P(C) \times P_C(H) = 0{,}3 \times \frac{5}{6} = \frac{1}{4} = 0{,}25\,.$$

2. a. $P(C) \times P(H) = 0{,}3 \times \dfrac{13}{20} = 0{,}195$ est différent de $P(C \cap H) = 0{,}25$.

Donc les événements C et H ne sont pas indépendants : ils sont dépendants.

b. Quand Thomas choisit au hasard un morceau, il s'agit soit de musique classique (C), soit de variété (V) soit de jazz (J). L'univers de l'expérience aléatoire consistant à choisir au hasard un morceau est $\Omega = C \cup V \cup J$. Les événements disjoints C, V, J forment une partition de Ω. Donc la probabilité qu'un morceau choisi soit encodé en haute qualité est égale à :

$$P(H) = P(\Omega \cap H) = P(C \cap H) + P(V \cap H) + P(J \cap H)$$

$$\Rightarrow\quad P(J \cap H) = P(H) - P(C \cap H) - P(V \cap H) = P(H) - P(C \cap H) - P(V) \times P_V(H)$$

$$= \frac{13}{20} - \frac{1}{4} - 0{,}45 \times \frac{4}{9} = \frac{1}{5} = 0{,}2\,.$$

$$P_J(H) = \frac{P(J \cap H)}{P(J)} = \frac{0{,}2}{0{,}25} = \frac{4}{5} = 0{,}8\,.$$

Partie 2

1. On sait que la probabilité qu'un morceau soit de musique classique est égale à $p = p(C) = 0{,}3$. L'intervalle de fluctuation asymptotique au seuil de 95 % de la proportion f de morceaux de musique classique dans un échantillon de taille $n = 60$ est :

$$I_n = \left[p - 1{,}96 \sqrt{\frac{p(1-p)}{n}} \; ; \; p + 1{,}96 \sqrt{\frac{p(1-p)}{n}} \right].$$

$$I_{60} = \left[0{,}3 - 1{,}96 \sqrt{\frac{0{,}3 \times 0{,}7}{60}} \; ; \; 0{,}3 + 1{,}96 \sqrt{\frac{0{,}3 \times 0{,}7}{60}} \right] \approx [0{,}184 \; ; \; 0{,}416].$$

On remarque que $n = 60 \geq 30$; $np = 60 \times 0{,}3 = 18 \geq 5$; $n(1-p) = 60 \times 0{,}7 = 42 \geq 5$.

Les conditions $n \geq 30$; $np \geq 5$; $n(1-p) \geq 5$ sont vérifiées, donc on peut affirmer que $f \in I_{60}$ avec une probabilité environ égale à 95 %.

2. La proportion de morceaux de musique classique dans l'échantillon de taille 60 est :

$$f = \frac{12}{60} = 0{,}2 \in [0{,}184 \; ; \; 0{,}416].$$

Comme $f \in I_{60}$, on ne peut pas penser que la fonction « lecture aléatoire » du lecteur MP3 de Thomas est défectueuse.

Partie 3

1. $P(180 \leq X \leq 220) = P(X \leq 220) - P(X \leq 180) = 0{,}841 - 0{,}159 = 0{,}682$ à 10^{-3} près.

2. La probabilité que le morceau écouté dure plus de 4 minutes (soit $4 \times 60 = 240$ s) est égale à :

$P(X \geq 240) = 1 - P(X \leq 240) = 1 - 0{,}977 = 0{,}023$ à 10^{-3} près

ou bien, en utilisant la symétrie de la courbe de Gauss par rapport à la droite verticale d'équation $X = 200$:

$P(X \geq 240) = P(X \geq 200 + 40) = P(X \leq 200 - 40) = P(X \leq 160) = 0{,}023$ à 10^{-3} près.

Corrigé de l'exercice 4 : suites, récurrence, limite

1. a. $u_1 = u_{0+1} = \dfrac{3u_0}{1+2u_0} = \dfrac{3 \times \frac{1}{2}}{1+2 \times \frac{1}{2}} = \dfrac{\frac{3}{2}}{1+1} = \dfrac{\frac{3}{2}}{2} = \dfrac{3}{4} = 0{,}75$.

$u_2 = u_{1+1} = \dfrac{3u_1}{1+2u_1} = \dfrac{3 \times \frac{3}{4}}{1+2 \times \frac{3}{4}} = \dfrac{\frac{9}{4}}{\frac{2}{2}+\frac{3}{2}} = \dfrac{\frac{9}{4}}{\frac{5}{2}} = \dfrac{9}{4} \times \dfrac{2}{5} = \dfrac{9}{2} \times \dfrac{1}{5} = \dfrac{9}{10} = 0{,}9$.

b. Pour tout entier naturel n, on définit la propriété $P_n : 0 < u_n$.

1) initialisation : $0 < \dfrac{1}{2} \Leftrightarrow 0 < u_0$, donc P_0 est vraie.

2) hérédité : si la propriété P_n est vraie pour un rang $n \geq 0$ quelconque fixé (hypothèse de récurrence), alors :

$0 < u_n \Rightarrow 0 < 3u_n$ et $0 < 2u_n \Rightarrow 0 < 1 < 1+2u_n \Rightarrow 0 < \dfrac{3u_n}{1+2u_n} \Leftrightarrow 0 < u_{n+1}$.

Donc la propriété P_{n+1} est vraie.

3) conclusion : la propriété P_n est vraie au rang 0 et elle est héréditaire, donc elle est vraie pour tout entier naturel n. Donc $\forall n \in \mathbb{N}, 0 < u_n$.

2. a. $\forall n \in \mathbb{N}, \quad u_{n+1} = \dfrac{3u_n}{1+2u_n}$.

- **1ère méthode**

$\forall n \in \mathbb{N}, \ 0 < u_n < 1 \Rightarrow 0 < 2u_n < 2 \Rightarrow 1 < 1+2u_n < 3 \Rightarrow 1 > \dfrac{1}{1+2u_n} > \dfrac{1}{3}$

$\Rightarrow 3u_n > \dfrac{3u_n}{1+2u_n} > \dfrac{3u_n}{3} \Rightarrow 3u_n > u_{n+1} > u_n$.

$\forall n \in \mathbb{N}, \quad u_{n+1} > u_n$ donc la suite (u_n) est croissante.

- **2e méthode**

$u_{n+1} - u_n = \dfrac{3u_n}{1+2u_n} - u_n = \dfrac{3u_n - u_n(1+2u_n)}{1+2u_n} = \dfrac{u_n(3-1-2u_n)}{1+2u_n} = \dfrac{u_n(2-2u_n)}{1+2u_n}$

$= \dfrac{2u_n(1-u_n)}{1+2u_n}$.

$\forall n \in \mathbb{N}, \ 0 < u_n < 1 \Rightarrow 0 > -u_n > -1 \Rightarrow 1 > 1-u_n > 0 \Rightarrow 2u_n(1-u_n) > 0$

et $0 < u_n \Rightarrow 0 < 2u_n \Rightarrow 0 < 1 < 1+2u_n$.

Donc $\dfrac{2u_n(1-u_n)}{1+2u_n} > 0 \Rightarrow u_{n+1} - u_n > 0 \Rightarrow u_{n+1} > u_n$ donc la suite (u_n) est croissante.

b. $\forall n \in \mathbb{N}, u_n < 1$. La suite (u_n) est majorée par 1 et elle est croissante, donc elle converge.

3. a. $\forall n \in \mathbb{N}, u_n \neq 1 \Leftrightarrow 1 - u_n \neq 0$ donc $v_n = \dfrac{u_n}{1 - u_n}$ est bien définie pour tout $n \in \mathbb{N}$.

$\forall n \in \mathbb{N}, \quad v_{n+1} = \dfrac{u_{n+1}}{1 - u_{n+1}} = \dfrac{\dfrac{3u_n}{1+2u_n}}{1 - \dfrac{3u_n}{1+2u_n}} = \dfrac{3u_n}{1+2u_n - 3u_n} = \dfrac{3u_n}{1 - u_n} = 3 \times \dfrac{u_n}{1 - u_n} = 3v_n.$

$\forall n \in \mathbb{N}, \quad v_{n+1} = 3v_n$ donc la suite (v_n) est une suite géométrique de raison 3.

b. $\forall n \in \mathbb{N}, \quad v_n = v_0 \times 3^n = \dfrac{u_0}{1-u_0} \times 3^n = \dfrac{\tfrac{1}{2}}{1-\tfrac{1}{2}} \times 3^n = \dfrac{\tfrac{1}{2}}{\tfrac{1}{2}} \times 3^n = 1 \times 3^n = 3^n.$

Conclusion : $\forall n \in \mathbb{N}, \quad v_n = 3^n.$

c. $\forall n \in \mathbb{N}, \quad v_n = \dfrac{u_n}{1 - u_n} \Leftrightarrow v_n(1 - u_n) = u_n \Leftrightarrow v_n - v_n u_n = u_n \Leftrightarrow v_n = u_n + v_n u_n$

$\Leftrightarrow v_n = u_n(1 + v_n) \Leftrightarrow \dfrac{v_n}{1 + v_n} = u_n \Leftrightarrow \dfrac{3^n}{1 + 3^n} = u_n.$

Conclusion : $\forall n \in \mathbb{N}, \quad u_n = \dfrac{3^n}{3^n + 1}.$

d. $\forall n \in \mathbb{N}, \quad \lim\limits_{n \to +\infty} u_n = \lim\limits_{n \to +\infty} \dfrac{3^n}{3^n + 1}.$

$\lim\limits_{n \to +\infty} 3^n = +\infty$ car $3 > 1 \Rightarrow \lim\limits_{n \to +\infty} (3^n + 1) = +\infty.$

Par quotient, on obtient la forme indéterminée « $\dfrac{+\infty}{+\infty}$ ».

Pour lever l'indétermination : $u_n = \dfrac{3^n}{3^n + 1} = \dfrac{\tfrac{3^n}{3^n}}{\tfrac{3^n}{3^n} + \tfrac{1}{3^n}} = \dfrac{1}{1 + \left(\tfrac{1}{3}\right)^n}.$

$\lim\limits_{n \to +\infty} \left(\dfrac{1}{3}\right)^n = 0$ car $-1 < \dfrac{1}{3} < 1 \Rightarrow$ par somme, $\lim\limits_{n \to +\infty} \left[1 + \left(\dfrac{1}{3}\right)^n\right] = 1 + 0 = 1.$

Par inverse, on obtient : $\forall n \in \mathbb{N}, \quad \lim\limits_{n \to +\infty} u_n = \dfrac{1}{1} = 1.$

C5 : Corrigé du sujet Centres étrangers (12 juin 2013)

Corrigé de l'exercice 1 : probabilités, lois exponentielle et normale, fluctuation

Partie A

1. Puisque la durée de vie d'une vanne est une variable aléatoire T qui suit la loi exponentielle de paramètre λ, la durée de vie moyenne d'une vanne est égale à l'espérance de T :

$$\bar{T} = E(T) = \frac{1}{\lambda} = \frac{1}{0{,}0002} = 5000 \text{ h}.$$

2. La probabilité que la durée de vie d'une vanne soit supérieure à 6000 heures est égale à :

$$p(T \geq 6000) = e^{-\lambda \times 6000} = e^{-0{,}0002 \times 6000} = e^{-1{,}2} \approx 0{,}301 \text{ à } 0{,}001 \text{ près.}$$

Partie B

1. Sachant que les événements F_1, F_2, F_3 sont deux à deux indépendants et ont chacun une probabilité égale à 0,3 , on a $p(\overline{F_1}) = 1 - p(F_1) = 1 - 0{,}3 = 0{,}7$ et on obtient l'arbre probabiliste suivant :

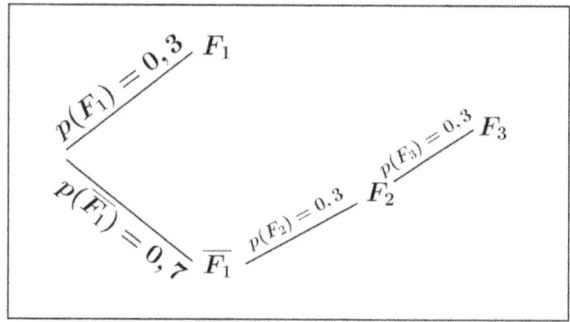

2. L'événement E : « le circuit est en état de marche après 6000 heures » correspond à l'événement « V_1 est en état de marche après 6000 heures **ou** V_2 et V_3 le sont simultanément après 6000 heures ». Donc $E = F_1 \cup (F_2 \cap F_3)$. La probabilité de cet événement est égale à :

$$P(E) = P(F_1) + P(F_2 \cap F_3) - P[F_1 \cap (F_2 \cap F_3)].$$

Comme F_2 et F_3 sont indépendants, $P(F_2 \cap F_3) = P(F_2) \times P(F_3)$.
Comme F_1 et $F_2 \cap F_3$ sont indépendants,

$$P[F_1 \cap (F_2 \cap F_3)] = P(F_1) \times P(F_2 \cap F_3) = P(F_1) \times P(F_2) \times P(F_3).$$

$$P(E) = P(F_1) + P(F_2) \times P(F_3) - P(F_1) \times P(F_2) \times P(F_3) = 0{,}3 + 0{,}3^2 - 0{,}3^3 = 0{,}363.$$

3. Sachant que le circuit est en état de marche après 6000 heures, la probabilité que la vanne V_1 soit en état de marche à ce moment-là est :

$$P_E(F_1) = \frac{P(E \cap F_1)}{P(E)} \text{ où } E \cap F_1 = [F_1 \cup (F_2 \cap F_3)] \cap F_1 = F_1$$

$$\Rightarrow \quad P_E(F_1) = \frac{P(F_1)}{P(E)} = \frac{0{,}3}{0{,}363} = \frac{100}{121} \approx 0{,}826 \text{ au millième près.}$$

Partie C

1. La probabilité qu'une vanne soit défectueuse est $p = 0,02$. L'intervalle de fluctuation asymptotique au seuil de 95 % de la variable F est :

$$I = \left[p - 1,96\sqrt{\frac{p(1-p)}{n}} \; ; \; p + 1,96\sqrt{\frac{p(1-p)}{n}}\right]$$

$$= \left[0,02 - 1,96\sqrt{\frac{0,02 \times 0,98}{400}} \; ; \; 0,02 + 1,96\sqrt{\frac{0,02 \times 0,98}{400}}\right]$$

$$= [0,02 - 1,96 \times 0,007 \; ; \; 0,02 + 1,96 \times 0,007] = [0,00628 \; ; \; 0,03372].$$

On remarque les trois inégalités suivantes :

$n = 400 \geq 30$; $np = 400 \times 0,02 = 8 \geq 5$; $n(1-p) = 400 \times 0,98 = 392 \geq 5$.

Les conditions $n \geq 30$; $np \geq 5$; $n(1-p) \geq 5$ sont donc vérifiées : on peut affirmer que $F \in I$ avec une probabilité environ égale à 95 %.

2. La fréquence de vannes défectueuses dans cet échantillon aléatoire de 400 vannes prises dans la production est égale à $F = \frac{10}{400} = \frac{1}{40} = 0,025$. Comme $F \in I$, on ne peut pas remettre en cause, au seuil de 95 %, l'affirmation de l'industriel.

Partie D

1. $P(760 \leq D \leq 840) = \frac{1}{\sigma\sqrt{2\pi}} \int_{760}^{840} e^{-\frac{(x-m)^2}{2\sigma^2}} dt = \frac{1}{40\sqrt{2\pi}} \int_{760}^{840} e^{-\frac{(x-800)^2}{3200}} dt \approx 0,683$.

Pour le détail des calculs sur calculatrice, voir les deux pages suivantes.

2. $P(D \leq 880) = P(0 \leq D \leq 880) = \frac{1}{40\sqrt{2\pi}} \int_{0}^{880} e^{-\frac{(x-800)^2}{3200}} dt \approx 0,977$.

Pour le détail des calculs sur calculatrice, voir les deux pages suivantes.

3. Si l'industriel constitue un stock mensuel de 880 vannes, il est en rupture de stock si la demande mensuelle vérifie $D > 880$. La probabilité d'être en rupture de stock est égale à :

$$P(D > 880) = 1 - P(0 \leq D \leq 880) \approx 1 - 0,977 \approx 0,023 \approx 2,3\,\% > 1\,\%.$$

L'industriel a 2,3 % (donc plus de 1 %) de chance d'être en rupture de stock. Il a donc tort de penser qu'il n'aura pas plus de 1 % de chance d'être en rupture de stock.

Réponses aux questions 1 et 2 avec la calculatrice TEXAS INSTRUMENTS TI-83Plus.fr :

• 1ère méthode (la plus rapide) : avec la fonction de répartition de la loi normale (en anglais : Normal Cumulative Density Function, ou « normalcdf »).

1. Calcul de $P(760 \leq D \leq 840) \approx 0{,}683$.

2. En remplaçant 760 par 0 et 840 par 880, on obtient $P(0 \leq D \leq 880) \approx 0{,}977$.

```
normalcdf(0,880,800,40)
            .977249938
```

• 2e méthode : en mode Calcul, avec l'intégrale.

1. Calcul de $P(760 \leq D \leq 840) \approx 0{,}683$.

2. En remplaçant 760 par 0 et 840 par 880, on obtient $P(0 \leq D \leq 880) \approx 0{,}977$.

$$\int_0^{880} \left(e^{-(X-800)^2/3200}\right) dX / (40\sqrt{2\pi})$$
$$.9772498681$$

Réponses aux questions 1 et 2 avec la calculatrice CASIO *fx-CG10/20* :

• 1ère méthode (la plus rapide) : en mode Statistique, avec la distribution cumulative normale (en anglais : Normal Cumulative Distribution, ou « Ncd »).

1. Calcul de $P(760 \leq D \leq 840) \approx 0{,}683$.

Statistics **DIST** **NORM** Ncd Var
[MENU] [2] [F5] [F1] [F2] [F2]
[▼] [7] [6] [0] [EXE] [8] [4] [0] [EXE]
[4] [0] [EXE] [8] [0] [0] [EXE] [EXE]

```
Normal C.D              Normal C.D
Data    :Variable       p     =0.68268949
Lower   :760            z:Low=-1
Upper   :840            z:Up =1
σ       :40
μ       :800
Save Res:None
```

2. En remplaçant 760 par 0 et 840 par 880, on obtient $P(0 \leq D \leq 880) \approx 0{,}977$.

```
Normal C.D              Normal C.D
Data    :Variable       p     =0.97724986
Lower   :0              z:Low=-20
Upper   :880            z:Up =2
σ       :40
μ       :800
Save Res:None
```

• 2ᵉ méthode : en mode Calcul, avec l'intégrale.

1. Calcul de $P(760 \leq D \leq 840) \approx 0{,}683$ $\quad \int_{760}^{840} e^{-(x-800)^2 \div 3200} \, dx \div (40\sqrt{2\pi})$

$\qquad\qquad\qquad\qquad\qquad\qquad\qquad\qquad\qquad\qquad$ 0.6826894921

Run-Matrix **MATH** ▷ **∫dx**
[MENU] [1] [F4] [F6] [F1] [SHIFT] [ln] [(−)] [(] [X,θ,T]
[−] [8] [0] [0] [)] [x^2] [÷] [3] [2] [0] [0]
[◀] [▶] [7] [6] [0] [▶] [8] [4] [0] [▶] [÷]
[(] [4] [0] [SHIFT] [x^2] [2] [SHIFT] [EXP] [▶] [)] [EXE]

2. En remplaçant 760 par 0 et 840 par 880, on obtient $P(0 \leq D \leq 880) \approx 0{,}977$.

$\qquad\qquad\qquad\qquad\qquad\qquad\int_{0}^{880} e^{-(x-800)^2 \div 3200} \, dx \div (40\sqrt{2\pi})$

$\qquad\qquad\qquad\qquad\qquad\qquad\qquad\qquad\qquad$ 0.9772498681

Corrigé de l'exercice 2 : géométrie dans l'espace

Affirmation 1 : fausse

• 1ère méthode

Soit $\mathcal{P}'$ le plan parallèle à $\mathcal{P}$ et passant par le point A.

$\mathcal{P}$ a pour vecteur normal $\vec{n}(2\,;\,1\,;\,-2)$, donc $\mathcal{P}'$ aussi. Donc $\mathcal{P}'$ a pour équation cartésienne :
$$2x + y - 2z + d = 0.$$

A$(12\,,0\,,0) \in \mathcal{P}'$ donc $0 = 2 \times 12 + 0 - 2 \times 0 + d = 24 + d \iff d = -24$.

Donc une équation cartésienne de $\mathcal{P}'$ est $2x + y - 2z - 24 = 0$ (et non $2x + y + 2z - 24 = 0$).

• 2e méthode

Soit $\mathcal{P}'$ le plan parallèle à $\mathcal{P}$ et passant par le point A.

$\mathcal{P}$ a pour vecteur normal $\vec{n}(2\,;\,1\,;\,-2)$, donc $\mathcal{P}'$ aussi.

Tout point M$(x\,;y\,;z) \in \mathcal{P}' \iff \overrightarrow{AM}(x - 12\,;y\,;z)$ et $\vec{n}(2\,,1\,,-2)$ sont orthogonaux

$\iff 0 = \vec{n} \cdot \overrightarrow{AM} = 2(x - 12) + 1 \times y - 2 \times z = 2x - 24 + y - 2z \iff 2x + y - 2z - 24 = 0$.

Donc une équation cartésienne de $\mathcal{P}'$ est $2x + y - 2z - 24 = 0$ (et non $2x + y + 2z - 24 = 0$).

Affirmation 2 : vraie

• 1ère méthode

La droite (AC) a pour vecteur directeur $\overrightarrow{AC}(-12\,;0\,;20)$ ou $\dfrac{1}{4}\overrightarrow{AC}(-3\,;0\,;5)$

et elle passe par A$(12\,,0\,,0)$. Donc une représentation paramétrique de (AC) est :

$$\begin{cases} x = 12 - 3\theta \\ y = 0 + 0\theta \\ z = 0 + 5\theta \end{cases} \iff \begin{cases} x = 12 - 3\theta \\ y = 0 \\ z = 5\theta \end{cases} \quad (\theta \in \mathbb{R}).$$

En effectuant le changement de paramètre : $5\theta = 5 + 5t \iff \theta = 1 + t$, on obtient :

$$\begin{cases} x = 12 - 3(1 + t) \\ y = 0 \\ z = 5(1 + t) \end{cases} \iff \begin{cases} x = 12 - 3 - 3t \\ y = 0 \\ z = 5 + 5t \end{cases} \iff \begin{cases} x = 9 - 3t \\ y = 0 \\ z = 5 + 5t \end{cases} \quad (t \in \mathbb{R}).$$

Donc une représentation paramétrique de (AC) est : $\begin{cases} x = 9 - 3t \\ y = 0 \\ z = 5 + 5t \end{cases} \quad (t \in \mathbb{R}).$

• 2e méthode

Soit $\mathcal{D}$ la droite ayant pour représentation paramétrique : $\begin{cases} x = 9 - 3t \\ y = 0 \\ z = 5 + 5t \end{cases} \quad (t \in \mathbb{R}).$

$\mathcal{D}$ a pour vecteur directeur $\vec{u}(-3\,;0\,;5)$ et passe par le point A$(12\,,0\,,0)$ pour $t = -1$ donc $\mathcal{D} = (A\,;\vec{u})$. La droite (AC) a pour vecteur directeur $\overrightarrow{AC}(-12\,;0\,;20) = 4\vec{u}(-12\,;0\,;20)$ et elle passe par le point A$(12\,,0\,,0)$, donc (AC) $= (A\,;4\vec{u})$.

Les droites (AC) $= (A\,;4\vec{u})$ et $\mathcal{D} = (A\,;\vec{u})$ sont confondues : (AC) $= \mathcal{D}$.

Donc une représentation paramétrique de (AC) est : $\begin{cases} x = 9 - 3t \\ y = 0 \\ z = 5 + 5t \end{cases} \quad (t \in \mathbb{R}).$

● 3ᵉ méthode

Soit $\mathcal{D}$ la droite ayant pour représentation paramétrique : $\begin{cases} x = 9 - 3t \\ y = 0 \\ z = 5 + 5t \end{cases}$ ($t \in \mathbb{R}$).

$\mathcal{D}$ passe par le point A(12, 0, 0) pour $t = -1$ et par C(0, 0, 20) pour $t = 3$ donc $\mathcal{D} = (AC)$.

Donc une représentation paramétrique de (AC) est : $\begin{cases} x = 9 - 3t \\ y = 0 \\ z = 5 + 5t \end{cases}$ ($t \in \mathbb{R}$).

Affirmation 3 : fausse

● 1ᵉʳᵉ méthode

La droite (DE) a pour vecteur directeur $\overrightarrow{DE}(5; -4; 3)$ et elle passe par D(2; 7; -6).

Donc une représentation paramétrique de (DE) est : $\begin{cases} x = 2 + 5t \\ y = 7 - 4t \\ z = -6 + 3t \end{cases}$ ($t \in \mathbb{R}$).

Les coordonnées $(x; y; z)$ d'un point M hypothétique situé à l'intersection de (DE) et de $\mathcal{P}$ vérifient :

$$\begin{cases} x = 2 + 5t \\ y = 7 - 4t \\ z = -6 + 3t \end{cases} (t \in \mathbb{R}) \quad \text{et} \quad 2x + y - 2z - 5 = 0$$

$\implies \quad 0 = 2(2 + 5t) + 7 - 4t - 2(-6 + 3t) - 5 = 4 + 10t + 7 - 4t + 12 - 6t - 5 = 18$.

Or $18 \neq 0$, donc il n'existe pas de point M situé à l'intersection de (DE) et de $\mathcal{P}$.

Conclusion : la droite (DE) et le plan $\mathcal{P}$ n'ont aucun point commun (elles sont strictement parallèles).

● 2ᵉ méthode

La droite (DE) a pour vecteur directeur $\overrightarrow{DE}(5; -4; 3)$.

Le plan $\mathcal{P}$ a pour vecteur normal $\vec{n}(2; 1; -2)$.

$\vec{n} \cdot \overrightarrow{DE} = 2 \times 5 + 1 \times (-4) + (-2) \times 3 = 10 - 4 - 6 = 0$.

$\vec{n}$ et $\overrightarrow{DE}$ sont orthogonaux, donc (DE) est parallèle à $\mathcal{P}$.

Vérifions l'appartenance de D(2, 7, -6) au plan $\mathcal{P}$ d'équation $2x + y - 2z - 5 = 0$:

$$2 \times 2 + 7 - 2 \times (-6) - 5 = 4 + 7 + 12 - 5 = 18 \neq 0.$$

Donc $D \notin \mathcal{P}$ donc (DE) n'est pas incluse dans $\mathcal{P}$: (DE) est strictement parallèle à $\mathcal{P}$.

Conclusion : la droite (DE) et le plan $\mathcal{P}$ n'ont aucun point commun.

Affirmation 4 : vraie

$\overrightarrow{DE}(5; -4; 3)$, $\overrightarrow{AB}(-12; -15; 0)$, $\overrightarrow{AC}(-12; 0; 20)$.

$\overrightarrow{DE} \cdot \overrightarrow{AB} = 5 \times (-12) + (-4) \times (-15) + 3 \times 0 = -60 + 60 = 0$.

$\overrightarrow{DE} \cdot \overrightarrow{AC} = 5 \times (-12) + (-4) \times 0 + 3 \times 20 = -60 + 60 = 0$.

Comme $\overrightarrow{DE} \cdot \overrightarrow{AB} = \overrightarrow{DE} \cdot \overrightarrow{AC} = 0$, $\overrightarrow{DE}$ est orthogonal aux vecteurs $\overrightarrow{AB}$ et $\overrightarrow{AC}$.

$\overrightarrow{AB}$ et $\overrightarrow{AC}$ sont non colinéaires car $\frac{-12}{-12} \neq \frac{0}{20}$, donc ils forment le plan (ABC).

$\overrightarrow{DE}$ est orthogonal aux vecteurs non colinéaires $\overrightarrow{AB}$ et $\overrightarrow{AC}$, donc $\overrightarrow{DE}$ est normal au plan (ABC), donc la droite (DE) est orthogonale au plan (ABC).

Corrigé de l'exercice 3 : exponentielle, dérivée, intégrale
Partie A

1. a) $g(x) \geq 0$ sur $[0\,;a] \Rightarrow \mathcal{A}_1 = \displaystyle\int_0^a g(x)\,dx$ où la fonction g admet comme primitive sur

$[0\,;1]$ (donc sur $[0\,;a]$) la fonction $G : x \mapsto G(x) = x - e^{-x}$ car $\forall x \in [0\,;1]$:
$G'(x) = 1 + e^{-x} = g(x)$. Donc $\mathcal{A}_1 = G(a) - G(0) = a - e^{-a} - (0 - e^0) = a - e^{-a} + 1$.

b) $g(x) \geq 0$ sur $[a\,;1] \Rightarrow \mathcal{A}_2 = \displaystyle\int_a^1 g(x)\,dx$.

Une primitive de la fonction g sur $[0\,;1]$ (donc sur $[a\,;1]$) est la fonction G car $G' = g$.
$\mathcal{A}_2 = G(1) - G(a) = (1 - e^{-1}) - (a - e^{-a}) = 1 - e^{-1} - a + e^{-a} = e^{-a} - e^{-1} + 1 - a$.

2. a. $\forall x \in [0\,;1]$, $f(x) = u(x) + v(x)$ avec $\begin{cases} u(x) = -2e^{-x} \\ v(x) = 2x + \dfrac{1}{e} \end{cases} \Rightarrow \begin{cases} u'(x) = 2e^{-x} \\ v'(x) = 2 \end{cases}$.

Les fonctions u et v sont dérivables sur $[0\,;1]$, donc leur somme $f = u + v$ est dérivable sur $[0\,;1]$.
$\forall x \in [0\,;1]$, $f'(x) = u'(x) + v'(x) = 2e^{-x} + 2$.
$\forall x \in [0\,;1]$, $e^{-x} > 0 \Rightarrow 2e^{-x} > 0 \Rightarrow f'(x) > 2 > 0$.

Voici le tableau de variations de la fonction f :

x	0		1
signe de $f'(x)$		+	
variations de f	$-2+\dfrac{1}{e}$	$\nearrow$	$2-\dfrac{1}{e}$

$f(0) = 2 \times 0 - 2e^{-0} + \dfrac{1}{e} = -2 \times 1 + \dfrac{1}{e} = -2 + \dfrac{1}{e} \approx -1{,}6$.

$f(1) = 2 \times 1 - 2e^{-1} + \dfrac{1}{e} = 2 - \dfrac{2}{e} + \dfrac{1}{e} = 2 - \dfrac{1}{e} \approx 1{,}6$.

b) f est une fonction continue et strictement monotone (croissante) sur $[0\,;1]$, donc d'après le théorème de valeurs intermédiaires, pour tout réel $k \in [\varphi(0)\,;\varphi(1)] = \left[-2+\dfrac{1}{e}\,;2-\dfrac{1}{e}\right] \approx [-1{,}6\,;1{,}6]$, l'équation $f(x) = k$ admet une unique solution appartenant à $[0\,;1]$. En particulier, $0 \in \left[-2+\dfrac{1}{e}\,;2-\dfrac{1}{e}\right]$, donc l'équation $f(x) = 0$ admet une unique solution α sur $[0\,;1]$.

A l'aide de la calculatrice, on obtient graphiquement : $\alpha \approx 0{,}45$.

avec la CASIO *fx-CG10/20* :   **avec la TEXAS INSTRUMENTS TI-83Plus.*fr* :**

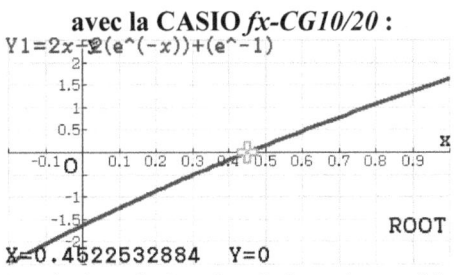
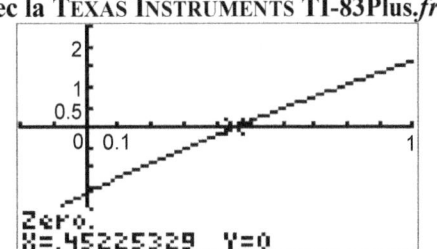

Conclusion : la fonction f s'annule une fois et une seule sur l'intervalle $[0\,;1]$ en un réel $\alpha \approx 0{,}45$.

3. $\mathcal{A}_1 = \mathcal{A}_2 \Leftrightarrow a - e^{-a} + 1 = e^{-a} - e^{-1} + 1 - a \Leftrightarrow 2a - 2e^{-a} + \dfrac{1}{e} = 0 \Leftrightarrow f(a) = 0$

$\Leftrightarrow a = \alpha \approx 0{,}45$.

Conclusion : les aires $\mathcal{A}_1$ et $\mathcal{A}_2$ sont égales pour $a \approx 0{,}45$.

Partie B

1. • $1^{\text{ère}}$ méthode

$g(0) = 1 + e^{-0} = 1 + 1 = 2$.

L'aire $\mathcal{A}$ du domaine $\mathcal{D}$ est inférieure à l'aire du rectangle de base 1 et de hauteur $g(0) = 2$, égale à $1 \times 2 = 2$: $\mathcal{A} < 2 \quad \Rightarrow \quad \dfrac{\mathcal{A}}{2} < 1$.

Soit Δ la droite horizontale d'équation $y = b$. Cette droite sépare le domaine $\mathcal{D}$ en deux domaines $\mathcal{D}_3$ et $\mathcal{D}_4$ d'aires respectives $\mathcal{A}_3$ et $\mathcal{A}_4$ égales à $\dfrac{\mathcal{A}}{2}$ (voir la figure à la page suivante).

$\mathcal{D}_3$ est le rectangle OIEB, de base 1 et de hauteur b, donc son aire est $\mathcal{A}_3 = 1 \times b = b$.

$$b = \mathcal{A}_3 = \dfrac{\mathcal{A}}{2} < 1 \quad \Rightarrow \quad b < 1 < 1 + \dfrac{1}{e} \quad \Rightarrow \quad b < 1 + \dfrac{1}{e}.$$

• 2e méthode

Le domaine $\mathcal{D}$ a pour aire $\mathcal{A} = \mathcal{A}_1 + \mathcal{A}_2 = 2\mathcal{A}_1 = 2(a - e^{-a} + 1)$.

Sachant que $a \approx 0{,}452\,253\,3$, $\mathcal{A} \approx 1{,}63$.

Effectuons un raisonnement par l'absurde.

Hypothèse : supposons que $b = g(1) = 1 + e^{-1} = 1 + \dfrac{1}{e}$.

Alors la droite horizontale Δ' d'équation $y = b$ sépare le domaine $\mathcal{D}$ en deux domaines $\mathcal{D}'_3$ et $\mathcal{D}'_4$ d'aires respectives $\mathcal{A}'_3$ et $\mathcal{A}'_4$ (voir la figure ci-dessous). $\mathcal{D}'_3$ est le rectangle OIAD, de base 1 et de hauteur $b = g(1)$, donc son aire est égale à $\mathcal{A}'_3 = 1 \times g(1) = 1 + \dfrac{1}{e} \approx 1{,}37$.

$\mathcal{D}'_4$ est compris entre la courbe $\mathscr{C}$, la droite Δ' et les droites verticales d'équations $x = 0$ et $x = 1$. Son aire est égale à la différence entre l'aire $\mathcal{A}$ du domaine $\mathcal{D}$ et l'aire $\mathcal{A}'_3$ du domaine $\mathcal{D}'_3$:

$$\mathcal{A}'_4 = \mathcal{A} - \mathcal{A}'_3 = 2\mathcal{A}_1 - \mathcal{A}'_3 = 2(a - e^{-a} + 1) - \left(1 + \dfrac{1}{e}\right) \approx 1{,}63 - 1{,}37 \approx 0{,}26.$$

On constate que $1{,}37 > 0{,}26 \Rightarrow \mathcal{A}'_3 > \mathcal{A}'_4$. Or, on veut que $\mathcal{A}'_3 = \mathcal{A}'_4$. Donc l'hypothèse de départ est fausse. On a $b \neq 1 + \dfrac{1}{e}$. Pour transformer l'inégalité $\mathcal{A}'_3 > \mathcal{A}'_4$ en l'égalité $\mathcal{A}'_3 = \mathcal{A}'_4$, il faut diminuer $\mathcal{A}'_3$, donc diminuer la valeur b de la hauteur du rectangle $\mathcal{D}'_3$. Donc $b < 1 + \dfrac{1}{e}$.

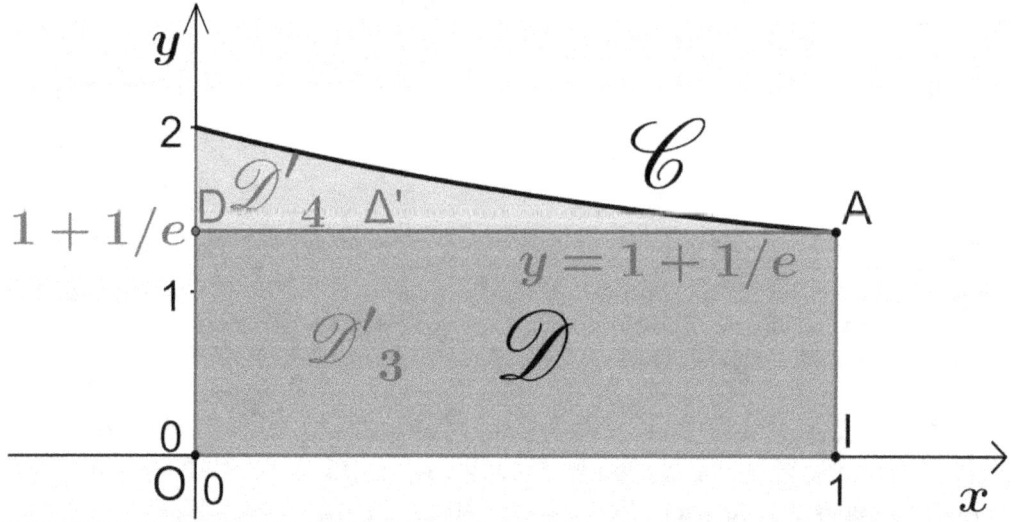

2. Soit Δ la droite horizontale d'équation $y = b$. Cette droite sépare le domaine $\mathcal{D}$ en deux domaines $\mathcal{D}_3$ et $\mathcal{D}_4$ d'aires respectives $\mathcal{A}_3$ et $\mathcal{A}_4$ égales.

$\mathcal{D}_3$ est le rectangle OIEB, de base 1 et de hauteur b, donc son aire est $\mathcal{A}_3 = 1 \times b = b$.

L'aire du domaine $\mathcal{D}$ est égale à $\mathcal{A} = \mathcal{A}_3 + \mathcal{A}_4 = \mathcal{A}_3 + \mathcal{A}_3 = 2\mathcal{A}_3$.

$$b = \mathcal{A}_3 = \frac{1}{2}\mathcal{A} = \frac{1}{2}\int_0^1 g(x)\,dx = \frac{1}{2}[G(1) - G(0)] = \frac{1}{2}[(1 - e^{-1}) - (0 - e^{-0})]$$

$$= \frac{1}{2}(1 - e^{-1} + 1) = \frac{1}{2}(2 - e^{-1}) = 1 - \frac{1}{2e} \approx 0{,}816\,.$$

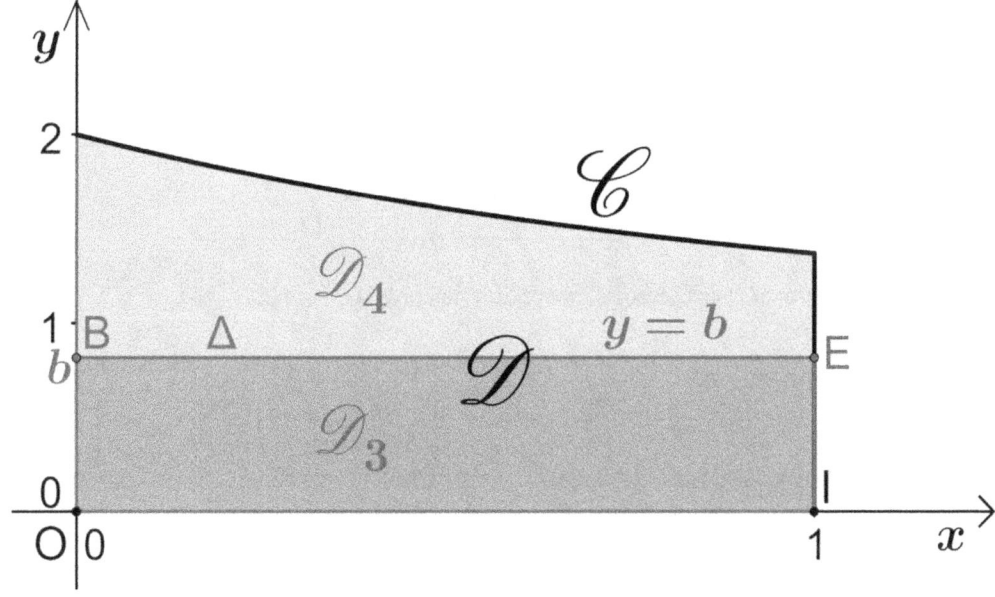

Corrigé de l'exercice 4 : suites, récurrence, limite, algorithme

Partie A – Algorithme et conjectures

1.

Variables	n est un entier naturel u est un réel
Initialisation	Affecter à n la valeur 1 Affecter à u la valeur 1,5

Traitement	Tant que $n < 9$
	  Affecter à u la valeur $\frac{nu+1}{2(n+1)}$
	  Affecter à n la valeur $n+1$
	Fin Tant que

Sortie	Afficher la variable u

2. Voici l'algorithme qui calcule et affiche tous les termes de la suite de u_2 jusqu'à u_9 :

Variables	n est un entier naturel u est un réel
Initialisation	Affecter à n la valeur 1 Affecter à u la valeur 1,5

Traitement et sortie	Tant que $n < 9$
	  Affecter à u la valeur $\frac{nu+1}{2(n+1)}$
	  Afficher la variable u
	  Affecter à n la valeur $n+1$
	Fin Tant que

3. Il semble que la suite (u_n) est décroissante et qu'elle converge vers 0.

Partie B – Étude mathématique

1. $\forall n \in \mathbb{N}^*, v_{n+1} = (n+1)u_{n+1} - 1 = (n+1)\frac{nu_n+1}{2(n+1)} - 1 = \frac{nu_n+1}{2} - \frac{2}{2} = \frac{nu_n-1}{2} = \frac{1}{2}v_n$.

$\forall n \in \mathbb{N}^*, v_{n+1} = \frac{1}{2}v_n$.

Donc (v_n) est la suite géométrique de raison $\frac{1}{2}$ et de premier terme :

$$v_1 = v_{0+1} = (0+1)u_{0+1} - 1 = 1 \times u_1 - 1 = 1 \times \frac{3}{2} - \frac{2}{2} = \frac{1}{2}.$$

2. $\forall n \in \mathbb{N}^*, \quad v_n = v_1 \times \left(\dfrac{1}{2}\right)^{n-1} = \dfrac{1}{2} \times \left(\dfrac{1}{2}\right)^{n-1} = \left(\dfrac{1}{2}\right)^n = (0{,}5)^n.$

$\forall n \in \mathbb{N}^*, \quad v_n = nu_n - 1 \implies nu_n = 1 + v_n \implies u_n = \dfrac{1+v_n}{n} = \dfrac{1+(0{,}5)^n}{n}.$

3. $\displaystyle\lim_{n\to+\infty}(0{,}5)^n = 0 \text{ car } -1 < 0{,}5 < 1 \implies \lim_{n\to+\infty}[1+(0{,}5)^n] = 1+0 = 1.$

$\displaystyle\lim_{n\to+\infty} u_n = \lim_{n\to+\infty}\dfrac{1+(0{,}5)^n}{n} = \lim_{n\to+\infty}\dfrac{1}{n} = 0.$

4. $\forall n \in \mathbb{N}^*, u_{n+1} - u_n = \dfrac{1+(0{,}5)^{n+1}}{n+1} - \dfrac{1+(0{,}5)^n}{n} = \dfrac{n[1+(0{,}5)^{n+1}] - (n+1)[1+(0{,}5)^n]}{n(n+1)}$

$= \dfrac{n + n(0{,}5)^{n+1} - n - n(0{,}5)^n - 1 - (0{,}5)^n}{n(n+1)} = \dfrac{-1 + 0{,}5n(0{,}5)^n - n(0{,}5)^n - (0{,}5)^n}{n(n+1)}$

$= \dfrac{-1 + (0{,}5n - n - 1)(0{,}5)^n}{n(n+1)} = \dfrac{-1 + (-1 - 0{,}5n)(0{,}5)^n}{n(n+1)} = -\dfrac{1 + (1 + 0{,}5n)(0{,}5)^n}{n(n+1)}.$

$\forall n \in \mathbb{N}^*, \quad u_{n+1} - u_n = -\dfrac{1+(1+0{,}5n)(0{,}5)^n}{n(n+1)}$

$\forall n \in \mathbb{N}^*, \quad \dfrac{1+(1+0{,}5n)(0{,}5)^n}{n(n+1)} > 0 \implies u_{n+1} - u_n < 0 \implies u_{n+1} < u_n.$

Donc la suite (u_n) est strictement décroissante.

Partie C – Retour à l'algorithmique

Voici l'algorithme qui détermine et affiche le plus petit entier n tel que $u_n < 0{,}001$:

Variables	n est un entier naturel
	u est un réel
Initialisation	Affecter à n la valeur 1
	Affecter à u la valeur 1,5
Traitement	Tant que $u \geq 0{,}001$
	Affecter à u la valeur $\dfrac{nu+1}{2(n+1)}$
	Affecter à n la valeur $n+1$
	Fin Tant que
Sortie	Afficher la variable n

C6 : Corrigé du sujet Antilles Guyane (18 juin 2013)

Corrigé de l'exercice 1 : géométrie dans l'espace

1. b

Justification au brouillon :
(EC) ∈ (ACE).
I ∈ (AE) ∈ (ACE) et J ∈ (BC) ∉ (ACE) ⟹ J ∉ (ACE) ⟹ (IJ) ⊄ (ACE).
Conclusion : Les droites (IJ) et (EC) sont non coplanaires.

2. c

Justification au brouillon :
- $1^{\text{ère}}$ méthode : Dans l'espace muni du repère orthonormé $(A\,;\vec{AB},\vec{AD},\vec{AE})$:
$A(0\,;0\,;0)$, $F(1\,;0\,;1)$, $B(1\,;0\,;0)$, $G(1\,;1\,;1)$.
Le produit scalaire entre $\vec{AF}(1\,;0\,;1)$ et $\vec{BG}(0\,;1\,;1)$ est égal à :
$$\vec{AF}\cdot\vec{BG} = 1\times 0 + 0\times 1 + 1\times 1 = 0+0+1 = 1.$$
Conclusion : Le produit scalaire $\vec{AF}\cdot\vec{BG}$ est égal à 1.

- 2e méthode :
$$\vec{AF}\cdot\vec{BG} = (\vec{AB}+\vec{BF})\cdot(\vec{BC}+\vec{CG}) = \vec{AB}\cdot\vec{BC} + \vec{AB}\cdot\vec{CG} + \vec{BF}\cdot\vec{BC} + \vec{BF}\cdot\vec{CG}$$
$$= 0 + \vec{AB}\cdot\vec{BF} + 0 + \vec{BF}\cdot\vec{BF} = \vec{BF}\cdot\vec{BF} = BF^2 = 1^2 = 1.$$
Conclusion : Le produit scalaire $\vec{AF}\cdot\vec{BG}$ est égal à 1.

3. d

Justification au brouillon :
- $1^{\text{ère}}$ méthode

Dans le repère orthonormé $(A\,;\vec{AB},\vec{AD},\vec{AE})$, le plan $\mathscr{P} = (AFH)$ a pour équation cartésienne $ax+by+cz+d=0$ où $\vec{n}(a\,;b\,;c)$ est un vecteur normal de $\mathscr{P}$.
Déterminons les constantes réelles $a\,;b\,;c\,;d$.
$A(0\,;0\,;0)$, $F(1\,;0\,;1)$, $H(0\,;1\,;1)$.
$\vec{n}$ est orthogonal à $\vec{AF}(1\,;0\,;1)$ et à $\vec{AH}(0\,;1\,;1)$ donc $\begin{cases} 0 = \vec{AF}\cdot\vec{n} = a+c \\ 0 = \vec{AH}\cdot\vec{n} = b+c \end{cases} \Rightarrow a=b=-c.$
$\vec{n}(-c\,;-c\,;c)$ où $c\in\mathbb{R}$.
Exemple : si $c=-1$, $\vec{n}(1\,;1\,;-1)$.
Le plan $\mathscr{P}$ a pour équation cartésienne $x+y-z+d=0$.
$A(0\,;0\,;0)\in\mathscr{P}$ ⟺ $0 = 0+0-0+d = d$ ⟺ $d=0$.
Conclusion : Le plan $\mathscr{P}$ a pour équation cartésienne : $x+y-z=0$.

- 2e méthode

Dans le repère orthonormé $(A\,;\vec{AB},\vec{AD},\vec{AE})$:
$A(0\,;0\,;0)$ ne vérifie pas $x+y+z-1=0$ car $0+0+0-1=-1\neq 0$ donc **a** est faux.
$F(1\,;0\,;1)$ ne vérifie pas $x-y+z=0$ car $1-0+1=2\neq 0$ donc **b** est faux.
$H(0\,;1\,;1)$ ne vérifie pas $-x+y+z=0$ car $-0+1+1=2\neq 0$ donc **c** est faux.
Seule la proposition **d** est vraie : l'équation $x+y-z=0$ est vérifiée par A, F, H :
$$\begin{cases} x+y-z=0+0-0=0 \\ x+y-z=1+0-1=0 \\ x+y-z=0+1-1=0 \end{cases} \Rightarrow \begin{cases} A\in\mathscr{P} \\ F\in\mathscr{P} \\ H\in\mathscr{P} \end{cases}$$
Conclusion : Le plan $\mathscr{P}$ a pour équation cartésienne : $x+y-z=0$.

4. b

Justification au brouillon :

Le plan $\mathscr{P}$ a pour vecteur normal $\vec{n}(1\,;1\,;-1)$.

Tout autre vecteur normal à $\mathscr{P}$ est colinéaire à $\vec{n}(1\,;1\,;-1)$.

Dans l'espace muni du repère orthonormé $\left(A\,;\overrightarrow{AB},\overrightarrow{AD},\overrightarrow{AE}\right)$:

$$E(0\,;0\,;1)\ ,\ G(1\,;1\,;1)\ ,\ I\left(0\,;0\,;\frac{1}{2}\right)\ ,\ J\left(1\,;\frac{1}{2}\,;0\right)\ ,\ D(0\,;1\,;0)\ ,\ C(1\,;1\,;0).$$

$\overrightarrow{EG}(1\,;1\,;0)$, $\overrightarrow{IJ}\left(1\,;\dfrac{1}{2}\,;-\dfrac{1}{2}\right)$ et $\overrightarrow{DI}\left(0\,;-1\,;\dfrac{1}{2}\right)$ ne sont pas colinéaires à $\vec{n}(1\,;1\,;-1)$.

$$\overrightarrow{EC}(1\,;1\,;-1) = \vec{n}(1\,;1\,;-1).$$

$L \in (EC)$ $\Rightarrow$ $\overrightarrow{EL}$ est colinéaire à $\overrightarrow{EC}$, donc à $\vec{n}$ $\Rightarrow$ $\overrightarrow{EL}$ est normal au plan $\mathscr{P}$.

Conclusion : $\overrightarrow{EL}$ **est un vecteur normal au plan** $\mathscr{P}$.

5. d

Justification au brouillon :

Dans le repère orthonormé $\left(A\,;\overrightarrow{AB},\overrightarrow{AD},\overrightarrow{AE}\right)$, déterminons les coordonnées de L, point d'intersection de la droite (EC) et du plan $\mathscr{P}$.

Le plan $\mathscr{P}$ a pour équation cartésienne : $x + y - z = 0$.

La droite (EC) a pour vecteur directeur $\overrightarrow{EC}(1\,;1\,;-1)$ et passe par le point $E(0\,;0\,;1)$, donc une représentation paramétrique de (EC) est :

$$\begin{cases} x = t \\ y = t \\ z = -t+1 \end{cases}, \quad t \in \mathbb{R}.$$

Les coordonnées $(x\,;y\,;z)$ du point L vérifient :

$$\begin{cases} x = t \\ y = t \\ z = -t+1 \end{cases}, \quad t \in \mathbb{R} \quad \text{et} \quad x+y-z=0$$

$\Rightarrow\ 0 = x+y-z = t+t-(-t+1) = 3t-1\ \Rightarrow\ 3t = 1\ \Rightarrow\ t = \dfrac{1}{3}$.

L a pour coordonnées : $\begin{cases} x = \dfrac{1}{3} \\ y = \dfrac{1}{3} \\ z = -\dfrac{1}{3}+1 = \dfrac{2}{3} \end{cases}$ $\Leftrightarrow L\left(\dfrac{1}{3}\,;\dfrac{1}{3}\,;\dfrac{2}{3}\right) \Leftrightarrow \overrightarrow{AL} = \dfrac{1}{3}\overrightarrow{AB} + \dfrac{1}{3}\overrightarrow{AD} + \dfrac{2}{3}\overrightarrow{AE}$.

Conclusion : $\overrightarrow{AL} = \dfrac{1}{3}\overrightarrow{AB} + \dfrac{1}{3}\overrightarrow{AD} + \dfrac{2}{3}\overrightarrow{AE}$.

Corrigé de l'exercice 2 : probabilités, lois binomiale et normale

PARTIE A

- 1ère méthode

$$f \in \left[p - \frac{1}{\sqrt{n}}; p + \frac{1}{\sqrt{n}}\right] \Leftrightarrow p - \frac{1}{\sqrt{n}} \leq f \leq p + \frac{1}{\sqrt{n}}$$

$$\Rightarrow \begin{cases} p - \frac{1}{\sqrt{n}} + \frac{1}{\sqrt{n}} \leq f + \frac{1}{\sqrt{n}} \leq p + \frac{1}{\sqrt{n}} + \frac{1}{\sqrt{n}} \\ p - \frac{1}{\sqrt{n}} - \frac{1}{\sqrt{n}} \leq f - \frac{1}{\sqrt{n}} \leq p + \frac{1}{\sqrt{n}} - \frac{1}{\sqrt{n}} \end{cases} \Rightarrow \begin{cases} p \leq f + \frac{1}{\sqrt{n}} \leq p + \frac{2}{\sqrt{n}} \\ p - \frac{2}{\sqrt{n}} \leq f - \frac{1}{\sqrt{n}} \leq p \end{cases}$$

$$\Rightarrow f - \frac{1}{\sqrt{n}} \leq p \leq f + \frac{1}{\sqrt{n}} \Leftrightarrow p \in \left[f - \frac{1}{\sqrt{n}}; f + \frac{1}{\sqrt{n}}\right].$$

- 2e méthode

$$f \in \left[p - \frac{1}{\sqrt{n}}; p + \frac{1}{\sqrt{n}}\right] \Leftrightarrow p - \frac{1}{\sqrt{n}} \leq f \leq p + \frac{1}{\sqrt{n}}$$

$$\Rightarrow p - \frac{1}{\sqrt{n}} - f - p \leq f - f - p \leq p + \frac{1}{\sqrt{n}} - f - p \Rightarrow -f - \frac{1}{\sqrt{n}} \leq -p \leq -f + \frac{1}{\sqrt{n}}$$

$$\Rightarrow f + \frac{1}{\sqrt{n}} \geq p \geq f - \frac{1}{\sqrt{n}} \Rightarrow f - \frac{1}{\sqrt{n}} \leq p \leq f + \frac{1}{\sqrt{n}} \Leftrightarrow p \in \left[f - \frac{1}{\sqrt{n}}; f + \frac{1}{\sqrt{n}}\right].$$

Après avoir utilisé l'une des deux méthodes ci-dessus, on conclut que :

$$f \in \left[p - \frac{1}{\sqrt{n}}; p + \frac{1}{\sqrt{n}}\right] \Rightarrow p \in \left[f - \frac{1}{\sqrt{n}}; f + \frac{1}{\sqrt{n}}\right].$$

L'intervalle $\left[p - \frac{1}{\sqrt{n}}; p + \frac{1}{\sqrt{n}}\right]$ contient f avec une probabilité au moins égale à 0,95, donc l'intervalle $\left[f - \frac{1}{\sqrt{n}}; f + \frac{1}{\sqrt{n}}\right]$ contient p avec une probabilité au moins égale à 0,95.

PARTIE B

1. a. Voici l'arbre de probabilité traduisant cette situation :

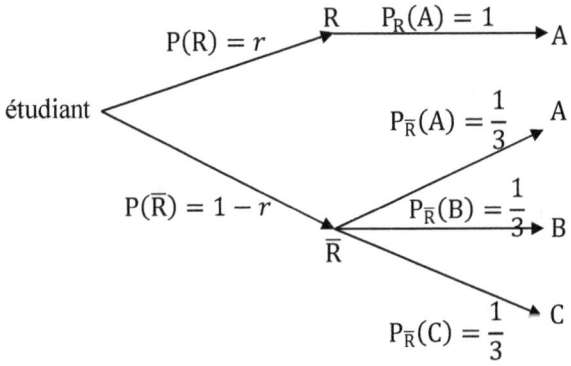

b. Quand on interroge un étudiant au hasard, soit il connaît la réponse (R), soit il ne la connaît pas ($\overline{R}$). L'univers de l'expérience aléatoire consistant à interroger un étudiant au hasard est $\Omega = R \cup \overline{R}$ avec $R \cap \overline{R} = \emptyset$, donc les événements disjoints R et $\overline{R}$ forment une partition de Ω. La probabilité de l'événement A est donc égale à :

$$P(A) = P(\Omega \cap A) = P(R \cap A) + P(\overline{R} \cap A) = P(R) \times P_R(A) + P(\overline{R}) \times P_{\overline{R}}(A)$$

$$= r \times 1 + (1 - r) \times \frac{1}{3} = 3r \times \frac{1}{3} + (1 - r) \times \frac{1}{3} = \frac{1}{3}(3r + 1 - r) = \frac{1}{3}(1 + 2r).$$

c. La probabilité qu'une personne ayant choisi A connaisse la bonne réponse est $P_A(R)$.

$$P(R \cap A) = P(A \cap R) \iff P(R) \times P_R(A) = P(A) \times P_A(R)$$

$$\iff P_A(R) = \frac{P(R) \times P_R(A)}{P(A)} = \frac{r \times 1}{\frac{1}{3}(1+2r)} = \frac{3r}{1+2r}.$$

2. a. • L'interrogation d'une personne est une expérience aléatoire qui admet deux issues :
- l'une appelée « succès », correspondant au fait que la personne donne la bonne réponse, dont la probabilité d'apparition est $p = P(A) = \frac{1}{3}(1+2r)$;
- l'autre appelée « échec », correspondant au fait que la personne ne donne pas la bonne réponse, dont la probabilité d'apparition est :

$$1 - p = P(\overline{A}) = 1 - \frac{1}{3}(1+2r) = \frac{1}{3}(3-1-2r) = \frac{1}{3}(2-2r) = \frac{2}{3}(1-r).$$

L'interrogation d'une personne constitue donc une épreuve de Bernoulli de paramètre $p = \frac{1}{3}(1+2r)$.

• La répétition 400 fois, de façon indépendante, de cette épreuve de Bernoulli, constitue un schéma de 400 épreuves de Bernoulli de paramètre $p = \frac{1}{3}(1+2r)$.

• La variable aléatoire X comptant le nombre de succès (nombre de bonnes réponses) suit donc la loi binomiale de paramètres $n = 400$ et $p = \frac{1}{3}(1+2r)$.

b. Dans le premier sondage, la fréquence de bonnes réponses est $f = \frac{240}{400} = \frac{3}{5} = 0,6$.

Un intervalle de confiance au seuil de 95 % de l'estimation de p est :

$$\left[f - \frac{1}{\sqrt{n}}\,;\,f + \frac{1}{\sqrt{n}}\right] = \left[0,6 - \frac{1}{\sqrt{400}}\,;\,0,6 + \frac{1}{\sqrt{400}}\right] = [0,6 - 0,05\,;\,0,6 + 0,05] = [0,55\,;\,0,65].$$

On sait qu'on a une probabilité supérieure ou égale à 0,95 que p appartienne à l'intervalle de confiance, donc que :

$$0,55 \leq p \leq 0,65 \iff 0,55 \leq \frac{1}{3}(1+2r) \leq 0,65 \iff 0,55 \times 3 \leq 1+2r \leq 0,65 \times 3$$

$$\iff 1,65 \leq 1+2r \leq 1,95 \iff 0,65 \leq 2r \leq 0,95 \iff \frac{0,65}{2} \leq r \leq \frac{0,95}{2} \iff 0,325 \leq r \leq 0,475.$$

Un intervalle de confiance au seuil de 95 % de r est $[0,325\,;\,0,475]$.

c. i. La variable aléatoire X suit la loi binomiale de paramètres $n = 400$ et $p = \frac{1}{3}(1 + 2 \times 0,4) = 0,6$. Son espérance est $E(X) = np = 400 \times 0,6 = 240$ et son écart type est $\sigma(X) = \sqrt{np(1-p)} = \sqrt{400 \times 0,6 \times 0,4} = \sqrt{96} = 4\sqrt{6} \approx 9,8$.

Compte-tenu du grand nombre d'étudiants, on a :

$$n = 400 \geq 30\;\;;\;\;np = 240 \geq 5\;\;;\;\;n(1-p) = 160 \geq 5.$$

Donc on peut considérer que X suit la loi normale de paramètres $m = E(X) = 240$ et $\sigma = \sigma(X) = 4\sqrt{6} \approx 9,8$.

ii. D'après la cellule B17 de la table en annexe 1, $P(X \leq 250) \approx 0,846 \approx 0,85$ à 10^{-2} près.

Corrigé de l'exercice 3 : exponentielle, dérivée, limite, intégrale

Partie A

1. • Limite en $+\infty$

$\lim\limits_{x \to +\infty} (x+1) = +\infty$ et $\lim\limits_{x \to +\infty} e^x = +\infty$ donc, par produit, $\lim\limits_{x \to +\infty} f(x) = +\infty$.

• Limite en $-\infty$

$\lim\limits_{x \to -\infty} (x+1) = -\infty$ et $\lim\limits_{x \to -\infty} e^x = 0$ donc, par produit, on obtient la forme indéterminée « $-\infty \times 0$ ». Pour lever l'indétermination : $\forall x \in \mathbb{R}$, $f(x) = (x+1)e^x = xe^x + e^x$.

$\lim\limits_{x \to -\infty} (xe^x) = 0$ et $\lim\limits_{x \to -\infty} e^x = 0$ donc, par somme, $\lim\limits_{x \to -\infty} f(x) = 0 + 0 = 0$.

2. $\forall x \in \mathbb{R}$, $f(x) = (x+1)e^x = u(x) \times v(x)$ où $\begin{cases} u(x) = x+1 \\ v(x) = e^x \end{cases} \Rightarrow \begin{cases} u'(x) = 1 \\ v'(x) = e^x \end{cases}$.

Les fonctions u et v sont dérivables sur $\mathbb{R}$, donc leur produit $f = uv$ est dérivable sur $\mathbb{R}$.

$\forall x \in \mathbb{R}$, $f'(x) = u'(x) \times v(x) + u(x) \times v'(x) = 1 \times e^x + (x+1) \times e^x$
$= (1 + x + 1) \times e^x = (x+2)e^x$.

3. $\forall x \in \mathbb{R}$, $e^x > 0$ donc le signe de $f'(x)$ est celui de $(x+2)$.

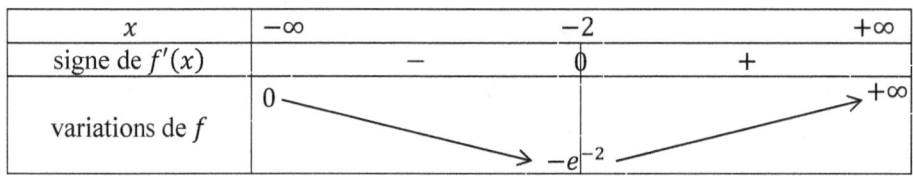

$f(-2) = (-2+1)e^{-2} = (-1)e^{-2} = -e^{-2}$.

Partie B

1. a. $g_m(x) = 0 \Leftrightarrow x + 1 - me^{-x} = 0 \Leftrightarrow x + 1 = me^{-x} \Leftrightarrow (x+1)e^x = me^{-x}e^x$
$\Leftrightarrow (x+1)e^x = m \times 1 \Leftrightarrow f(x) = m$.

Conclusion : $g_m(x) = 0 \Leftrightarrow f(x) = m$.

b. Tout point de $\mathcal{C}_m$ a pour coordonnées $(x\,;\,g_m(x))$. Il appartient à l'axe des abscisses si son ordonnée est nulle : $g_m(x) = 0 \Leftrightarrow f(x) = m$.

Le nombre N de points d'intersection de la courbe $\mathcal{C}_m$ avec l'axe des abscisses est égal au nombre de réels x solutions de l'équation $f(x) = m$. D'après le tableau de variations de f :
- Si $m < -e^{-2}$, $N = 0$.
- Si $m = -e^{-2}$, $N = 1$.
- Si $-e^{-2} < m < 0$, $N = 2$.
- Si $m \geq 0$, $N = 1$.

2. • Si $m = 0$, alors $m \geq 0$ et $N = 1$: $\mathcal{C}_0$ coupe l'axe des abscisses en un seul point. $\mathcal{C}_0$ est la courbe 2 ou 3. $\mathcal{C}_0$ représente la fonction g_0 telle que $g_0(x) = x + 1$. Comme g_0 est une fonction affine, $\mathcal{C}_0$ est une droite : c'est la courbe 2.

• $1 > -2 \Rightarrow e^1 > e^{-2} \Rightarrow e > e^{-2} \Rightarrow -e < -e^{-2}$.

Donc si $m = -e$, alors $m < -e^{-2}$ et $N = 0$: $\mathcal{C}_{-e}$ ne coupe pas l'axe des abscisses, donc c'est la courbe 1.

• Si $m = e$, alors $m \geq 0$ et $N = 1$: $\mathcal{C}_e$ coupe l'axe des abscisses en un seul point.
$\mathcal{C}_e$ représente la fonction g_e telle que $g_e(x) = x + 1 - e^1 \times e^{-x} = x + 1 - e^{1-x}$.
g_e n'est pas une fonction affine, donc $\mathcal{C}_e$ n'est pas une droite : c'est la courbe 3.

3. $\forall x \in \mathbb{R}$, $g_m(x) = x + 1 - me^{-x} \Leftrightarrow g_m(x) - (x+1) = -me^{-x}$.

$\forall x \in \mathbb{R}$, $e^{-x} > 0 \Rightarrow -e^{-x} < 0 \Rightarrow g_m(x) - (x+1)$ est du signe opposé à celui de m.

- Si $m > 0$, $g_m(x) - (x+1) < 0 \Leftrightarrow g_m(x) < x+1$ et $\mathcal{C}_m$ est en-dessous de $\mathcal{D}$.
- Si $m = 0$, $g_m(x) - (x+1) = 0 \Leftrightarrow g_m(x) = x+1$ et $\mathcal{C}_m$ est confondue avec $\mathcal{D}$.
- Si $m < 0$, $g_m(x) - (x+1) > 0 \Leftrightarrow g_m(x) > x+1$ et $\mathcal{C}_m$ est au-dessus de $\mathcal{D}$.

4. a. Voir la figure de l'annexe 2.

b. $\forall x \in \mathbb{R}$, $g_e(x) = x + 1 - e^1 \times e^{-x} = x + 1 - e^{1-x}$.

$g_{-e}(x) = x + 1 + e^1 \times e^{-x} = x + 1 + e^{1-x}$.

$e^{1-x} > -e^{1-x} \Rightarrow x + 1 + e^{1-x} > x + 1 - e^{1-x} \Rightarrow g_{-e}(x) > g_e(x)$.

$$\mathcal{A}(a) = \int_0^a [g_{-e}(x) - g_e(x)]\,dx = \int_0^a 2e^{1-x}\,dx = -2\int_0^a -1 \times e^{1-x}\,dx = -2\int_0^a h(x)\,dx$$

avec $h(x) = -1 \times e^{1-x} = u'(x) \times e^{u(x)}$ où $u(x) = 1 - x \Rightarrow u'(x) = -1$.

Une primitive de h sur $[0\,;a]$ est $H : x \mapsto H(x) = e^{u(x)} = e^{1-x}$.

$$\mathcal{A}(a) = -2[H(a) - H(0)] = -2(e^{1-a} - e^{1-0}) = -2e^{1-a} + 2e = 2e - 2e^{1-a}.$$

$$\lim_{a \to +\infty}(-a) = -\infty \xrightarrow{\text{par somme}} \lim_{a \to +\infty}(1-a) = -\infty \Rightarrow \lim_{a \to +\infty} e^{1-a} = \lim_{v \to -\infty} e^v = 0$$

$$\xrightarrow{\text{par produit}} \lim_{a \to +\infty}(-2e^{1-a}) = -2 \times 0 = 0 \xrightarrow{\text{par somme}} \lim_{a \to +\infty}(2e - 2e^{1-a}) = 2e - 0 = 2e$$

$$\Rightarrow \lim_{a \to +\infty} \mathcal{A}(a) = 2e.$$

Annexe 2, Exercice 3, à rendre avec la copie

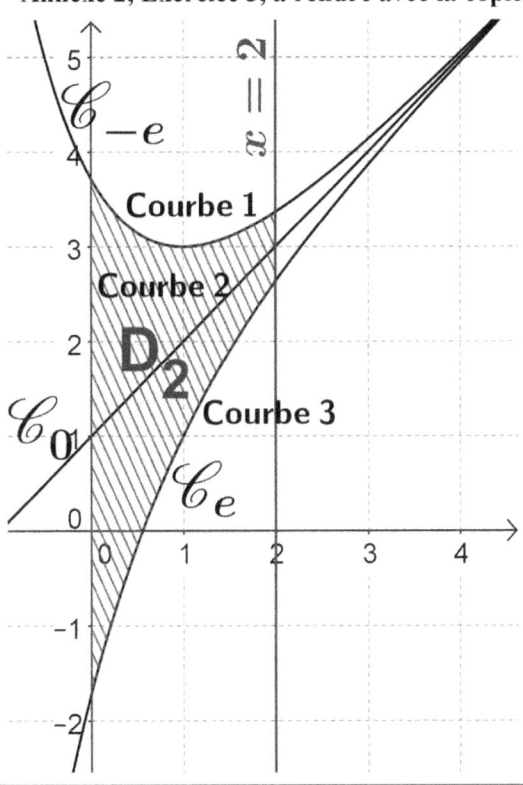

Corrigé de l'exercice 4 : complexes, suites, récurrence, limite, algorithme

Partie A

1. $z_0 = 1 + i = a_0 + ib_0 \implies a_0 = 1$ et $b_0 = 1$.

2. $z_1 = \dfrac{z_0 + |z_0|}{3} = \dfrac{1 + i + |1 + i|}{3} = \dfrac{1 + i + \sqrt{1^2 + 1^2}}{3} = \dfrac{1 + i + \sqrt{2}}{3} = \dfrac{1 + \sqrt{2}}{3} + \dfrac{1}{3}i$.

   $z_1 = a_1 + ib_1 = \dfrac{1 + \sqrt{2}}{3} + \dfrac{1}{3}i \implies a_1 = \dfrac{1 + \sqrt{2}}{3}$ et $b_1 = \dfrac{1}{3}$.

3. a.

K	A	B
1	$\dfrac{1 + \sqrt{1^2 + 1^2}}{3} = \dfrac{1 + \sqrt{2}}{3} \approx 0{,}804\,7$	$\dfrac{B}{3} = \dfrac{1}{3} \approx 0{,}333\,3$
2	$\dfrac{\dfrac{1+\sqrt{2}}{3} + \sqrt{\left(\dfrac{1+\sqrt{2}}{3}\right)^2 + \left(\dfrac{1}{3}\right)^2}}{3} \approx 0{,}558\,6$	$\dfrac{\frac{1}{3}}{3} = \dfrac{1}{9} \approx 0{,}111\,1$

b. Pour un nombre N donné, la valeur affichée par l'algorithme correspond à a_N.

Partie B

1. $\forall n \in \mathbb{N}, \quad z_{n+1} = \dfrac{z_n + |z_n|}{3} = \dfrac{a_n + ib_n + |a_n + ib_n|}{3} = \dfrac{a_n + ib_n + \sqrt{a_n^2 + b_n^2}}{3}$.

   $z_{n+1} = \dfrac{a_n + \sqrt{a_n^2 + b_n^2}}{3} + i\dfrac{b_n}{3} = a_{n+1} + ib_{n+1} \implies a_{n+1} = \dfrac{a_n + \sqrt{a_n^2 + b_n^2}}{3}$ et $b_{n+1} = \dfrac{b_n}{3}$.

2. $\forall n \in \mathbb{N}, \quad b_{n+1} = \dfrac{1}{3}b_n$

   donc (b_n) est la suite géométrique de raison $\dfrac{1}{3}$ et de premier terme $b_0 = 1$.

   $\forall n \in \mathbb{N}, \quad b_n = b_0 \times \left(\dfrac{1}{3}\right)^n = \left(\dfrac{1}{3}\right)^n$.

   $\lim\limits_{n \to +\infty} b_n = \lim\limits_{n \to +\infty} \left(\dfrac{1}{3}\right)^n = 0$ car $-1 < \dfrac{1}{3} < 1$.

3. a. $\forall n \in \mathbb{N}$, $\quad |z_{n+1}| = \left|\dfrac{z_n + |z_n|}{3}\right| = \dfrac{|z_n + |z_n||}{3} \leq \dfrac{|z_n| + |z_n|}{3} \quad \Leftrightarrow \quad |z_{n+1}| \leq \dfrac{2|z_n|}{3}$.

b. Pour tout entier naturel n, on définit la propriété P_n : $u_n \leq \left(\dfrac{2}{3}\right)^n \sqrt{2}$.

1) initialisation :
$$|z_0| = |1 + i| = \sqrt{1^2 + 1^2} = \sqrt{1+1} = \sqrt{2}$$
$$\Rightarrow \quad |z_0| \leq 1 \times \sqrt{2} \quad \Rightarrow \quad u_0 \leq \left(\dfrac{2}{3}\right)^0 \sqrt{2}, \quad \text{donc } P_0 \text{ est vraie.}$$

2) hérédité : si la propriété P_n est vraie pour un rang $n \geq 0$ quelconque fixé (hypothèse de récurrence), alors :
$$u_n \leq \left(\dfrac{2}{3}\right)^n \sqrt{2} \quad \Rightarrow \quad |z_n| \leq \left(\dfrac{2}{3}\right)^n \sqrt{2}$$
$$\Rightarrow \quad |z_{n+1}| \leq \dfrac{2}{3}|z_n| \leq \dfrac{2}{3} \times \left(\dfrac{2}{3}\right)^n \sqrt{2} \quad \Rightarrow \quad |z_{n+1}| \leq \left(\dfrac{2}{3}\right)^{n+1} \sqrt{2} \quad \Rightarrow \quad u_{n+1} \leq \left(\dfrac{2}{3}\right)^{n+1} \sqrt{2}.$$

Donc la propriété P_{n+1} est vraie.

3) conclusion : la propriété P_n est vraie au rang $n = 0$ et elle est héréditaire, donc elle est vraie pour tout entier naturel n.

$$\forall n \in \mathbb{N}, \quad u_n \leq \left(\dfrac{2}{3}\right)^n \sqrt{2}.$$

$\forall n \in \mathbb{N}$, $\quad u_n = |z_n|$ est positif, donc $\quad 0 \leq u_n \leq \left(\dfrac{2}{3}\right)^n \sqrt{2}$.

$$\lim_{n \to +\infty} \left(\dfrac{2}{3}\right)^n = 0 \quad \text{car} \quad -1 < \dfrac{2}{3} < 1 \quad \Rightarrow \quad \lim_{n \to +\infty} \left[\left(\dfrac{2}{3}\right)^n \sqrt{2}\right] = 0.$$

D'après le théorème des gendarmes, $\lim\limits_{n \to +\infty} u_n = 0$ donc la suite (u_n) converge vers 0.

c. $\forall n \in \mathbb{N}$, $\quad u_n = |z_n| = |a_n + ib_n| = \sqrt{a_n^2 + b_n^2}$.

$b_n^2 \geq 0 \quad \Rightarrow \quad a_n^2 + b_n^2 \geq a_n^2 \quad \Rightarrow \quad \sqrt{a_n^2 + b_n^2} \geq \sqrt{a_n^2} \quad \Leftrightarrow \quad \sqrt{a_n^2 + b_n^2} \geq |a_n|$.

Donc $\forall n \in \mathbb{N}$, $\quad |a_n| \leq u_n$.

$\forall n \in \mathbb{N}$, $0 \leq |a_n| \leq u_n$ et $\lim\limits_{n \to +\infty} u_n = 0$, donc, d'après le théorème des gendarmes :

$$\lim_{n \to +\infty} |a_n| = 0 \quad \Rightarrow \quad \lim_{n \to +\infty} a_n = 0 \quad \text{donc la suite } (a_n) \text{ converge vers 0.}$$

C7 : Corrigé du sujet Asie (19 juin 2013)

Corrigé de l'exercice 1 : probabilités, loi binomiale, fluctuation

Partie A

1. Voici l'arbre pondéré qui traduit l'énoncé :

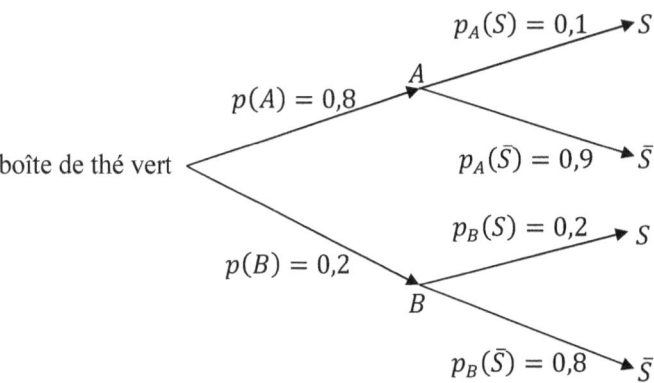

2. a. La probabilité de l'événement $B \cap \bar{S}$ est égale à :

$$p(B \cap \bar{S}) = p(B) \times p_B(\bar{S}) = 0{,}2 \times 0{,}8 = 0{,}16.$$

b. Le grossiste achète les boîtes de thé vert uniquement chez deux fournisseurs A et B. L'univers de l'expérience aléatoire consistant à prélever au hasard une boîte du stock du grossiste est $\Omega = A \cup B$, donc les événements disjoints A et B forment une partition de l'univers Ω. La probabilité que la boîte prélevée ne présente aucune trace de pesticides est donc égale à :

$$p(\bar{S}) = p(\Omega \cap \bar{S}) = p(A \cap \bar{S}) + p(B \cap \bar{S}) = p(A) \times p_A(\bar{S}) + p(B) \times p_B(\bar{S})$$
$$= 0{,}8 \times 0{,}9 + 0{,}2 \times 0{,}8 = 0{,}88.$$

3. La boîte prélevée présente des traces de pesticides. La probabilité que cette boîte provienne du fournisseur B est égale à :

$$p_S(B) = \frac{p(S \cap B)}{p(S)} = \frac{p(B \cap S)}{1 - p(\bar{S})} = \frac{p(B) \times p_B(S)}{1 - p(\bar{S})} = \frac{0{,}2 \times 0{,}2}{1 - 0{,}88} = \frac{1}{3} \approx 0{,}33.$$

Partie B

1. • Le tirage d'une boîte est une expérience aléatoire qui admet deux issues :
- l'une appelée « succès », correspondant au fait que la boîte ne présente aucune trace de pesticides, dont la probabilité d'apparition est $p(S) = 0{,}88 = p$;
- l'autre appelée « échec », correspondant au fait que la boîte présente des traces de pesticides, dont la probabilité d'apparition est $p(S) = 1 - p(\bar{S}) = 1 - 0{,}88 = 0{,}12$.

Le tirage d'une boîte constitue donc une épreuve de Bernoulli de paramètre $p = 0{,}88$.

• La répétition 10 fois, de façon indépendante, de cette épreuve de Bernoulli, constitue un schéma de 10 épreuves de Bernoulli de paramètre $p = 0{,}88$.

• La variable aléatoire X qui à chaque résultat associe le nombre de succès (nombre de boîtes sans trace de pesticides) suit donc la loi binomiale de paramètres $n = 10$ et $p = 0{,}88$.

2. La probabilité que les 10 boîtes soient sans trace de pesticides est égale à :

$$p(X = 10) = \binom{10}{10} p^{10}(1-p)^{10-10} = 0{,}88^{10} \times 0{,}12^0 = 0{,}88^{10} \approx 0{,}28.$$

3. La probabilité qu'au moins 8 boîtes ne présentent aucune trace de pesticides est égale à :

$$p(X \geq 8) = \quad p(X = 8) \quad + \quad p(X = 9) \quad + \quad p(X = 10)$$

$$= \binom{10}{8} p^8(1-p)^{10-8} + \binom{10}{9} p^9(1-p)^{10-9} + \binom{10}{10} p^{10}(1-p)^{10-10}$$

$$= 45 \times 0{,}88^8 \times 0{,}12^2 + 10 \times 0{,}88^9 \times 0{,}12 + 0{,}88^{10} \approx 0{,}89.$$

Partie C

1. Soit I_n l'intervalle de fluctuation asymptotique de la variable aléatoire F au seuil de 95 %. La probabilité que la variable aléatoire F_n appartienne à l'intervalle I_n converge vers 0,95 :

$$\lim_{n \to +\infty} p(F_n \in I_n) = 0{,}95.$$

Si $n \geq 30$; $np \geq 5$; $n(1-p) \geq 5$ alors $F_n \in I_n$ avec une probabilité environ égale à 95 %.

Ici : $\begin{cases} n = 50 \geq 30 \\ np = 50 \times 0{,}88 = 44 \geq 5 \\ n(1-p) = 50 \times 0{,}12 = 6 \geq 5 \end{cases} \implies \begin{cases} n \geq 30 \\ np \geq 5 \\ n(1-p) \geq 5 \end{cases}$

Donc $F_n \in I_n$ avec une probabilité environ égale à 95 %.

$$I_n = \left[p - 1{,}96 \sqrt{\frac{p(1-p)}{n}} \; ; \; p + 1{,}96 \sqrt{\frac{p(1-p)}{n}} \right]$$

$$= \left[0{,}88 - 1{,}96 \sqrt{\frac{0{,}88 \times 0{,}12}{50}} \; ; \; 0{,}88 + 1{,}96 \sqrt{\frac{0{,}88 \times 0{,}12}{50}} \right]$$

$$= [0{,}88 - 0{,}09 \; ; \; 0{,}88 + 0{,}09] = [0{,}79 \; ; \; 0{,}97].$$

2. L'inspecteur de la brigade de répression obtient une fréquence de boîtes ne contenant aucune trace de pesticides égale à :

$$F = \frac{50 - 12}{50} = \frac{38}{50} = \frac{19}{25} = 0{,}76 \notin I_n.$$

Donc il peut décider, au seuil de 95 %, que la publicité est mensongère.

Corrigé de l'exercice 2 : exponentielle, dérivée, limite

Partie A

Les deux tangentes communes à $\mathcal{C}_f$ et $\mathcal{C}_g$ sont les droites $\mathcal{D} = (AB)$ et $\mathcal{D}' = (A'B')$ tracées ci-dessous.

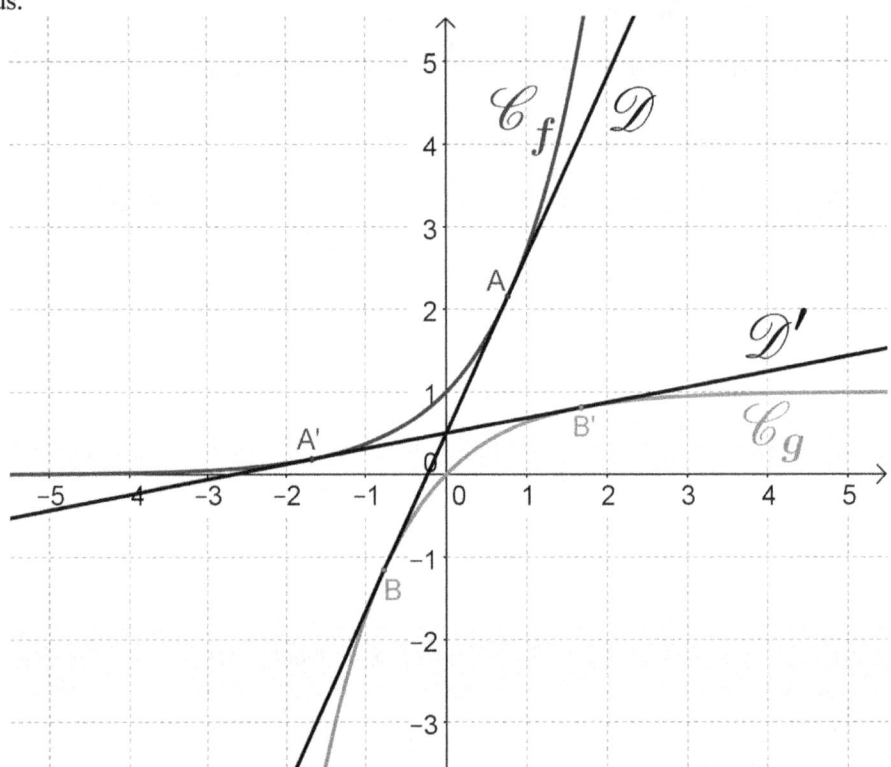

Partie B

1. a. Le coefficient directeur de la tangente à la courbe $\mathcal{C}_f$ au point A est le nombre dérivé de f en a :
$$f'(a) = e^a.$$

b. Le coefficient directeur de la tangente à la courbe $\mathcal{C}_g$ au point B est le nombre dérivé de g en b :
$$g'(b) = e^{-b}.$$

c. La droite $\mathcal{D}$, confondue avec les tangentes mentionnées aux questions **a** et **b**, a pour coefficient directeur $e^a = e^{-b}$. Donc $a = -b \implies b = -a$.

2. La tangente à la courbe $\mathcal{C}_f$ au point A a pour équation :
$$y = f'(a) \times (x - a) + f(a) = e^a(x - a) + e^a = e^a x + e^a(1 - a).$$

La tangente à la courbe $\mathcal{C}_g$ au point B a pour équation :
$$y = g'(b) \times (x - b) + g(b) = e^{-b}(x - b) + 1 - e^{-b} = e^{-b}x + 1 - e^{-b}(1 + b)$$
$$= e^a x + 1 - e^a(1 - a) \quad \text{car} \quad b = -a.$$

Ces deux tangentes sont confondues, donc elles ont la même équation :
$$y = e^a x + e^a(1 - a) = e^a x + 1 - e^a(1 - a)$$
$$\implies e^a(1 - a) = 1 - e^a(1 - a) \implies 0 = 1 - 2e^a(1 - a) \implies 2(a - 1)e^a + 1 = 0.$$

Conclusion : le réel a est solution de l'équation $2(x - 1)e^x + 1 = 0$.

Partie C

1. a. • Limite en $-\infty$

$\lim\limits_{x \to -\infty} (x-1) = -\infty$ et $\lim\limits_{x \to -\infty} e^x = 0$, donc, par produit, on obtient la forme indéterminée
« $-\infty \times 0$ ». Pour lever l'indétermination : $\varphi(x) = 2xe^x - 2e^x + 1$.

$\lim\limits_{x \to -\infty} e^x = 0 \quad \Rightarrow$ par produit, $\lim\limits_{x \to -\infty} (-2e^x) = -2 \times 0 = 0$.

$\lim\limits_{x \to -\infty} (xe^x) = 0 \quad \Rightarrow$ par produit, $\lim\limits_{x \to -\infty} (2xe^x) = 2 \times 0 = 0$.

Par somme, $\lim\limits_{x \to -\infty} \varphi(x) = 0 + 0 + 1 = 1$.

• Limite en $+\infty$

$\lim\limits_{x \to +\infty} (x-1) = +\infty$ et $\lim\limits_{x \to +\infty} e^x = +\infty$, donc par produit, $\lim\limits_{x \to +\infty} [2(x-1)e^x] = +\infty$.

Par somme, $\lim\limits_{x \to +\infty} \varphi(x) = +\infty$.

b. $\forall x \in \mathbb{R}$, $\varphi(x) = u(x)v(x) + 1$ où $\begin{cases} u(x) = 2(x-1) \\ v(x) = e^x \end{cases} \Rightarrow \begin{cases} u'(x) = 2 \\ v'(x) = e^x \end{cases}$.

Comme les fonctions u et v sont dérivables sur $\mathbb{R}$, leur produit uv aussi, donc la fonction $\varphi = uv + 1$ est dérivable sur $\mathbb{R}$.

$\forall x \in \mathbb{R}, \varphi'(x) = u'(x)v(x) + u(x)v'(x) = 2e^x + 2(x-1)e^x = (2 + 2x - 2)e^x = 2xe^x$.

$\forall x \in \mathbb{R}, e^x > 0 \quad \Rightarrow \quad 2e^x > 0 \quad \Rightarrow \quad \varphi'(x)$ est du signe de x.

$\varphi'(x) > 0 \Leftrightarrow x > 0$; $\varphi'(x) < 0 \Leftrightarrow x < 0$; $\varphi'(x) = 0 \Leftrightarrow x = 0$.

c. Voici le tableau de variations de la fonction φ sur $\mathbb{R}$:

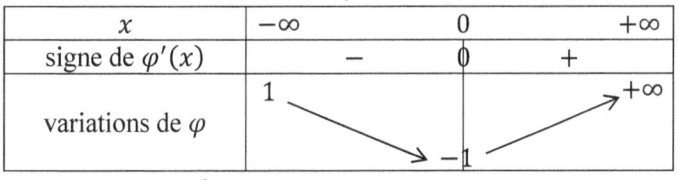

$\varphi(0) = 2(0-1)e^0 + 1 = 2 \times (-1) \times 1 + 1 = -2 + 1 = -1$.

2. a. • φ est une fonction continue et strictement monotone (décroissante) sur $]-\infty\,;\,0]$, donc d'après le théorème des valeurs intermédiaires, pour tout réel $k \in \left[\varphi(0)\,;\,\lim\limits_{x \to -\infty} \varphi(x)\right[= [-1\,;\,1[$,
l'équation $\varphi(x) = k$ admet une unique solution appartenant à $]-\infty\,;\,0]$. En particulier, $0 \in [-1\,;\,1[$, donc l'équation $\varphi(x) = 0$ admet une unique solution α sur $]-\infty\,;\,0]$.
Comme $\varphi(\alpha) = 0$ et $\varphi(0) \neq 0$, on a $\varphi(\alpha) \neq \varphi(0) \quad \Rightarrow \quad \alpha \neq 0 \quad \Rightarrow \quad \alpha \in \,]-\infty\,;\,0[$.

• φ est une fonction continue et strictement monotone (croissante) sur $[0\,;\,+\infty[$, donc d'après le théorème des valeurs intermédiaires, pour tout réel $k \in \left[\varphi(0)\,;\,\lim\limits_{x \to +\infty} \varphi(x)\right[= [-1\,;\,+\infty[$,
l'équation $\varphi(x) = k$ admet une unique solution appartenant à $[0\,;\,+\infty[$. En particulier, $0 \in [-1\,;\,+\infty[$, donc l'équation $\varphi(x) = 0$ admet une unique solution β sur $[0\,;\,+\infty[$.
Comme $\varphi(\beta) = 0$ et $\varphi(0) \neq 0$, on a $\varphi(\beta) \neq \varphi(0) \quad \Rightarrow \quad \beta \neq 0 \quad \Rightarrow \quad \beta \in \,]0\,;\,+\infty[$.
Conclusion : l'équation $\varphi(x) = 0$ admet exactement deux solutions $\alpha < 0$ et $\beta > 0$ dans $\mathbb{R}$.

b. À l'aide d'une calculatrice, on obtient graphiquement : $\alpha \approx -1{,}68$ et $\beta \approx 0{,}77$.

• **Avec la calculatrice TEXAS INSTRUMENTS TI-83Plus.*fr* :**

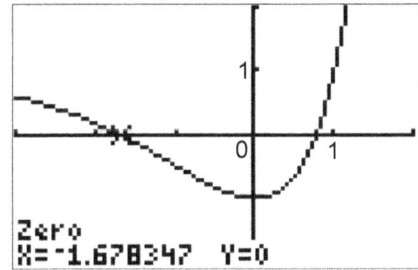
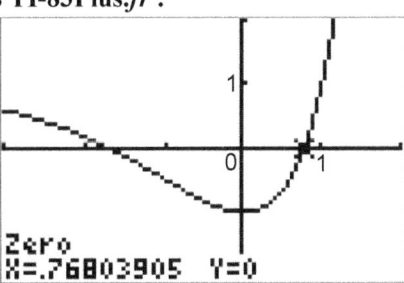

• **Avec la calculatrice CASIO** *fx-CG10/20* :

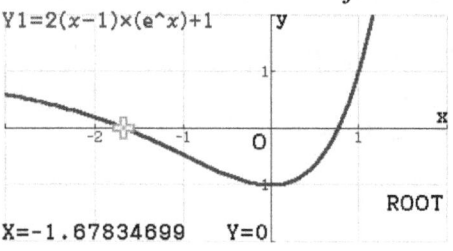 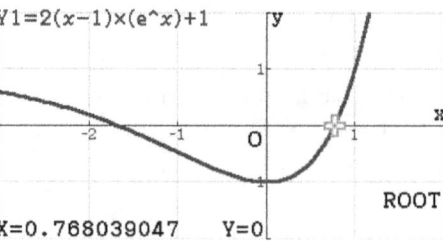

Partie D

1. La tangente $\mathcal{D}$ à la courbe $\mathcal{C}_f$ au point $E(\alpha\,;\,f(\alpha))$ a pour équation :
$$y = f'(\alpha) \times (x - \alpha) + f(\alpha) = e^\alpha(x - \alpha) + e^\alpha = e^\alpha x + e^\alpha(1 - \alpha).$$
Le point de la courbe $\mathcal{C}_g$ d'abscisse $-\alpha$ est $F(-\alpha\,;\,g(-\alpha)) = F(-\alpha\,;\,1 - e^\alpha)$.
$F \in \mathcal{D} \iff$ les coordonnées de F vérifient l'équation de $\mathcal{D} \iff y_F = e^\alpha x_F + e^\alpha(1 - \alpha)$
$\iff \quad 1 - e^\alpha = e^\alpha(-\alpha) + e^\alpha(1 - \alpha) \iff \quad 1 = e^\alpha(1 - \alpha + 1 - \alpha) = 2e^\alpha(1 - \alpha)$
$\iff \quad 2(\alpha - 1)e^\alpha + 1 = 0 \iff \quad \varphi(\alpha) = 0$.
Or, à la question **2.b** de la partie C, le réel α est défini comme la solution négative de l'équation $\varphi(x) = 0$. Donc $\varphi(\alpha) = 0$. Donc $F \in \mathcal{D}$.
Conclusion : la droite $\mathcal{D} = (EF)$ est tangente à la courbe $\mathcal{C}_f$ au point E.

2. • 1ère méthode

Le coefficient directeur de la tangente à $\mathcal{C}_g$ au point $F(-\alpha\,;\,g(-\alpha))$ est égal à $g'(-\alpha) = e^\alpha$.
D'après la question **1**, le coefficient directeur de la tangente (EF) à $\mathcal{C}_f$ au point $E(\alpha\,;\,f(\alpha))$ est égal à e^α.
La tangente à $\mathcal{C}_g$ en F a le même coefficient directeur que (EF), donc elle est parallèle à (EF). De plus, la tangente à $\mathcal{C}_g$ en F a le point F en commun avec (EF), donc elle est confondue avec (EF).
Conclusion : la droite (EF) est tangente à $\mathcal{C}_g$ au point F.

• 2e méthode

La tangente à la courbe $\mathcal{C}_g$ au point $F(-\alpha\,;\,g(-\alpha))$ a pour équation :
$$y = g'(-\alpha) \times (x + \alpha) + g(-\alpha) = e^\alpha(x + \alpha) + 1 - e^\alpha = e^\alpha x + e^\alpha \alpha + 1 - e^\alpha$$
$$= e^\alpha x + 1 - e^\alpha(1 - \alpha).$$
De plus, d'après la question **2.b** de la partie C :
$0 = \varphi(\alpha) = 2(\alpha - 1)e^\alpha + 1 = 0 \iff 1 = 2e^\alpha(1 - \alpha) \iff 1 - e^\alpha(1 - \alpha) = e^\alpha(1 - \alpha)$.
La tangente à $\mathcal{C}_g$ au point F a donc pour équation $y = e^\alpha x + e^\alpha(1 - \alpha)$
qui est aussi l'équation de $\mathcal{D} = (EF)$ d'après la question **1**.
La tangente à $\mathcal{C}_g$ au point F est donc confondue avec $\mathcal{D} = (EF)$.
Conclusion : la droite (EF) est tangente à $\mathcal{C}_g$ au point F.

• 3e méthode

La tangente $\mathcal{T}$ à la courbe $\mathcal{C}_g$ au point $F(-\alpha\,;\,g(-\alpha))$ a pour équation :
$$y = g'(-\alpha) \times (x + \alpha) + g(-\alpha) = e^\alpha(x + \alpha) + 1 - e^\alpha - e^\alpha x + e^\alpha \alpha + 1 - e^\alpha$$
$$= e^\alpha x + 1 - e^\alpha(1 - \alpha).$$
$E(\alpha\,;\,e^\alpha) \in \mathcal{T} \iff$ les coordonnées de E vérifient l'équation de $\mathcal{T} \iff y_E = e^\alpha x_E + 1 - e^\alpha(1 - \alpha)$
$\iff \quad e^\alpha = e^\alpha \alpha + 1 - e^\alpha(1 - \alpha) \iff \quad 0 = (\alpha - 1)e^\alpha + 1 + (\alpha - 1)e^\alpha$
$\iff \quad 2(\alpha - 1)e^\alpha + 1 = 0 \iff \quad \varphi(\alpha) = 0$.
Or, à la question **2.b** de la partie C, le réel α est défini comme la solution négative de l'équation $\varphi(x) = 0$. Donc $\varphi(\alpha) = 0$. Donc $E \in \mathcal{T}$.
La tangente à la courbe $\mathcal{C}_g$ au point F passe donc par E.
Conclusion : la droite (EF) est tangente à $\mathcal{C}_g$ au point F.

Corrigé de l'exercice 3 : complexes et géométrie dans l'espace

1. Affirmation 1 : VRAIE

$$c - a = 1 + i\sqrt{3} - (2 + 2i) = 1 + i\sqrt{3} - 2 - 2i = -1 + i(\sqrt{3} - 2).$$

$$b - a = -\sqrt{3} + i - (2 + 2i) = -\sqrt{3} + i - 2 - 2i = -\sqrt{3} - 2 - i.$$

$$(2 - \sqrt{3})(b - a) = (2 - \sqrt{3})(-\sqrt{3} - 2 - i) = (2 - \sqrt{3})(-\sqrt{3} - 2) + (2 - \sqrt{3})(-i)$$

$$= (-2\sqrt{3} - 4 + 3 + 2\sqrt{3}) + i(\sqrt{3} - 2) = -1 + i(\sqrt{3} - 2) = c - a.$$

$$c - a = (2 - \sqrt{3})(b - a) \quad \Leftrightarrow \quad \vec{AC} = (2 - \sqrt{3})\vec{AB} \quad \Leftrightarrow \quad \vec{AB} \text{ et } \vec{AC} \text{ sont colinéaires.}$$

Conclusion : les points A, B, C sont alignés.

> **Remarque :**
> $$(2 - \sqrt{3})(2 + \sqrt{3}) = 2^2 - (\sqrt{3})^2 = 4 - 3 = 1 \quad \Leftrightarrow \quad 2 + \sqrt{3} = \frac{1}{2 - \sqrt{3}}.$$
>
> $$\vec{AC} = (2 - \sqrt{3})\vec{AB} \quad \Leftrightarrow \quad \vec{AB} = (2 + \sqrt{3})\vec{AC}.$$

2. Affirmation 2 : FAUSSE

$$EB = |b - e| = \left|-\sqrt{3} + i + 1 - (2 + \sqrt{3})i\right| = \left|1 - \sqrt{3} - i(1 + \sqrt{3})\right|$$

$$= \sqrt{(1 - \sqrt{3})^2 + (1 + \sqrt{3})^2} = \sqrt{1 + 3 - 2\sqrt{3} + 1 + 3 + 2\sqrt{3}} = \sqrt{8} = 2\sqrt{2} \approx 2{,}83.$$

$$EC = |c - e| = \left|1 + i\sqrt{3} + 1 - (2 + \sqrt{3})i\right| = |2 - 2i| = \sqrt{2^2 + 2^2} = \sqrt{4 + 4} = \sqrt{8} = 2\sqrt{2}$$

$$\approx 2{,}83.$$

$$ED = |d - e| = \left|-1 + \frac{\sqrt{3}}{2}i + 1 - (2 + \sqrt{3})i\right| = \left|\left(\frac{\sqrt{3}}{2} - 2 - \sqrt{3}\right)i\right| = \left|\left(-\frac{4 + \sqrt{3}}{2}\right)i\right|$$

$$= \left|-\frac{4 + \sqrt{3}}{2}\right| \times |i| = \frac{4 + \sqrt{3}}{2} \times 1 = \frac{4 + \sqrt{3}}{2} \approx 2{,}87.$$

$$2{,}83 \neq 2{,}87 \quad \Rightarrow \quad 2\sqrt{2} \neq \frac{4 + \sqrt{3}}{2} \quad \Rightarrow \quad EB = EC \neq ED.$$

Conclusion : les points B, C et D n'appartiennent pas à un même cercle de centre E.

3. Affirmation 3 : VRAIE

• Si $\vec{n}(a\,;b\,;c)$ est un vecteur normal du plan $\mathcal{P} = $ (IJK), alors une équation cartésienne de $\mathcal{P}$ est $ax + by + cz + d = 0$.

Déterminons les constantes réelles $a\,;b\,;c\,;d$.

$\vec{n}$ est orthogonal à $\vec{IJ}(-1\,;1\,;0)$ et à $\vec{IK}(-1\,;0\,;1)$ donc $\begin{cases} 0 = \vec{IJ} \cdot \vec{n} = -a + b \\ 0 = \vec{IK} \cdot \vec{n} = -a + c \end{cases} \Rightarrow a = b = c$.

$\vec{n}(a\,;a\,;a)$ où $a \in \mathbb{R}$.
Exemple : si $a = 1$, $\quad \vec{n}(1\,;1\,;1)$.
Une équation cartésienne du plan $\mathcal{P}$ est : $x + y + z + d = 0$.

$$I(1\,;0\,;0) \in \mathcal{P} \quad \Leftrightarrow \quad 1 + 0 + 0 + d = 0 \quad \Leftrightarrow \quad d = -1.$$

Une équation cartésienne du plan $\mathcal{P}$ est : $x + y + z - 1 = 0$.

• Soit M$(x\,;y\,;z)$ un point d'intersection entre $\mathcal{D}$ et $\mathcal{P}$. Il existe un réel t tel que :

$$\begin{cases} x = 2 - t \\ y = 6 - 2t \\ z = -2 + t \end{cases} \text{ et } x + y + z - 1 = 0$$

$\Rightarrow 0 = x + y + z - 1 = 2 - t + 6 - 2t - 2 + t - 1 = -2t + 5 \Leftrightarrow 2t = 5 \Leftrightarrow t = \dfrac{5}{2}$.

M a pour coordonnées : $\begin{cases} x = 2 - \dfrac{5}{2} = -\dfrac{1}{2} \\ y = 6 - 2 \times \dfrac{5}{2} = 1 \\ z = -2 + \dfrac{5}{2} = \dfrac{1}{2} \end{cases}$

Conclusion : $\mathcal{D}$ coupe le plan (IJK) au point $E\left(-\dfrac{1}{2}\,;1\,;\dfrac{1}{2}\right)$.

Remarque :
$\vec{n}(1\,;1\,;1)$ vecteur normal du plan $\mathcal{P}$ et $\vec{u}(-1\,;-2\,;1)$ vecteur directeur de $\mathcal{D}$ ne sont pas orthogonaux car $\vec{n} \cdot \vec{u} = 1 \times (-1) + 1 \times (-2) + 1 \times 1 = -1 - 2 + 1 = -2 \neq 0$.
Donc $\mathcal{D}$ n'est pas parallèle à $\mathcal{P}$. Comme $\mathcal{D}$ et $\mathcal{P}$ ont E comme point commun, $\mathcal{D}$ n'est pas contenue dans $\mathcal{P}$: $\mathcal{D}$ est sécante à $\mathcal{P}$ en $E = \mathcal{D} \cap \mathcal{P}$.

4. Affirmation 4 : VRAIE

• 1ère méthode

Dans le repère orthonormé $(D\,;\vec{DA},\vec{DC},\vec{DH})$:

$$A(1\,;0\,;0)\,, \quad T\left(\dfrac{1}{2}\,;\dfrac{1}{2}\,;1\right)\,, \quad E(1\,;0\,;1)\,, \quad C(0\,;1\,;0).$$

Le produit scalaire de $\vec{AT}\left(-\dfrac{1}{2}\,;\dfrac{1}{2}\,;1\right)$ et de $\vec{EC}(-1\,;1\,;-1)$ est égal à :

$$\vec{AT} \cdot \vec{EC} = -\dfrac{1}{2} \times (-1) + \dfrac{1}{2} \times 1 + 1 \times (-1) = \dfrac{1}{2} + \dfrac{1}{2} - 1 = 0\,.$$

Conclusion : $\vec{AT} \cdot \vec{EC} = 0$, donc les vecteurs $\vec{AT}$ et $\vec{EC}$ sont orthogonaux, donc les droites (AT) et (EC) sont orthogonales.

• 2ᵉ méthode

$$\vec{AT} \cdot \vec{EC} = (\vec{AE} + \vec{ET}) \cdot (\vec{EG} + \vec{GC}) = \vec{AE} \cdot \vec{EG} + \vec{AE} \cdot \vec{GC} + \vec{ET} \cdot \vec{EG} + \vec{ET} \cdot \vec{GC}.$$

Les diagonales [HF] et [EG] du carré EFGH se coupent en leur milieu T, donc T est le milieu du segment [EG].

$$\vec{ET} = \frac{1}{2}\vec{EG}.$$

$$\vec{AT} \cdot \vec{EC} = 0 + \vec{AE} \cdot \vec{EA} + \frac{1}{2}\vec{EG} \cdot \vec{EG} + \frac{1}{2}\vec{EG} \cdot \vec{GC} = -\vec{AE} \cdot \vec{AE} + \frac{1}{2}\vec{EG} \cdot \vec{EG} + 0 = \frac{1}{2}EG^2 - AE^2.$$

Dans le triangle EFG rectangle en F, le théorème de Pythagore s'écrit :

$$EG^2 = EF^2 + FG^2 = EF^2 + EF^2 = 2EF^2 \quad \Rightarrow \quad EF^2 = \frac{1}{2}EG^2.$$

$\vec{AT} \cdot \vec{EC} = EF^2 - AE^2 = 0$ car EF = AE est la longueur commune des arêtes du cube.

Conclusion : $\vec{AT} \cdot \vec{EC} = 0$, donc les vecteurs $\vec{AT}$ et $\vec{EC}$ sont orthogonaux, donc les droites (AT) et (EC) sont orthogonales.

• 3ᵉ méthode

Dans le carré EFGH, les diagonales [HF] et [EG] se coupent en leur milieu T, donc T est le milieu de [EG]. Les droites (AT) et (EC) appartiennent au plan ACGE.

Dans le carré EFGH, la diagonale [EG] a pour longueur $EG = EF\sqrt{2}$.

Le quadrilatère ACGE est un rectangle de longueur $EG = AE\sqrt{2}$.

Dans le repère orthonormé $(A\,;\vec{AI},\vec{AE})$:

$$A(0\,;0)\,, \quad T\left(\frac{\sqrt{2}}{2}\,;1\right)\,, \quad E(0\,;1)\,, \quad C(\sqrt{2}\,;0).$$

Le produit scalaire de $\vec{AT}\left(\frac{\sqrt{2}}{2}\,;1\right)$ et de $\vec{EC}(\sqrt{2}\,;-1)$ est égal à :

$$\vec{AT} \cdot \vec{EC} = \frac{\sqrt{2}}{2} \times \sqrt{2} + 1 \times (-1) = \frac{2}{2} - 1 = 1 - 1 = 0.$$

Conclusion : $\vec{AT} \cdot \vec{EC} = 0$, donc les vecteurs $\vec{AT}$ et $\vec{EC}$ sont orthogonaux, donc les droites (AT) et (EC) sont orthogonales.

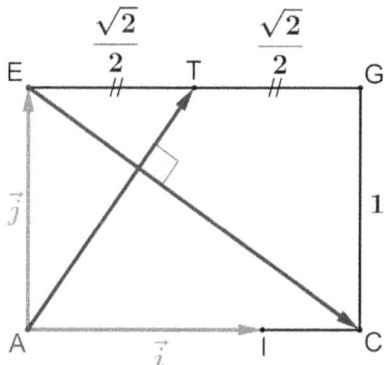

Corrigé de l'exercice 4 : suites, récurrence, limite, algorithme

Partie A

1. Pour tout entier naturel n, on définit la propriété $P_n : u_n > 1$.

1) initialisation :

$2 > 1 \quad \Rightarrow \quad u_0 > 1$, donc P_0 est vraie.

2) hérédité : si la propriété P_n est vraie pour un rang $n \geq 0$ quelconque fixé (hypothèse de récurrence), alors :

$$u_n > 1 \quad \Rightarrow \quad 2u_n > 2 \quad \Rightarrow \quad 3u_n - u_n > 3 - 1 \quad \Rightarrow \quad 1 + 3u_n > 3 + u_n > 0$$

$$\Rightarrow \quad \frac{1 + 3u_n}{3 + u_n} > 1 \quad \Rightarrow \quad u_{n+1} > 1.$$

Donc la propriété P_{n+1} est vraie.

3) conclusion : la propriété P_n est vraie au rang $n = 0$ et elle est héréditaire, donc elle est vraie pour tout entier naturel n.

$$\forall n \in \mathbb{N}, \quad u_n > 1.$$

2. a. $\forall n \in \mathbb{N}, \quad u_{n+1} - u_n = \dfrac{1 + 3u_n}{3 + u_n} - u_n = \dfrac{1 + 3u_n}{3 + u_n} - \dfrac{(3 + u_n)u_n}{3 + u_n} = \dfrac{1 + 3u_n - 3u_n - u_n^2}{3 + u_n}$

$$= \dfrac{1^2 - u_n^2}{3 + u_n} = \dfrac{(1 - u_n)(1 + u_n)}{3 + u_n}.$$

b. $\forall n \in \mathbb{N}, \quad u_n > 1 \quad \Rightarrow \quad 0 > 1 - u_n \;;\; 1 + u_n > 2 > 0 \;;\; 3 + u_n > 4 > 0.$

$\forall n \in \mathbb{N}, \quad \dfrac{(1 - u_n)(1 + u_n)}{3 + u_n} < 0 \quad \Leftrightarrow \quad u_{n+1} - u_n < 0 \quad \Leftrightarrow \quad u_{n+1} < u_n.$

La suite (u_n) est strictement décroissante. De plus, elle est minorée par 1, donc elle converge.

Partie B

1.

i	1	2	3
u	$\dfrac{1+0{,}5\times 2}{0{,}5+2}=0{,}8$	$\dfrac{1+0{,}5\times 0{,}8}{0{,}5+0{,}8}=\dfrac{14}{13}\approx 1{,}077$	$\dfrac{1+0{,}5\times \frac{14}{13}}{0{,}5+\frac{14}{13}}=\dfrac{40}{41}\approx 0{,}976$

2. Il semble que $\lim\limits_{n\to +\infty} u_n = 1$, c'est-à-dire que la suite (u_n) converge vers 1.

3. a. $\forall n \in \mathbb{N}$, $v_{n+1} = \dfrac{u_{n+1}-1}{u_{n+1}+1} = \dfrac{\frac{1+0{,}5u_n}{0{,}5+u_n}-1}{\frac{1+0{,}5u_n}{0{,}5+u_n}+1} = \dfrac{1+0{,}5u_n-(0{,}5+u_n)}{1+0{,}5u_n+0{,}5+u_n} = \dfrac{-0{,}5u_n+0{,}5}{1{,}5u_n+1{,}5}$

$= \dfrac{-0{,}5(u_n-1)}{1{,}5(u_n+1)} = -\dfrac{\frac{1}{2}}{\frac{3}{2}}\dfrac{u_n-1}{u_n+1} = -\dfrac{1}{3}\dfrac{u_n-1}{u_n+1} = -\dfrac{1}{3}v_n$.

Conclusion : la suite (v_n) est géométrique de raison $-\dfrac{1}{3}$.

b. $v_0 = \dfrac{u_0-1}{u_0+1} = \dfrac{2-1}{2+1} = \dfrac{1}{3}$.

$\forall n \in \mathbb{N}$, $v_n = v_0 \times \left(-\dfrac{1}{3}\right)^n = \dfrac{1}{3}\times\left(-\dfrac{1}{3}\right)^n$.

4. a. $\forall n \in \mathbb{N}$, $-1 \neq 1 \Leftrightarrow u_n - 1 \neq u_n + 1 \Leftrightarrow \dfrac{u_n-1}{u_n+1} \neq 1 \Leftrightarrow v_n \neq 1$

ou bien :

$\forall n \in \mathbb{N}$, $\left(-\dfrac{1}{3}\right)^n \leq 1 \Rightarrow \dfrac{1}{3}\times\left(-\dfrac{1}{3}\right)^n \leq \dfrac{1}{3} \Rightarrow v_n \leq \dfrac{1}{3} < 1 \Rightarrow v_n \neq 1$.

b. $\forall n \in \mathbb{N}$, $v_n = \dfrac{u_n-1}{u_n+1} \Leftrightarrow v_n(u_n+1) = u_n-1 \Leftrightarrow v_n u_n + v_n = u_n - 1$

$\Leftrightarrow 1 + v_n = u_n - v_n u_n \Leftrightarrow 1 + v_n = u_n(1-v_n) \Leftrightarrow u_n = \dfrac{1+v_n}{1-v_n}$ où $v_n \neq 1 \Leftrightarrow 1 - v_n \neq 0$.

c. $\lim\limits_{n\to +\infty}\left(-\dfrac{1}{3}\right)^n = 0$ car $-1 < \left(-\dfrac{1}{3}\right)^n < 1 \Rightarrow$ par produit, $\lim\limits_{n\to +\infty} v_n = 0$

$\Rightarrow$ par somme et quotient, $\lim\limits_{n\to +\infty} u_n = \dfrac{1+0}{1-0} = \dfrac{1}{1} = 1$.

C8 : Corrigé du sujet France métropolitaine (20 juin 2013)

Corrigé de l'exercice 1 : probabilités et loi binomiale

1. a. Voici l'arbre pondéré traduisant la situation :

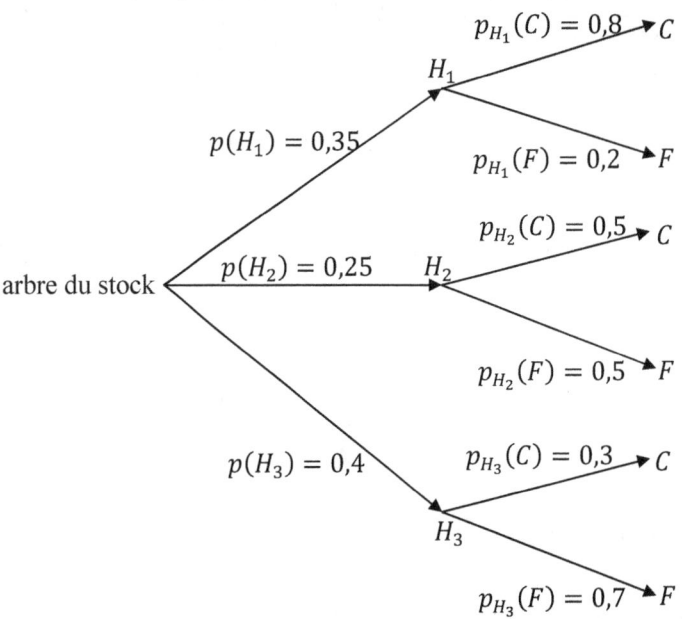

b. La probabilité que l'arbre choisi soit un conifère acheté chez l'horticulteur H_3 est :
$$p(H_3 \cap C) = p(H_3) \times p_{H_3}(C) = 0{,}4 \times 0{,}3 = 0{,}12.$$

c. La jardinerie ne se fournit qu'auprès de trois horticulteurs H_1, H_2, H_3. L'univers de l'expérience aléatoire consistant à choisir un arbre au hasard dans le stock est $\Omega = H_1 \cup H_2 \cup H_3$. Donc les événements disjoints H_1, H_2, H_3 forment une partition de l'univers Ω. La probabilité de l'événement C est donc égale à :
$$p(C) = p(\Omega \cap C) = p(H_1 \cap C) + p(H_2 \cap C) + p(H_3 \cap C)$$
$$= p(H_1) \times p_{H_1}(C) + p(H_2) \times p_{H_2}(C) + p(H_3) \times p_{H_3}(C)$$
$$= 0{,}35 \times 0{,}8 + 0{,}25 \times 0{,}5 + 0{,}4 \times 0{,}3 = 0{,}525.$$

d. L'arbre choisi est un conifère. La probabilité qu'il ait été acheté chez l'horticulteur H_1 est :
$$p_C(H_1) = \frac{p(C \cap H_1)}{p(C)} = \frac{p(H_1 \cap C)}{p(C)} = \frac{p(H_1) \times p_{H_1}(C)}{p(C)} = \frac{0{,}35 \times 0{,}8}{0{,}525} = \frac{8}{15} \approx 0{,}533.$$

2. a. • Le choix d'un arbre est une expérience aléatoire qui admet deux issues :
- l'une appelée « succès », correspondant au fait que l'arbre est un conifère, dont la probabilité d'apparition est $p(C) = 0{,}525 = p$;
- l'autre appelée « échec », correspondant au fait que l'arbre est un arbre feuillu, dont la probabilité d'apparition est $p(F) = 1 - p = 1 - 0{,}525 = 0{,}475$.

Le choix d'un arbre constitue donc une épreuve de Bernoulli de paramètre $p = 0{,}525$.

• La répétition 10 fois, de façon indépendante, de cette épreuve de Bernoulli, constitue un schéma de 10 épreuves de Bernoulli de paramètre $p = 0{,}525$.

• La variable aléatoire X qui à chaque résultat associe le nombre de succès (nombre de conifères) suit donc la loi binomiale de paramètres $n = 10$ et $p = 0{,}525$.

b. La probabilité que l'échantillon prélevé comporte exactement 5 conifères est égale à :

$$p(X = 5) = \binom{10}{5} p^5 (1-p)^{10-5} = 252 \times 0{,}525^5 \times (1 - 0{,}525)^5 \approx 0{,}243 \,.$$

c. La probabilité que l'échantillon comporte au moins deux arbres feuillus est égale à la probabilité que cet échantillon comporte au plus huit conifères, donc elle est égale à $p(0 \leq X \leq 8)$.

$$1 = p(0 \leq X \leq 10) = p(0 \leq X \leq 8) + p(9 \leq X \leq 10)\,.$$

$$\begin{aligned}
p(0 \leq X \leq 8) &= 1 - p(9 \leq X \leq 10) = 1 - p(X = 9) - p(X = 10) \\
&= 1 - \binom{10}{9} p^9 (1-p)^{10-9} - \binom{10}{10} p^{10} (1-p)^{10-10} \\
&= 1 - 10 \times 0{,}525^9 \times 0{,}475 - 0{,}525^{10} \approx 0{,}984\,.
\end{aligned}$$

Avec la calculatrice TEXAS INSTRUMENTS TI-83Plus.*fr* :

b) • 1ère méthode (la plus rapide) : avec la fonction de densité de probabilité de la loi binomiale (en anglais : Binomial Probability Density Function, ou « binompdf »).

• 2e méthode : écriture directe de la formule.

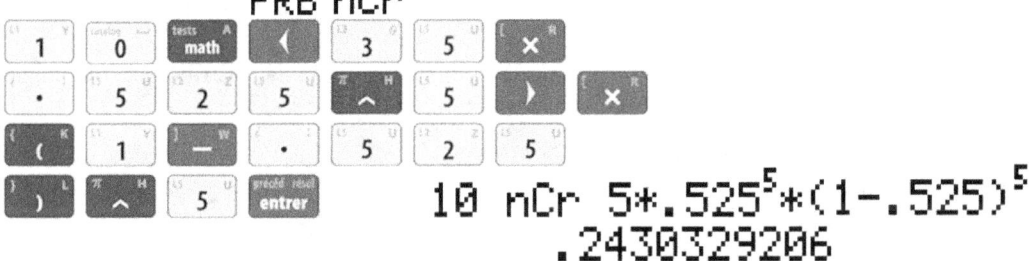

c) • 1ère méthode (la plus rapide) : avec la fonction de répartition de la loi binomiale (en anglais : Binomial Cumulative Density Function, ou « binomcdf »).

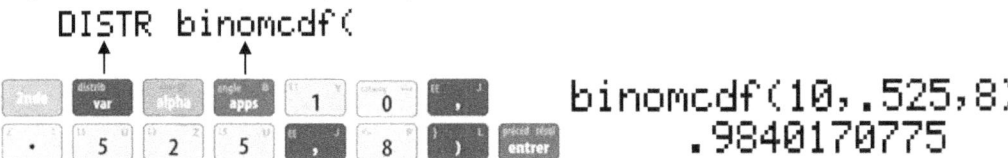

• 2e méthode : écriture directe de la formule.

Avec la calculatrice CASIO *fx-CG10/20* :

b) • 1ère méthode (la plus rapide) : en mode Statistique, avec la distribution de probabilité binomiale (en anglais : Binomial Probability Distribution, ou « Bpd »).

```
Binomial P.D              Binomial P.D
Data      :Variable         p=0.24303292
x         :5
Numtrial  :10
p         :0.525
Save Res  :None
Execute
```

• 2ᵉ méthode : écriture directe de la formule.

$$10C5 \times .525^5 \times (1-.525)^5$$
$$0.2430329206$$

c) • 1ère méthode (la plus rapide) : en mode Statistique, avec la distribution binomiale cumulative (en anglais : Binomial Cumulative Distribution, ou « Bcd »).

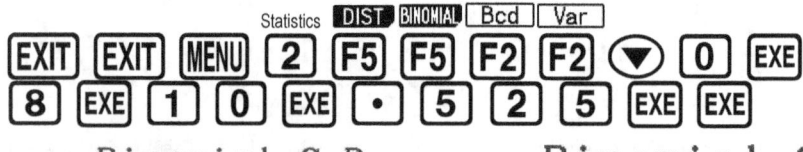

```
Binomial C.D              Binomial C.D
Data      :Variable         p=0.98401707
Lower     :0
Upper     :8
Numtrial  :10
p         :0.525
Save Res  :None
```

• 2ᵉ méthode : écriture directe de la formule.

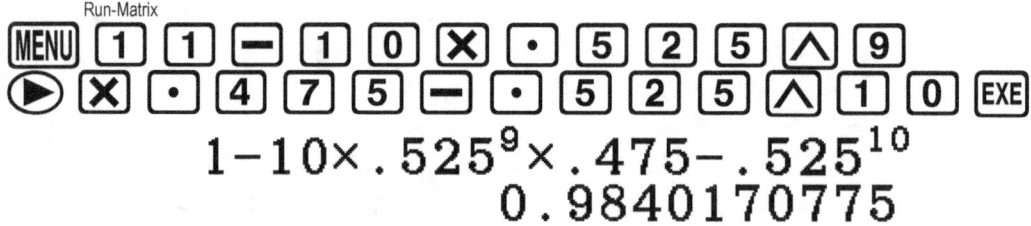

$$1 - 10 \times .525^9 \times .475 - .525^{10}$$
$$0.9840170775$$

Corrigé de l'exercice 2 : logarithme, dérivée, intégrale, limite, algorithme

1. a. $f(1) = y_B = 2$.

$f'(1)$ est le coefficient directeur de la tangente (BC) à $\mathscr{C}$ au point B d'abscisse 1.

Cette tangente a pour équation :
$$y = f'(1) \times (x - 1) + f(1) = f'(1) \times (x - 1) + 2.$$

Cette tangente passant par $B(1,2)$ et $C(0,2)$ est parallèle à l'axe des abscisses, donc son équation est $y = 2$. Donc $f'(1) = 0$.

b. $\forall x \in \mathbb{R}^{*+}, f(x) = \dfrac{a + b \ln x}{x} = \dfrac{u(x)}{v(x)}$ où $\begin{cases} u(x) = a + b \ln x \\ v(x) = x \end{cases} \Rightarrow \begin{cases} u'(x) = 0 + b \times \dfrac{1}{x} = \dfrac{b}{x} \\ v'(x) = 1 \end{cases}$.

Les fonctions u et v sont dérivables sur $\mathbb{R}^{*+}$, avec v qui ne s'annule pas sur $\mathbb{R}^{*+}$, donc leur quotient $f = \dfrac{u}{v}$ est dérivable sur $\mathbb{R}^{*+}$.

$$\forall x \in \mathbb{R}^{*+}, \quad f'(x) = \dfrac{u'(x)v(x) - u(x)v'(x)}{v^2(x)} = \dfrac{\dfrac{b}{x} \times x - (a + b \ln x) \times 1}{v^2(x)}$$

$$\forall x \in \mathbb{R}^{*+}, \quad f'(x) = \dfrac{(b - a) - b \ln x}{x^2}.$$

c. $\begin{cases} 0 = f'(1) = \dfrac{(b-a) - b \ln 1}{1^2} = \dfrac{(b-a) - b \times 0}{1} = b - a \\ 2 = f(1) = \dfrac{a + b \ln 1}{1} = a + b \times 0 = a \end{cases} \Rightarrow a = b = 2.$

$$\forall x \in \mathbb{R}^{*+}, \quad f(x) = \dfrac{2 + 2 \ln x}{x}.$$

2. a. $\forall x \in \mathbb{R}^{*+}, \quad f'(x) = \dfrac{-2 \ln x}{x^2} = \dfrac{2}{x^2} \times (-\ln x)$.

$x > 0 \Rightarrow x^2 > 0 \Rightarrow \dfrac{2}{x^2} > 0$ donc $\forall x \in \,]0, +\infty[, f'(x)$ a le même signe que $-\ln x$.

b. • Limite en 0^-

$\lim\limits_{x \to 0^-} f(x)$ n'existe pas car f n'est pas définie sur $]-\infty\,; 0]$.

• Limite en 0^+

$\lim\limits_{x \to 0^+} (\ln x) = -\infty \xRightarrow{\text{par produit}} \lim\limits_{x \to 0^+} (2 \ln x) = -\infty \xRightarrow{\text{par somme}} \lim\limits_{x \to 0^+} (2 + 2 \ln x) = -\infty$

$\xRightarrow{\text{par quotient}} \lim\limits_{x \to 0^+} \dfrac{2 + 2 \ln x}{x} = -\infty \Leftrightarrow \lim\limits_{x \to 0^+} f(x) = -\infty$.

• Limite en $+\infty$

$\lim\limits_{x \to +\infty} (\ln x) = +\infty \xRightarrow{\text{par produit}} \lim\limits_{x \to +\infty} (2 \ln x) = +\infty \xRightarrow{\text{par somme}} \lim\limits_{x \to +\infty} (2 + 2 \ln x) = +\infty$.

Le quotient de cette limite par $\lim\limits_{x \to +\infty}(x) = +\infty$ donne la forme indéterminée « $\dfrac{+\infty}{+\infty}$ ».

Pour lever l'indétermination : $\forall x \in \mathbb{R}^{*+}, \quad f(x) = \dfrac{2 + 2 \ln x}{x} = \dfrac{2}{x} + 2 \dfrac{\ln x}{x}$.

$\left. \begin{array}{l} \lim\limits_{x \to +\infty} \left(\dfrac{1}{x}\right) = 0 \xRightarrow{\text{par produit}} \lim\limits_{x \to +\infty} \left(\dfrac{2}{x}\right) = 0 \\ \lim\limits_{x \to +\infty} \left(\dfrac{\ln x}{x}\right) = 0 \xRightarrow{\text{par produit}} \lim\limits_{x \to +\infty} \left(2 \dfrac{\ln x}{x}\right) = 0 \end{array} \right\} \xRightarrow{\text{par somme}} \lim\limits_{x \to +\infty} f(x) = 0 + 0 = 0.$

c.

x	0		1		$+\infty$
signe de $-\ln x$ ou de $f'(x)$		+	0	−	
variations de f	$-\infty$		2		0

3. a. f est une fonction continue et strictement monotone (croissante) sur $]0,1]$, donc d'après le théorème des valeurs intermédiaires, pour tout réel $k \in \left]\lim\limits_{x \to 0^+} f(x); f(1)\right] =]-\infty; 2]$, l'équation $f(x) = k$ admet une solution unique appartenant à $]0,1]$. En particulier, $1 \in]-\infty; 2]$, donc l'équation $f(x) = 1$ admet une unique solution α sur l'intervalle $]0,1]$.

b. • 1ère méthode (graphique) :
Si on trace la droite $\mathcal{D}$ d'équation $y = 1$, on constate qu'elle coupe la courbe $\mathcal{C}$ en deux points E(α ; 1) et F(β ; 1). On constate sur l'axe des abscisses que $5 < \beta < 6$.
Donc pour l'entier $n = 5$, on a $n < \beta < n + 1$.

• 2e méthode (algébrique et numérique) :

$$f(5) = \frac{2 + 2\ln 5}{5} \approx 1{,}04 \quad \text{et} \quad f(6) = \frac{2 + 2\ln 6}{6} \approx 0{,}93.$$

$f(6) < 0{,}94 < 1 < 1{,}03 < f(5)$ et $f(\beta) = 1 \Rightarrow f(6) < f(\beta) < f(5) \overset{(*)}{\Rightarrow} 6 > \beta > 5$

(*) car f est strictement décroissante sur $]1; +\infty[$.
Donc pour l'entier $n = 5$, on a $n < \beta < n + 1$.

4. a.

	étape 1	étape 2	étape 3	étape 4	étape 5
a	0	0	0,25	0,375	0,4375
b	1	0,5	0,5	0,5	0,5
$b - a$	1	0,5	0,25	0,125	0,0625
m	0,5	0,25	0,375	0,4375	
$f(m)$	1,23	−3,09	0,10	0,79	

b. Cet algorithme affiche les valeurs $a = 0{,}4375$ et $b = 0{,}5$.
$$f(a) \approx 0{,}79 \quad ; \quad f(b) \approx 1{,}23 \quad ; \quad f(\alpha) = 1.$$
$f(a) < 0{,}8 < 1 < 1{,}2 < f(b) \Rightarrow f(a) < f(\alpha) < f(b) \overset{(*)}{\Rightarrow} a < \alpha < b$
(*) car f est strictement croissante sur $]0,1]$.
$$\alpha \in]a; b[.$$
Les valeurs $a = 0{,}4375$ et $b = 0{,}5$ représentent les bornes de l'intervalle auquel appartient α.
L'amplitude de cet intervalle est $b - a \leq 0{,}1$.

c. On sait que $5 < \beta < 6$. L'algorithme qui affiche les deux bornes d'un encadrement de β d'amplitude 10^{-1} est le suivant :

Variables :	a, b et m sont des nombres réels.
Initialisation :	Affecter à a la valeur 5.
	Affecter à b la valeur 6.
Traitement :	Tant que $b - a > 0{,}1$
	$\quad$ Affecter à m la valeur $\frac{1}{2}(a + b)$
	$\quad$ Si $f(m) > 1$ alors Affecter à a la valeur m.
	$\quad$ Sinon Affecter à b la valeur m.
	$\quad$ Fin de Si.
	Fin de Tant que.
Sortie :	Afficher a.
	Afficher b.

5. a. $f(x) = 0 \Leftrightarrow \dfrac{2+2\ln x}{x} = 0 \Leftrightarrow 2+2\ln x = 0 \Leftrightarrow 1+\ln x = 0 \Leftrightarrow \ln x = -1 \Leftrightarrow x = e^{-1} = \dfrac{1}{e}$.

La courbe $\mathscr{C}$ coupe l'axe des abscisses au point $G\left(\dfrac{1}{e}\,;0\right)$. Elle partage le rectangle OABC en deux domaines :
- le domaine $\mathcal{D}_1$ passant les points O, G, B, C, d'aire $\mathcal{A}_1$;
- le domaine $\mathcal{D}_2$ passant les points G, A, B, d'aire $\mathcal{A}_2$.

L'aire du rectangle OABC est égale à $\mathcal{A} = \text{OA} \times \text{AB} = 1 \times 2 = 2$ u. a.

Donc $\mathcal{A}_1 + \mathcal{A}_2 = \mathcal{A} = 2$ u. a.

La courbe $\mathscr{C}$ partage le rectangle OABC en deux domaines d'aires égales revient à dire que :

$$\mathcal{A}_1 = \mathcal{A}_2 \quad \Rightarrow \quad \mathcal{A}_2 = \dfrac{2\mathcal{A}_2}{2} = \dfrac{\mathcal{A}_2+\mathcal{A}_2}{2} = \dfrac{\mathcal{A}_1+\mathcal{A}_2}{2} = \dfrac{2}{2} = 1 \text{ u. a.}$$

$\mathcal{A}_2$ est l'aire du domaine $\mathcal{D}_2$ passant les points G, A, B, c'est-à-dire du domaine :

$$\mathcal{D}_2 = \left\{M(x\,;y) \text{ tel que } \dfrac{1}{e} \leq x \leq 1 \text{ et } 0 \leq y \leq f(x)\right\}.$$

$\mathcal{D}_2$ est le domaine compris entre l'axe des abscisses et la courbe $\mathscr{C}$, et entre les droites verticales d'équations respectives $x = \dfrac{1}{e}$ et $x = 1$.

Sur $\left[\dfrac{1}{e}\,;1\right]$, f est continue et positive, donc $\mathcal{A}_2 = \displaystyle\int_{\frac{1}{e}}^{1} f(x)\,dx = 1$.

Conclusion : démontrer que la courbe $\mathscr{C}$ partage le rectangle OABC en deux domaines d'aires égales revient à démontrer que $\displaystyle\int_{\frac{1}{e}}^{1} f(x)\,dx = 1$.

b. $\forall x \in \mathbb{R}^{*+}, f(x) = \dfrac{2+2\ln x}{x} = \dfrac{2}{x} + 2\dfrac{\ln x}{x} = 2 \times \dfrac{1}{x} + 2 \times \dfrac{1}{x} \times \ln x = 2u'(x) + 2u'(x)u(x)$.

où $\quad u(x) = \ln x \quad \Rightarrow \quad u'(x) = \dfrac{1}{x}$.

Sur $\mathbb{R}^{*+}$, une primitive de $2u'$ est $2u$ et une primitive de $2u'u$ est u^2, donc une primitive de $f = 2u' + 2u'u$ est $F = 2u + u^2$.

$\forall x \in \mathbb{R}^{*+}, \qquad F(x) = 2\ln x + (\ln x)^2$.

$\displaystyle\int_{\frac{1}{e}}^{1} f(x)\,dx = F(1) - F\left(\dfrac{1}{e}\right) = 2\ln 1 + (\ln 1)^2 - \left[2\ln\dfrac{1}{e} + \left(\ln\dfrac{1}{e}\right)^2\right]$

$= 2 \times 0 + 0^2 - 2\ln\dfrac{1}{e} - \left(\ln\dfrac{1}{e}\right)^2 = 2\ln e - (-\ln e)^2 = 2 \times 1 - (-1)^2 = 2 - 1 = 1$.

Conclusion : $\displaystyle\int_{\frac{1}{e}}^{1} f(x)\,dx = 1$,

donc la courbe $\mathscr{C}$ partage le rectangle OABC en deux domaines d'aires égales.

Figure non demandée :

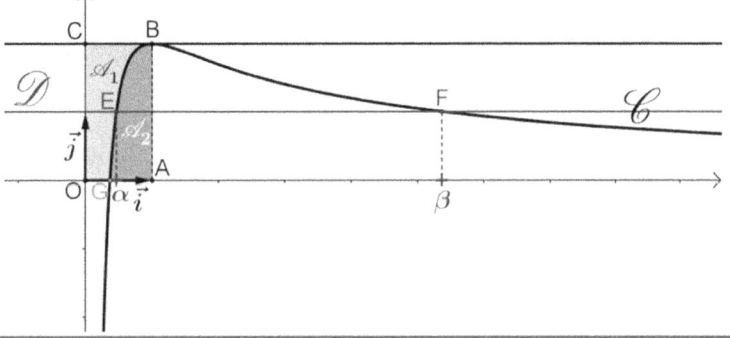

Corrigé de l'exercice 3 : complexes et géométrie dans l'espace

1. VRAI

Soit A le point d'affixe $z_A = i$, et B le point d'affixe $z_B = -1$.

$|z - i| = |z + 1| \iff |z - z_A| = |z - z_B| \iff AM = BM$

$\iff$ M appartient à la médiatrice du segment [AB].

L'ensemble des points M dont l'affixe z vérifie l'égalité $|z - i| = |z + 1|$ est une droite : cette droite est la médiatrice de [AB].

2. FAUX

- $1^{\text{ère}}$ méthode : utilisation de la forme algébrique

$$\left(1 + i\sqrt{3}\right)^2 = 1 + 3i^2 + 2\sqrt{3}i = 1 - 3 + 2\sqrt{3}i = -2 + 2\sqrt{3}i.$$

$$\left(1 + i\sqrt{3}\right)^4 = \left[\left(1 + i\sqrt{3}\right)^2\right]^2 = \left(-2 + 2\sqrt{3}i\right)^2 = 4 + 2 \times \left(-4\sqrt{3}i\right) + 4 \times 3i^2$$

$$= 4 - 8\sqrt{3}i - 12 = -8 - 8\sqrt{3}i$$

n'est pas un nombre réel car sa partie imaginaire est $-8\sqrt{3} \neq 0$.

- 2e méthode : utilisation de la forme exponentielle

$$|1 + i\sqrt{3}| = \sqrt{1^2 + \left(\sqrt{3}\right)^2} = \sqrt{1 + 3} = \sqrt{4} = 2.$$

$$1 + i\sqrt{3} = 2\left(\frac{1}{2} + i\frac{\sqrt{3}}{2}\right) = 2\left[\cos\left(\frac{\pi}{3}\right) + i\sin\left(\frac{\pi}{3}\right)\right] = 2e^{i\frac{\pi}{3}}.$$

$$\left(1 + i\sqrt{3}\right)^4 = 2^4 e^{i\frac{4\pi}{3}} = 16e^{-i\frac{2\pi}{3}} \quad \text{n'est pas un nombre réel}$$

car un de ses arguments $-\dfrac{2\pi}{3}$ est différent de $0\ [2\pi]$ et de $\pi\ [2\pi]$.

3. VRAI

• 1ère méthode

$$\vec{EC} \cdot \vec{BG} = (\vec{EA} + \vec{AB} + \vec{BC}) \cdot (\vec{BC} + \vec{CG})$$
$$= \vec{EA} \cdot \vec{BC} + \vec{EA} \cdot \vec{CG} + \vec{AB} \cdot \vec{BC} + \vec{AB} \cdot \vec{CG} + \vec{BC} \cdot \vec{BC} + \vec{BC} \cdot \vec{CG}$$
$$= \vec{EA} \cdot \vec{AD} + \vec{EA} \cdot \vec{AE} + \vec{AB} \cdot \vec{BC} + \vec{AB} \cdot \vec{BF} + \vec{BC} \cdot \vec{BC} + \vec{BC} \cdot \vec{CG}$$
$$= 0 - \vec{EA} \cdot \vec{EA} + 0 + 0 + \vec{BC} \cdot \vec{BC} + 0$$
$$= -\|\vec{EA}\|^2 + \|\vec{BC}\|^2 = -EA^2 + BC^2 = -BC^2 + BC^2 = 0.$$

$\vec{EC} \cdot \vec{BG} = 0$ donc les vecteurs $\vec{EC}$ et $\vec{BG}$ sont orthogonaux.
Conclusion : les droites (EC) et (BG) sont orthogonales.

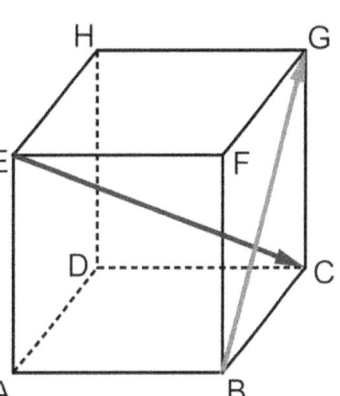

• 2ᵉ méthode : déterminons les coordonnées de $\vec{EC}$ et de $\vec{BG}$ dans le repère $(D\,;\vec{DA}\,;\,\vec{DC}\,;\vec{DH})$.

$\vec{EC} = \vec{EA} + \vec{AB} + \vec{BC} = \vec{HD} + \vec{DC} + \vec{AD} =$
$-\vec{DH} + \vec{DC} - \vec{DA} = -\vec{DA} + \vec{DC} - \vec{DH} \Rightarrow \vec{EC}(-1\,;1\,;-1).$

$\vec{BG} = \vec{BC} + \vec{CG} = \vec{AD} + \vec{DH} = -\vec{DA} + \vec{DH} \Rightarrow \vec{BG}(-1\,;0\,;1).$

$\vec{EC} \cdot \vec{BG} = -1 \times (-1) + 1 \times 0 + (-1) \times 1 = 1 + 0 - 1 = 0.$

$\vec{EC} \cdot \vec{BG} = 0$ donc les vecteurs $\vec{EC}$ et $\vec{BG}$ sont orthogonaux.
Conclusion : les droites (EC) et (BG) sont orthogonales.

4. VRAI

Le plan $\mathscr{P}$ d'équation cartésienne $x + y + 3z + 4 = 0$ a pour vecteur normal $\vec{n}(1\,;1\,;3)$.
La droite $\mathcal{D}$ perpendiculaire au plan $\mathscr{P}$ a pour vecteur directeur $\vec{n}(1\,;1\,;3)$ et passe par $S(1\,;-2\,;-2)$, donc une représentation paramétrique de $\mathcal{D}$ est :

$$\vec{SM} = a\vec{n} \quad \Leftrightarrow \quad \begin{cases} x = 1 + a \\ y = -2 + a \\ z = -2 + 3a \end{cases}, \quad a \in \mathbb{R}.$$

Soit $\mathcal{D}'$ la droite de représentation paramétrique : $\begin{cases} x = 2 + t \\ y = -1 + t \\ z = 1 + 3t \end{cases}, \quad t \in \mathbb{R}.$

• 1ère méthode
$\mathcal{D}$ et $\mathcal{D}'$ ont pour vecteur directeur $\vec{n}(1\,;1\,;3)$, donc $\mathcal{D}' \parallel \mathcal{D}$.

$$S \in \mathcal{D}' \quad \Leftrightarrow \quad \begin{cases} 1 = 2 + t \\ -2 = -1 + t \\ -2 = 1 + 3t \end{cases} \quad \Leftrightarrow \quad \begin{cases} t = 1 - 2 = -1 \\ t = -2 + 1 = -1 \\ t = \dfrac{-2 - 1}{3} = -\dfrac{3}{3} = -1 \end{cases} \quad \Leftrightarrow \quad t = -1.$$

Les droites $\mathcal{D}$ et $\mathcal{D}'$ sont parallèles et ont le point S en commun, donc elles sont confondues : $\mathcal{D} = \mathcal{D}'$.

• 2ᵉ méthode
En effectuant le changement de paramètre $a = 1 + t$, la représentation paramétrique de $\mathcal{D}$ devient :

$$\vec{SM} = (1+t)\vec{n} \quad \Leftrightarrow \quad \begin{cases} x = 1 + 1 + t \\ y = -2 + 1 + t \\ z = -2 + 3(1+t) \end{cases} \quad \Leftrightarrow \quad \begin{cases} x = 2 + t \\ y = -1 + t \\ z = 1 + 3t \end{cases}, \quad t \in \mathbb{R}.$$

Les droites $\mathcal{D}$ et $\mathcal{D}'$ ont la même représentation paramétrique, donc elles sont confondues : $\mathcal{D} = \mathcal{D}'$.

Corrigé de l'exercice 4 : suites, récurrence, limite

1. a. $u_1 = \dfrac{2}{3}u_0 + \dfrac{1}{3} \times 0 + 1 = \dfrac{2}{3} \times 2 + 0 + 1 = \dfrac{4}{3} + \dfrac{3}{3} = \dfrac{7}{3} \approx 2{,}33$.

$u_2 = \dfrac{2}{3}u_1 + \dfrac{1}{3} \times 1 + 1 = \dfrac{2}{3} \times \dfrac{7}{3} + \dfrac{1}{3} + 1 = \dfrac{14}{9} + \dfrac{3}{9} + \dfrac{9}{9} = \dfrac{26}{9} \approx 2{,}89$.

$u_3 = \dfrac{2}{3}u_2 + \dfrac{1}{3} \times 2 + 1 = \dfrac{2}{3} \times \dfrac{26}{9} + \dfrac{2}{3} + 1 = \dfrac{52}{27} + \dfrac{18}{27} + \dfrac{27}{27} = \dfrac{97}{27} \approx 3{,}59$.

$u_4 = \dfrac{2}{3}u_3 + \dfrac{1}{3} \times 3 + 1 = \dfrac{2}{3} \times \dfrac{97}{27} + 1 + 1 = \dfrac{194}{81} + 2 = \dfrac{194}{81} + \dfrac{162}{81} = \dfrac{356}{81} \approx 4{,}40$.

b. Comme $u_0 \leq u_1 \leq u_2 \leq u_3 \leq u_4$, il semble que cette suite est croissante.

2. a. Utilisons un raisonnement par récurrence.

Pour tout entier naturel n, on définit la propriété $P_n : u_n \leq n + 3$.

1) initialisation : $2 \leq 3 \implies u_0 \leq 0 + 3$, donc P_0 est vraie.

2) hérédité : si la propriété P_n est vraie pour un rang $n \geq 0$ quelconque fixé (hypothèse de récurrence), alors :

> **Au brouillon :**
> P_{n+1} est vraie $\iff u_{n+1} \leq (n+1) + 3 \iff \dfrac{2}{3}u_n + \dfrac{1}{3}n + 1 \leq n + 4$

$u_n \leq n + 3 \implies \dfrac{2}{3}u_n \leq \dfrac{2}{3}(n+3) \implies \dfrac{2}{3}u_n \leq \dfrac{2}{3}n + 2 \implies \dfrac{2}{3}u_n + \dfrac{1}{3}n + 1 \leq \dfrac{2}{3}n + 2 + \dfrac{1}{3}n + 1$

$\implies u_{n+1} \leq n + 3 \leq n + 3 + 1 \implies u_{n+1} \leq (n+1) + 3$

Donc la propriété P_{n+1} est vraie.

3) conclusion : la propriété P_n est vraie au rang $n = 0$ et elle est héréditaire, donc elle est vraie pour tout entier naturel n.

Pour tout entier naturel n, on a donc $u_n \leq n + 3$.

b. Pour tout entier naturel n,

$$u_{n+1} - u_n = \dfrac{2}{3}u_n + \dfrac{1}{3}n + 1 - u_n = \dfrac{1}{3}n + \dfrac{1}{3} \times 3 - \dfrac{1}{3}u_n = \dfrac{1}{3}(n + 3 - u_n).$$

c. D'après la question **a**, pour tout entier naturel n, $\quad u_n \leq n + 3 \implies 0 \leq n + 3 - u_n$

$\implies \dfrac{1}{3} \times 0 \leq \dfrac{1}{3}(n + 3 - u_n) \implies 0 \leq u_{n+1} - u_n \implies u_n \leq u_{n+1}$.

Donc la suite (u_n) est croissante.

3. a.
> **Au brouillon :**
> La suite (v_n) est une suite géométrique de raison $\dfrac{2}{3}$ $\iff v_{n+1} = \dfrac{2}{3}v_n$.

$v_{n+1} = u_{n+1} - (n+1) = \dfrac{2}{3}u_n + \dfrac{1}{3}n + 1 - n - 1 = \dfrac{2}{3}u_n - \dfrac{2}{3}n = \dfrac{2}{3}(u_n - n) = \dfrac{2}{3}v_n$.

Pour tout entier naturel n, $v_{n+1} = \dfrac{2}{3}v_n$ donc (v_n) est une suite géométrique de raison $\dfrac{2}{3}$.

b. Comme (v_n) est une suite géométrique de raison $\dfrac{2}{3}$, son terme général s'écrit :

Pour tout entier naturel n, $\quad v_n = v_0 \left(\dfrac{2}{3}\right)^n = (u_0 - 0)\left(\dfrac{2}{3}\right)^n = (2 - 0)\left(\dfrac{2}{3}\right)^n = 2\left(\dfrac{2}{3}\right)^n$.

$\implies u_n = v_n + n = 2\left(\dfrac{2}{3}\right)^n + n$.

c. $\lim\limits_{n\to+\infty}\left(\dfrac{2}{3}\right)^n = 0$ car $-1 < \dfrac{2}{3} < 1$ $\xRightarrow{\text{par produit}}$ $\lim\limits_{n\to+\infty}\left[2\left(\dfrac{2}{3}\right)^n\right] = 0$

et $\lim\limits_{n\to+\infty} n = +\infty$ $\xRightarrow{\text{par somme}}$ $\lim\limits_{n\to+\infty}\left[2\left(\dfrac{2}{3}\right)^n + n\right] = +\infty$.

Conclusion : $\lim\limits_{n\to+\infty} u_n = +\infty$.

4. a. Pour tout entier naturel n non nul, $S_n = \sum\limits_{k=0}^{n} u_k = \sum\limits_{k=0}^{n}(v_k + k) = \sum\limits_{k=0}^{n} v_k + \sum\limits_{k=0}^{n} k$.

(v_n) est une suite géométrique de raison $q = \dfrac{2}{3}$ et de premier terme $v_0 = 2$, donc la somme de ses $(n+1)$ premiers termes vaut :

$$\sum_{k=0}^{n} v_k = 1^{\text{er}} \text{ terme} \times \dfrac{1 - q^{\text{nombre de termes}}}{1-q} = v_0\,\dfrac{1-\left(\dfrac{2}{3}\right)^{n+1}}{1-\dfrac{2}{3}} = 2\,\dfrac{1-\left(\dfrac{2}{3}\right)^{n+1}}{\dfrac{1}{3}} = 6\left[1-\left(\dfrac{2}{3}\right)^{n+1}\right].$$

Par ailleurs, la somme des $(n+1)$ premiers termes d'une suite arithmétique de raison 1 et de premier terme 0 vaut :

$$\sum_{k=0}^{n} k = (\text{nombre de termes}) \times \dfrac{1^{\text{er}}\text{ terme} + \text{dernier terme}}{2} = (n+1)\,\dfrac{0+n}{2} = \dfrac{n(n+1)}{2}.$$

Pour tout entier naturel n non nul, $S_n = 6\left[1-\left(\dfrac{2}{3}\right)^{n+1}\right] + \dfrac{n(n+1)}{2}$.

b. Pour tout entier naturel n non nul,

$$T_n = \dfrac{S_n}{n^2} = \dfrac{6}{n^2}\left[1-\left(\dfrac{2}{3}\right)^{n+1}\right] + \dfrac{n(n+1)}{2n^2} = A_n + B_n \quad \text{où} \quad \begin{cases} A_n = \dfrac{6}{n^2}\left[1-\left(\dfrac{2}{3}\right)^{n+1}\right] \\ B_n = \dfrac{n(n+1)}{2n^2} \end{cases}.$$

• Déterminons la limite de la suite (A_n) :

$\lim\limits_{n\to+\infty}\dfrac{1}{n^2} = 0$ $\xRightarrow{\text{par produit}}$ $\lim\limits_{n\to+\infty}\dfrac{6}{n^2} = 0$.

$\lim\limits_{n\to+\infty}\left(\dfrac{2}{3}\right)^{n+1} = 0$ car $-1 < \dfrac{2}{3} < 1$ $\xRightarrow{\text{par somme}}$ $\lim\limits_{n\to+\infty}\left[1-\left(\dfrac{2}{3}\right)^{n+1}\right] = 1-0 = 1$.

$\xRightarrow{\text{par produit}}$ $\lim\limits_{n\to+\infty} A_n = 0 \times 1 = 0$.

• Déterminons la limite de la suite (B_n) :

$\lim\limits_{n\to+\infty} n = +\infty$ et $\lim\limits_{n\to+\infty}(n+1) = +\infty$ $\xRightarrow{\text{par produit}}$ $\lim\limits_{n\to+\infty}[n(n+1)] = +\infty$.

$\lim\limits_{n\to+\infty} n^2 = +\infty$ $\xRightarrow{\text{par produit}}$ $\lim\limits_{n\to+\infty}(2n^2) = +\infty$.

Par quotient, on obtient la forme indéterminée « $\dfrac{+\infty}{+\infty}$ ». Pour lever l'indétermination :

Pour tout entier naturel n non nul, $B_n = \dfrac{n(n+1)}{2n^2} = \dfrac{n^2+n}{2n^2} = \dfrac{n^2}{2n^2} + \dfrac{n}{2n^2} = \dfrac{1}{2} + \dfrac{1}{2n}$.

$\lim\limits_{n\to+\infty}\dfrac{1}{n} = 0$ $\xRightarrow{\text{par produit}}$ $\lim\limits_{n\to+\infty}\dfrac{1}{2n} = 0$ $\xRightarrow{\text{par somme}}$ $\lim\limits_{n\to+\infty} B_n = \dfrac{1}{2} + 0 = \dfrac{1}{2}$.

• Conclusion : par somme, $\lim\limits_{n\to+\infty} T_n = \lim\limits_{n\to+\infty}(A_n + B_n) = \lim\limits_{n\to+\infty} A_n + \lim\limits_{n\to+\infty} B_n = 0 + \dfrac{1}{2} = \dfrac{1}{2}$.

C9 : Corrigé du sujet Antilles Guyane (11 septembre 2013)

Corrigé de l'exercice 1 : géométrie dans l'espace
Partie A
Soit Δ une droite de vecteur directeur $\vec{v}$ et soit $\mathcal{P}$ un plan.
On considère deux droites sécantes en A et contenues dans $\mathcal{P}$: la droite $\mathcal{D}_1$ de vecteur directeur $\overrightarrow{u_1}$ et la droite $\mathcal{D}_2$ de vecteur directeur $\overrightarrow{u_2}$.
Montrons que Δ est orthogonale à toute droite de $\mathcal{P}$ si et seulement si Δ est orthogonale à $\mathcal{D}_1$ et à $\mathcal{D}_2$.

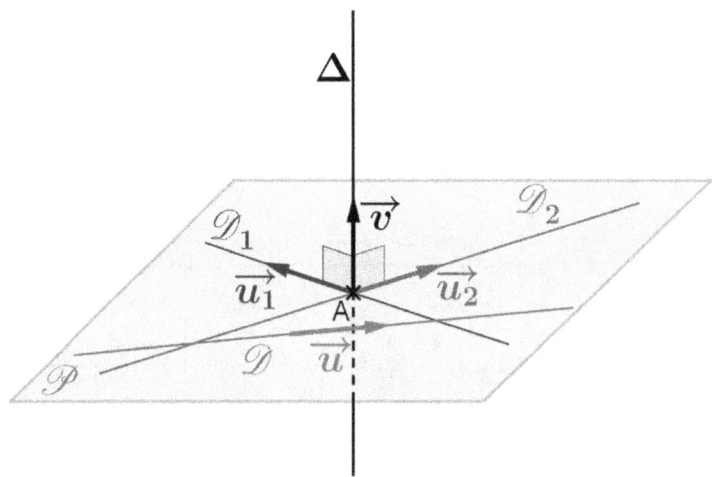

• Si une droite Δ est orthogonale à toute droite $\mathcal{D}$ d'un plan $\mathcal{P}$, alors elle est forcément orthogonale à deux droites sécantes $\mathcal{D}_1$ et $\mathcal{D}_2$ de ce plan $\mathcal{P}$.

• Montrons la réciproque : Si une droite Δ est orthogonale à deux droites sécantes $\mathcal{D}_1$ et $\mathcal{D}_2$ d'un plan $\mathcal{P}$, alors elle est orthogonale à toute droite $\mathcal{D}$ de ce plan $\mathcal{P}$.

Hypothèse : soit Δ une droite orthogonale aux droites $\mathcal{D}_1$ et $\mathcal{D}_2$ sécantes du plan $\mathcal{P}$.

1) $\vec{v}$, $\overrightarrow{u_1}$, $\overrightarrow{u_2}$ sont des vecteurs directeurs respectifs de Δ, $\mathcal{D}_1$ et $\mathcal{D}_2$.
Comme $\mathcal{D}_1$ et $\mathcal{D}_2$ ne sont pas parallèles, leurs vecteurs directeurs $\overrightarrow{u_1}$ et $\overrightarrow{u_2}$ ne sont pas colinéaires.
Donc ils définissent une direction du plan $\mathcal{P} = (A \,; \overrightarrow{u_1}, \overrightarrow{u_2})$ où le point $A \in \mathcal{P}$.
Soit $\mathcal{D}$ une droite quelconque de $\mathcal{P}$, de vecteur directeur $\vec{u}$.
Les vecteurs $\overrightarrow{u_1}$, $\overrightarrow{u_2}$ et $\vec{u}$ appartiennent à $\mathcal{P}$: ils sont coplanaires. Donc il existe deux réels a et b tels que $\vec{u} = a\overrightarrow{u_1} + b\overrightarrow{u_2}$.

2) $\qquad \vec{v} \cdot \vec{u} = \vec{v} \cdot (a\overrightarrow{u_1} + b\overrightarrow{u_2}) = a\vec{v} \cdot \overrightarrow{u_1} + b\vec{v} \cdot \overrightarrow{u_2}.$
Δ est orthogonale à $\mathcal{D}_1$ et à $\mathcal{D}_2$, donc $\vec{v}$ est orthogonal à $\overrightarrow{u_1}$ et à $\overrightarrow{u_2}$, donc $\vec{v} \cdot \overrightarrow{u_1} = 0$ et $\vec{v} \cdot \overrightarrow{u_2} = 0$.

$\qquad \vec{v} \cdot \vec{u} = a \times 0 + b \times 0 = 0 \quad \Longrightarrow \quad \vec{v}$ et $\vec{u}$ sont orthogonaux.

3) Conclusion : $\forall \mathcal{D} \in \mathcal{P}, \quad \Delta$ et $\mathcal{D}$ sont orthogonales.

• Conclusion : une droite Δ est orthogonale à toute droite $\mathcal{D}$ d'un plan $\mathcal{P}$ si, et seulement si, elle est orthogonale à deux droites sécantes $\mathcal{D}_1$ et $\mathcal{D}_2$ de ce plan $\mathcal{P}$.

Partie B
1) Affirmation 1 : VRAIE
D'après sa représentation paramétrique, Δ a pour vecteur directeur $\vec{v}(1\,;\,3\,;-2)$.
$\overrightarrow{AB}(4\,;-2\,;-1)$ et $\overrightarrow{AC}(-1\,;-1\,;-2)$ sont non colinéaires car $\frac{4}{-1} \neq \frac{-2}{-1}$.
$\vec{v} \cdot \overrightarrow{AB} = 1 \times 4 + 3 \times (-2) + (-2) \times (-1) = 4 - 6 + 2 = 0$.
$\vec{v} \cdot \overrightarrow{AC} = 1 \times (-1) + 3 \times (-1) + (-2) \times (-2) = -1 - 3 + 4 = 0$.
Comme $\vec{v} \cdot \overrightarrow{AB} = 0 = \vec{v} \cdot \overrightarrow{AC}$, $\vec{v}$ est orthogonal aux vecteurs non colinéaires $\overrightarrow{AB}$ et $\overrightarrow{AC}$, donc Δ est orthogonale aux droites sécantes (AB) et (AC) du plan $\mathcal{P}$, donc d'après la propriété démontrée dans la partie A, Δ est orthogonale à toute droite du plan $\mathcal{P}$.
Conclusion : Δ est orthogonale à toute droite du plan $\mathcal{P}$.

2) Affirmation 2 : FAUSSE
On sait que les droites Δ et (AB) sont orthogonales. Elles sont coplanaires si, et seulement si, elles sont sécantes en un point M.

> **Recherche au brouillon : si M existe, est-il confondu avec A ou B ?**
> $$A \in \Delta \iff \begin{cases} 0 = t \\ -1 = 3t - 1 \\ 1 = -2t + 8 \end{cases} \iff \begin{cases} 0 = t \\ 0 = 3t \\ -7 = -2t \end{cases} \iff \begin{cases} 0 = t \\ 0 = t \\ \frac{7}{2} = t \end{cases}.$$
> Comme $\frac{7}{2} \neq 0$, $A \notin \Delta$.
> $$B \in \Delta \iff \begin{cases} 4 = t \\ -3 = 3t - 1 \\ 0 = -2t + 8 \end{cases} \iff \begin{cases} 4 = t \\ -2 = 3t \\ -8 = -2t \end{cases} \iff \begin{cases} 4 = t \\ -\frac{2}{3} = t \\ 4 = t \end{cases}.$$
> Comme $-\frac{2}{3} \neq 4$, $B \notin \Delta$.
> **Conclusion : si M existe, il est distinct de A et de B.**

(AB) a pour vecteur directeur $\overrightarrow{AB}(4\,;-2\,;-1)$ et elle passe par $A(0\,;-1\,;1)$, donc une représentation paramétrique de (AB) est :
$$\begin{cases} x = 4\theta \\ y = -2\theta - 1 \\ z = -\theta + 1 \end{cases} \text{ où } \theta \in \mathbb{R}.$$
Soit $M(x\,;y\,;z)$ le point d'intersection hypothétique de Δ et (AB). Alors il existe deux réels t et θ tels que :
$$\begin{cases} x = t = 4\theta \\ y = 3t - 1 = -2\theta - 1 \\ z = -2t + 8 = -\theta + 1 \end{cases} \iff \begin{cases} t = 4\theta \\ 3t = -2\theta \\ -2t = -\theta - 7 \end{cases} \iff \begin{cases} t = 4\theta \\ t = -\frac{2}{3}\theta \\ t = \frac{1}{2}\theta + \frac{7}{2} \end{cases} \iff \begin{cases} t = 4\theta \\ 4\theta = -\frac{2}{3}\theta \\ t = \frac{1}{2}\theta + \frac{7}{2} \end{cases}$$
$$\iff \begin{cases} t = 4 \times 0 = 0 \\ \theta = 0 \\ t = \frac{1}{2} \times 0 + \frac{7}{2} = \frac{7}{2} \end{cases}.$$

Comme $\frac{7}{2} \neq 0$, M n'existe pas : Δ et (AB) ne sont pas sécantes, donc pas coplanaires.
Conclusion : les droites Δ et (AB) ne sont pas coplanaires.

3) Affirmation 3 : VRAIE

$\vec{AB}(4\,;\,-2\,;-1)$ et $\vec{AC}(-1\,;\,-1\,;-2)$ sont non colinéaires car $\frac{4}{-1} \neq \frac{-2}{-1}$, donc les points A, B, C ne sont pas alignés : ils forment un plan $\mathcal{P} = (ABC)$.

• $1^{\text{ère}}$ méthode

D'après l'affirmation 1, la droite Δ de vecteur directeur $\vec{v}(1\,;\,3\,;-2)$ est orthogonale à toute droite du plan $\mathcal{P}$, donc $\vec{v}(1\,;\,3\,;-2)$ est un vecteur normal de $\mathcal{P}$.

Donc le plan $\mathcal{P}$ a pour équation cartésienne : $x + 3y - 2z + d = 0$.

$A(0\,;\,-1\,;1) \in \mathcal{P} \iff 0 + 3 \times (-1) - 2 \times 1 + d = 0 \iff -3 - 2 + d = 0$
$\iff -5 + d = 0 \iff d = 5$.

Conclusion : le plan $\mathcal{P}$ a pour équation cartésienne $x + 3y - 2z + 5 = 0$.

• 2e méthode (plus longue)

Si $\vec{n}(a\,;b\,;c)$ est un vecteur normal de $\mathcal{P}$, alors une équation cartésienne de $\mathcal{P}$ est :
$$ax + by + cz + d = 0.$$

Déterminons les constantes réelles $a\,;b\,;c\,;d$.

$\vec{n}$ est orthogonal à $\vec{AB}$ et à $\vec{AC}$, donc $\begin{cases} 0 = \vec{AB} \cdot \vec{n} = 4a - 2b - c \\ 0 = \vec{AC} \cdot \vec{n} = -a - b - 2c \end{cases}$.

C'est un système de deux équations à trois inconnues $a\,;b\,;c$.

Pour le résoudre, on considère 2 inconnues $a\,;b$ et un paramètre c.

Utilisons la méthode de résolution par addition :

$\begin{cases} 4a - 2b = c & [A] \\ a + b = -2c & [B] \end{cases} \iff \begin{cases} 4a - 2b = c & [A] \\ 2a + 2b = -4c & [C] = 2[B] \end{cases}$

$[A] + [C] \iff 4a + 2a = c - 4c \iff 6a = -3c \iff a = -\frac{3}{6}c = -\frac{1}{2}c$.

$[B] \iff b = -a - 2c = \frac{1}{2}c - \frac{4}{2}c = -\frac{3}{2}c$.

$$\vec{n}(a\,;b\,;c) = \vec{n}\left(-\frac{1}{2}c\,;-\frac{3}{2}c\,;c\right) \quad \text{où} \quad c \in \mathbb{R}.$$

Exemple : si $c = -2$, $\vec{n}(1\,;3\,;-2)$.

Donc le plan $\mathcal{P}$ a pour équation cartésienne $x + 3y - 2z + d = 0$.

$A(0\,;\,-1\,;1) \in \mathcal{P} \iff 0 + 3 \times (-1) - 2 \times 1 + d = 0 \iff -3 - 2 + d = 0$
$\iff -5 + d = 0 \iff d = 5$.

Conclusion : le plan $\mathcal{P}$ a pour équation cartésienne $x + 3y - 2z + 5 = 0$.

4) Affirmation 4 : VRAIE

Le produit scalaire entre le vecteur $\vec{u}(11\,;\,-1\,;4)$ directeur de $\mathcal{D}$ et le vecteur $\vec{v}(1\,;3\,;-2)$ normal au plan $\mathcal{P}$ d'équation $x + 3y - 2z + 5 = 0$ est égal à :
$$\vec{u} \cdot \vec{v} = 11 \times 1 - 1 \times 3 + 4 \times (-2) = 11 - 3 - 8 = 0.$$

$\vec{u} \cdot \vec{v} = 0$ donc $\vec{u}$ et $\vec{v}$ sont orthogonaux, donc $\mathcal{D}$ est parallèle au plan $\mathcal{P}$. Deux cas peuvent se présenter : soit $\mathcal{D}$ est contenue dans $\mathcal{P}$, soit $\mathcal{D}$ est strictement parallèle à $\mathcal{P}$.

$\mathcal{D}$ passe par l'origine $O(0\,;0\,;0)$.

L'origine $O(0\,;0\,;0)$ n'appartient pas au plan $\mathcal{P}$ car $0 + 3 \times 0 - 2 \times 0 + 5 = 5 \neq 0$.

Donc $\mathcal{D}$ n'est pas contenue dans le plan $\mathcal{P}$.

Conclusion : La droite $\mathcal{D}$ est strictement parallèle au plan $\mathcal{P}$ d'équation $x + 3y - 2z + 5 = 0$.

Corrigé de l'exercice 2 : exponentielle, dérivée, limite, intégrale

Partie A : Étude du cas $k = 1$

1. • Limite en $-\infty$

$$\lim_{x \to -\infty} e^{-x} = \lim_{u \to +\infty} e^u = +\infty \quad \overset{\text{par produit}}{\Longrightarrow} \quad \lim_{x \to -\infty} (xe^{-x}) = -\infty \quad \Leftrightarrow \quad \lim_{x \to -\infty} f_1(x) = -\infty.$$

• Limite en $+\infty$

$$\lim_{x \to +\infty} \frac{e^x}{x} = +\infty \quad \overset{\text{par inverse}}{\Longrightarrow} \quad \lim_{x \to +\infty} \frac{x}{e^x} = 0 \quad \Leftrightarrow \quad \lim_{x \to +\infty} (xe^{-x}) = 0 \quad \Leftrightarrow \quad \lim_{x \to +\infty} f_1(x) = 0.$$

La courbe $\mathcal{C}_1$ admet en $+\infty$ une asymptote horizontale qui est la droite d'équation $y = 0$ (c'est-à-dire l'axe des abscisses).

2. $\forall x \in \mathbb{R}$, $f_1(x) = xe^{-x} = u(x) \times v(x)$ où $\begin{cases} u(x) = x \\ v(x) = e^{-x} \end{cases} \Rightarrow \begin{cases} u'(x) = 1 \\ v'(x) = -e^{-x} \end{cases}$.

Les fonctions u et v sont dérivables sur $\mathbb{R}$, donc leur produit $f_1 = uv$ est dérivable sur $\mathbb{R}$.

$\forall x \in \mathbb{R}$, $f_1'(x) = u'(x) \times v(x) + u(x) \times v'(x) = 1 \times e^{-x} + x \times (-e^{-x}) = (1-x)e^{-x}$.

Comme $e^{-x} > 0$, $f_1'(x)$ est du signe de $(1-x)$.

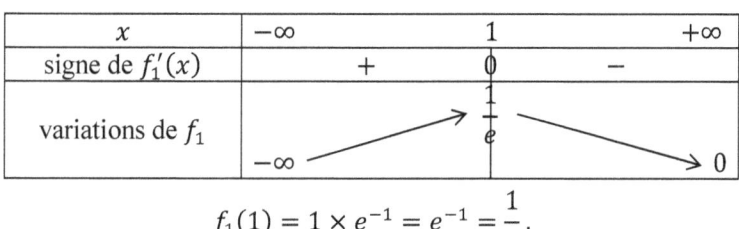

$$f_1(1) = 1 \times e^{-1} = e^{-1} = \frac{1}{e}.$$

3. $\forall x \in \mathbb{R}$, $g_1(x) = -(x+1)e^{-x} = u(x) \times v(x)$ où $\begin{cases} u(x) = -(x+1) \\ v(x) = e^{-x} \end{cases} \Rightarrow \begin{cases} u'(x) = -1 \\ v'(x) = -e^{-x} \end{cases}$.

Les fonctions u et v sont dérivables sur $\mathbb{R}$, donc leur produit $g_1 = uv$ est dérivable sur $\mathbb{R}$.

$\forall x \in \mathbb{R}$, $g_1'(x) = u'(x) \times v(x) + u(x) \times v'(x) = -1 \times e^{-x} - (x+1) \times (-e^{-x})$

$$= (-1 + x + 1)e^{-x} = xe^{-x} = f_1(x).$$

Conclusion : $g_1' = f_1$, donc g_1 est une primitive de la fonction f_1 sur $\mathbb{R}$.

4. $\forall x \in \mathbb{R}$, $f_1(x) = xe^{-x}$.

Comme $e^{-x} > 0$, $f_1(x)$ est du signe de x :
- $x \in]-\infty\,;0[\quad \Leftrightarrow \quad f_1(x) < 0$.
- $x \in]0\,;+\infty[\quad \Leftrightarrow \quad f_1(x) > 0$.
- $x = 0 \quad \Leftrightarrow \quad f_1(x) = 0$.

5. $\forall x \in [0\,;\ln 10]$, $f_1(x) \geq 0$, donc l'aire $\mathcal{A}$ de la partie du plan délimitée par la courbe $\mathcal{C}_1$, l'axe des abscisses et les droites verticales d'équations $x = 0$ et $x = \ln 10$, est égale à :

$$\mathcal{A} = \int_0^{\ln 10} f_1(x)\,dx = g_1(\ln 10) - g_1(0) = -(\ln 10 + 1)e^{-\ln 10} + (0+1)e^{-0}$$

$$= -(1 + \ln 10)\frac{1}{e^{\ln 10}} + 1 \times 1 = -(1 + \ln 10)\frac{1}{10} + 1 = -\frac{1}{10} - \frac{\ln 10}{10} + \frac{10}{10} = \frac{9 - \ln 10}{10}$$

$$\approx 0{,}670\ u.a.$$

Partie B : Propriétés graphiques

1. $\forall k \in \mathbb{R}^{*+}$, $f_k(0) = k \times 0 \times e^{-k0} = 0$.

Conclusion : pour tout réel k strictement positif, les courbes $\mathcal{C}_k$ passent par le point $O(0\,;0)$ qui est l'origine du repère.

2. a) $\forall x \in \mathbb{R}$, $f_k(x) = kxe^{-kx} = u(x) \times v(x)$ où $\begin{cases} u(x) = kx \\ v(x) = e^{-kx} \end{cases} \Rightarrow \begin{cases} u'(x) = k \\ v'(x) = -ke^{-kx} \end{cases}$.

Les fonctions u et v sont dérivables sur $\mathbb{R}$, donc leur produit $f_k = uv$ est dérivable sur $\mathbb{R}$.

$$\forall x \in \mathbb{R},\ f_k'(x) = u'(x) \times v(x) + u(x) \times v'(x) = k \times e^{-kx} + kx \times (-ke^{-kx})$$
$$= (k - kkx)e^{-kx} = k(1 - kx)e^{-kx}.$$

b) $\forall k \in \mathbb{R}^{*+}$, $k > 0$ et $e^{-kx} > 0$ $\Rightarrow$ $ke^{-kx} > 0$ $\Rightarrow$ $f_k'(x)$ est du signe de $(1 - kx)$.

$f_k'(x) > 0 \iff 1 - kx > 0 \iff 1 > kx \iff \dfrac{1}{k} > x$.

$f_k'(x) < 0 \iff 1 - kx < 0 \iff 1 < kx \iff \dfrac{1}{k} < x$.

$f_k'(x) = 0 \iff 1 - kx = 0 \iff 1 = kx \iff \dfrac{1}{k} = x$.

x	$-\infty$		$\dfrac{1}{k}$		$+\infty$
signe de $f_k'(x)$		$+$	0	$-$	
variations de f_k	$-\infty$	$\nearrow$	$\dfrac{1}{e}$	$\searrow$	0

f_k est strictement croissante sur $\left]-\infty\,;\dfrac{1}{k}\right]$ et strictement décroissante sur $\left[\dfrac{1}{k}\,;+\infty\right[$ donc f_k admet en $x = \dfrac{1}{k}$ un maximum égal à :

$$f_k\left(\dfrac{1}{k}\right) = k \times \dfrac{1}{k} e^{-k \times \frac{1}{k}} = 1 \times e^{-1} = \dfrac{1}{e} \approx 0{,}368.$$

c) Le sommet de $\mathcal{C}_k$ est le point $S_k\left(\dfrac{1}{k}\,;\dfrac{1}{e}\right)$.

En particulier, le sommet de $\mathcal{C}_2$ est $S_2\left(\dfrac{1}{2}\,;\dfrac{1}{e}\right)$ et le sommet de $\mathcal{C}_a$ est $S_a\left(\dfrac{1}{a}\,;\dfrac{1}{e}\right)$.

On constate que l'abscisse de S_a est plus petite que l'abscisse de S_2, donc $0 < \dfrac{1}{a} < \dfrac{1}{2}$ $\Rightarrow$ $a > 2$.

d) Une équation de la tangente à $\mathcal{C}_k$ au point O origine du repère est :

$$y = f_k'(0) \times (x - 0) + f_k(0) = k(1 - k \times 0)e^{-k \times 0} \times x + 0 = k \times 1 \times 1 \times x \iff y = kx.$$

e) Une équation de la tangente T à $\mathcal{C}_b$ au point O est $y = bx$.

Le coefficient directeur de T est :

$$b \approx \dfrac{0{,}6}{0{,}2} = 3.$$

Une valeur approchée de b est 3.

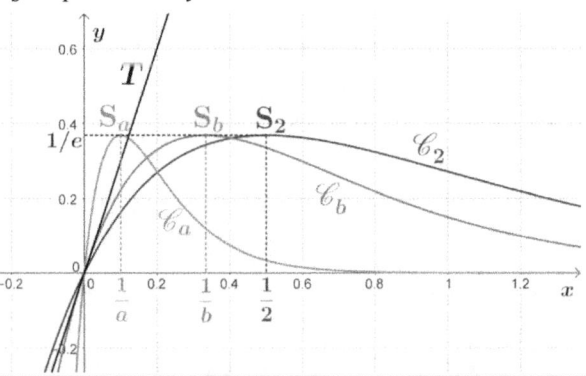

Corrigé de l'exercice 3 : probabilités, loi normale

1. La probabilité pour qu'une pièce prélevée au hasard soit conforme pour la longueur est :

$$p_1 = p(\mu_1 - 3\sigma_1 \leq X \leq \mu_1 + 3\sigma_1) = p(36 - 3 \times 0{,}2 \leq X \leq 36 + 3 \times 0{,}2)$$

$$= p(35{,}4 \leq X \leq 36{,}6) \approx 0{,}997\,.$$

La valeur approchée est obtenue à l'aide de la calculatrice (voir les deux pages suivantes).

2. La probabilité pour qu'une pièce prélevée au hasard soit conforme pour le diamètre est :

$$p_2 = p(5{,}88 \leq Y \leq 6{,}12) = p(Y \leq 6{,}12) - p(Y \leq 5{,}88)$$

$$\approx 0{,}991\,802\,464 - 0{,}008\,197\,536 \approx 0{,}984\,.$$

3. a. Comme les évènements L et D sont indépendants, la probabilité pour qu'une pièce prélevée au hasard soit acceptée est :

$$p(L \cap D) = p(L) \times p(D) = p_1 p_2\,.$$

La probabilité pour qu'une pièce prélevée au hasard ne soit pas acceptée est :

$$p(\overline{L \cap D}) = 1 - p(L \cap D) = 1 - p_1 p_2 \approx 1 - 0{,}997 \times 0{,}984 \approx 0{,}02\,.$$

b. La probabilité qu'elle soit conforme pour le diamètre sachant qu'elle n'est pas conforme pour la longueur, est égale à :

$$p_{\overline{L}}(D) = \frac{p(\overline{L} \cap D)}{p(\overline{L})}\,.$$

- $1^{\text{ère}}$ méthode

L et D sont indépendants, donc $\overline{L}$ et D sont indépendants : $p(\overline{L} \cap D) = p(\overline{L}) \times p(D)$.

$$p_{\overline{L}}(D) = \frac{p(\overline{L} \cap D)}{p(\overline{L})} = \frac{p(\overline{L}) \times p(D)}{p(\overline{L})} = p(D) = p_2\,.$$

- 2e méthode

$$p_2 = p(D) = p(L \cap D) + p(\overline{L} \cap D) = p_1 p_2 + p(\overline{L} \cap D) \Rightarrow p(\overline{L} \cap D) = p_2 - p_1 p_2 = p_2(1 - p_1)\,.$$

$$p(\overline{L}) = 1 - p(L) = 1 - p_1\,.$$

$$p_{\overline{L}}(D) = \frac{p(\overline{L} \cap D)}{p(\overline{L})} = \frac{p_2(1 - p_1)}{1 - p_1} = p_2\,.$$

Réponse à la question 1 avec la calculatrice TEXAS INSTRUMENTS TI-83Plus.*fr* :

• 1ère méthode (la plus rapide) : avec la fonction de répartition de la loi normale (en anglais : Normal Cumulative Density Function, ou « normalcdf »).

Calcul de $p(35{,}4 \leq X \leq 36{,}6) \approx 0{,}997$.

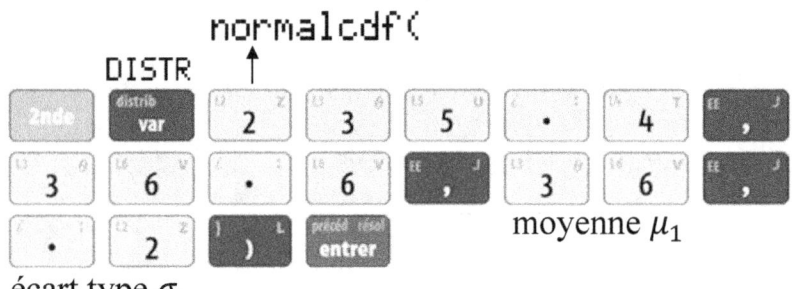

• 2e méthode : en mode Calcul, avec l'intégrale.

$$p(35{,}4 \leq X \leq 36{,}6) = \frac{1}{\sigma_1\sqrt{2\pi}} \int_{35{,}4}^{36{,}6} e^{-\frac{(x-\mu_1)^2}{2\sigma_1^2}} dx = \frac{1}{0{,}2\sqrt{2\pi}} \int_{35{,}4}^{36{,}6} e^{-\frac{(x-36)^2}{0{,}08}} dx \approx 0{,}997 .$$

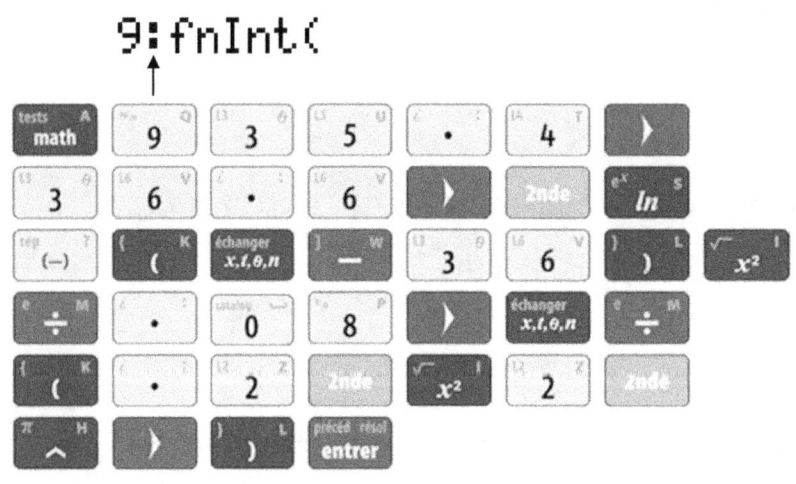

Réponse à la question 1 avec la calculatrice CASIO *fx-CG10/20* :

• 1ère méthode (la plus rapide) : en mode Statistique, avec la distribution cumulative normale (en anglais : Normal Cumulative Distribution, ou « Ncd »).

Calcul de $p(35,4 \leq X \leq 36,6) \approx 0,997$.

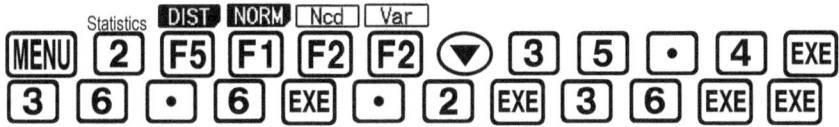

```
Normal C.D                Normal C.D
Data      :Variable       p      =0.9973002
Lower     :35.4           z:Low=-3
Upper     :36.6           z:Up  =3
σ         :0.2
μ         :36
Save Res:None
```

• 2ᵉ méthode : en mode Calcul, avec l'intégrale.

$$p(35,4 \leq X \leq 36,6) = \frac{1}{\sigma_1\sqrt{2\pi}} \int_{35,4}^{36,6} e^{-\frac{(x-\mu_1)^2}{2\sigma_1^2}} dx = \frac{1}{0,2\sqrt{2\pi}} \int_{35,4}^{36,6} e^{-\frac{(x-36)^2}{0,08}} dx \approx 0,997.$$

$$\int_{35.4}^{36.6} e^{-(x-36)^2 \div .08} dx \div (.2\sqrt{2\pi})$$

$$0.9973002039$$

Corrigé de l'exercice 4 : probabilités, algorithme

Partie A : modélisation et simulation

1. On sort de la boucle « tant que » lorsque $y \notin [-1\,;1]$ c'est-à-dire dès que $y = 2$ ou $y = -2$ et lorsque $x \geq 10$ c'est-à-dire dès que $x = 10$.

- $(-1\,;1)$ ne peut pas être obtenu car $x \geq 0 \Rightarrow x \neq -1$.

- $(2\,;4)$ ne peut pas être obtenu car après deux pas ($x = 2$), la valeur maximale de y est 2 donc $y \neq 4$.

- $(10\,;0)$ peut être obtenu, par exemple en affectant à n la valeur 0 dix fois, de sorte que y reste constamment égale à 0.

- $(10\,;2)$ peut être obtenu, par exemple en affectant à n la valeur 0 huit fois, puis la valeur 1 deux fois, de sorte que y atteint la valeur 2 après dix pas.

2. On remplace la dernière ligne : Afficher « la position de Tom est » $(x\,;y)$ par :

> Si $y \geq -1$ et $y \leq 1$
>   alors Afficher « Tom a réussi la traversée »
>   sinon Afficher « Tom est tombé »
> Fin si

ou bien par :

> Si $y \leq -2$ ou $y \geq 2$
>   alors Afficher « Tom est tombé »
>   sinon Afficher « Tom a réussi la traversée »
> Fin si

Partie B

1. • Les événements A_0 « après 0 déplacement, Tom se trouve sur un point d'ordonnée -1 » et C_0 « après 0 déplacement, Tom se trouve sur un point d'ordonnée 1 » sont impossibles car au début de la traversée, Tom se trouve au point de coordonnées $(0\,;0)$. Donc la probabilité de A_0 est $a_0 = 0$, et la probabilité de C_0 est $c_0 = 0$.

• L'événement B_0 « après 0 déplacement, Tom se trouve sur un point d'ordonnée 0 » est certain car au début de la traversée, Tom se trouve au point de coordonnées $(0\,;0)$. Donc la probabilité de B_0 est $b_0 = 1$.

2. Au départ, Tom se trouve au point de coordonnées $(0\,;0)$ donc $a_0 = c_0 = 0$ et $b_0 = 1$.
L'événement S « Tom traverse le pont » a pour événement contraire : $\bar{S}$ « Tom tombe à l'eau ».
Pour tout entier naturel n compris entre 0 et 9, le passage entre le $n^{\text{ième}}$ déplacement et le $(n+1)^{\text{ième}}$ déplacement est représenté par l'arbre pondéré suivant :

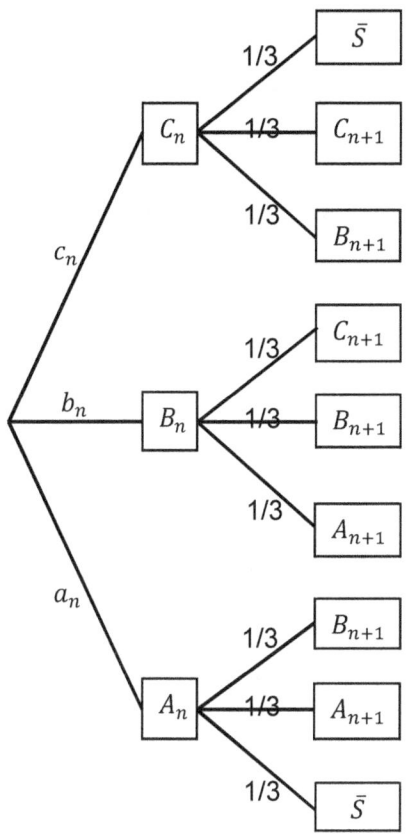

D'après la formule des probabilités totales :

$a_{n+1} = p(A_{n+1}) = p(A_n \cap A_{n+1}) + p(B_n \cap A_{n+1})$

$= p(A_n) \times p_{A_n}(A_{n+1}) + p(B_n) \times p_{B_n}(A_{n+1}) = a_n \times \dfrac{1}{3} + b_n \times \dfrac{1}{3} = \dfrac{a_n + b_n}{3}.$

$b_{n+1} = p(B_{n+1}) = p(A_n \cap B_{n+1}) + p(B_n \cap B_{n+1}) + p(C_n \cap B_{n+1})$

$= p(A_n) \times p_{A_n}(B_{n+1}) + p(B_n) \times p_{B_n}(B_{n+1}) + p(C_n) \times p_{C_n}(B_{n+1})$

$= a_n \times \dfrac{1}{3} + b_n \times \dfrac{1}{3} + c_n \times \dfrac{1}{3} = \dfrac{a_n + b_n + c_n}{3}.$

$c_{n+1} = p(C_{n+1}) = p(B_n \cap C_{n+1}) + p(C_n \cap C_{n+1}) = p(B_n) \times p_{B_n}(C_{n+1}) + p(C_n) \times p_{C_n}(C_{n+1})$

$= b_n \times \dfrac{1}{3} + c_n \times \dfrac{1}{3} = \dfrac{b_n + c_n}{3}.$

Conclusion : pour tout entier naturel $n \in [0\,;9]$, on a : $\begin{cases} a_{n+1} = \dfrac{a_n + b_n}{3} \\ b_{n+1} = \dfrac{a_n + b_n + c_n}{3} \\ c_{n+1} = \dfrac{b_n + c_n}{3} \end{cases}.$

3.

$$p(A_1) = a_1 = \frac{a_0 + b_0}{3} = \frac{0 + 1}{3} = \frac{1}{3}.$$

$$p(B_1) = b_1 = \frac{a_0 + b_0 + c_0}{3} = \frac{0 + 1 + 0}{3} = \frac{1}{3}.$$

$$p(C_1) = c_1 = \frac{b_0 + c_0}{3} = \frac{1 + 0}{3} = \frac{1}{3}.$$

4. La probabilité que Tom se trouve sur le pont au bout de deux déplacements est égale à :

$$p(A_2) + p(B_2) + p(C_2) = a_2 + b_2 + c_2 = \frac{a_1 + b_1}{3} + \frac{a_1 + b_1 + c_1}{3} + \frac{b_1 + c_1}{3}$$

$$= \frac{1}{3} \times (2a_1 + 3b_1 + 2c_1) = \frac{1}{3} \times \left(\frac{2}{3} + \frac{3}{3} + \frac{2}{3}\right) = \frac{1}{3} \times \frac{7}{3} = \frac{7}{9}.$$

5. La probabilité de l'évènement S « Tom traverse le pont » c'est-à-dire « Tom n'est pas tombé dans l'eau et se trouve encore sur le pont au bout de 10 déplacements » est égale à :

$$p = p(A_{10}) + p(B_{10}) + p(C_{10}) = a_{10} + b_{10} + c_{10} \approx 0{,}040\ 272 + 0{,}056\ 953 + 0{,}040\ 272$$

$$\approx 0{,}137\ 497 \approx 0{,}137 \text{ à } 0{,}001 \text{ près.}$$

C10 : Corrigé du sujet France métropolitaine (12 septembre 2013)

Corrigé de l'exercice 1 : exponentielle, dérivée, intégrale, algorithme

Partie A

1. D'après la figure :
- si $x \in]-\infty\,;\,-2[$, $\mathcal{C}$ est en-dessous de l'axe des abscisses, donc $f(x) < 0$;
- si $x \in]-2\,;\,+\infty[$, $\mathcal{C}$ est au-dessus de l'axe des abscisses, donc $f(x) > 0$;
- si $x = -2$, $\mathcal{C}$ coupe l'axe des abscisses, donc $f(x) = f(-2) = 0$.

On peut résumer ces résultats dans un tableau de signes :

x	$-\infty$		-2		$+\infty$
signe de $f(x)$		$-$	0	$+$	

2. a. F est une primitive de f sur $\mathbb{R}$, donc $F' = f$. La courbe $\mathcal{C}$ représentant f passe par :
- le point de coordonnées $(0\,;\,2)$, donc $F'(0) = f(0) = 2$;
- le point de coordonnées $(-2\,;\,0)$, donc $F'(-2) = f(-2) = 0$.

b. La courbe représentative de la fonction F a une tangente en 0 de coefficient directeur $F'(0) = 2$, et une tangente horizontale en -2 (de coefficient directeur $F'(-2) = 0$).

- $\mathcal{C}_3$ ne représente pas F car sa tangente d_3 en 0 a un coefficient directeur $\frac{3}{2} \neq 2$, et sa tangente en -2 a un coefficient directeur non nul (négatif).
- $\mathcal{C}_2$ ne représente pas F car sa tangente d_2 en 0 a un coefficient directeur 2, mais sa tangente en -2 a un coefficient directeur non nul (négatif).
- Seule $\mathcal{C}_1$ représente F car sa tangente d_1 en 0 a pour coefficient directeur 2, et sa tangente en -2 est horizontale (de coefficient directeur 0).

Partie B

1. a. $\forall x \in \mathbb{R}$, $f(x) = (x+2)e^{\frac{1}{2}x} = u(x) \times v(x)$ où $\begin{cases} u(x) = x+2 \\ v(x) = e^{\frac{1}{2}x} \end{cases} \Rightarrow \begin{cases} u'(x) = 1 \\ v'(x) = \frac{1}{2}e^{\frac{1}{2}x} \end{cases}$.

Les fonctions u et v sont dérivables sur $\mathbb{R}$, donc leur produit $f = uv$ est dérivable sur $\mathbb{R}$.

$$\forall x \in \mathbb{R}, \quad f'(x) = u'(x) \times v(x) + u(x) \times v'(x) = 1 \times e^{\frac{1}{2}x} + (x+2) \times \frac{1}{2}e^{\frac{1}{2}x}$$
$$= \frac{1}{2}(2 + x + 2)e^{\frac{1}{2}x} = \frac{1}{2}(x+4)e^{\frac{1}{2}x}.$$

b. $\forall x \in \mathbb{R}$, $e^{\frac{1}{2}x} > 0 \Rightarrow \frac{1}{2}e^{\frac{1}{2}x} > 0 \Rightarrow f'(x) = \frac{1}{2}(x+4)e^{\frac{1}{2}x}$ est du signe de $(x+4)$.

x	$-\infty$		-4		$+\infty$
signe de $f'(x)$		$-$	0	$+$	
variations de f		↘	$-2e^{-2}$	↗	

D'après ce tableau de variations, f admet en $x = -4$ le minimum :

$$f(-4) = (-4+2)e^{\frac{1}{2}(-4)} = -2e^{-2} \approx -0{,}271.$$

2. a. $f(0) = (0+2)e^{\frac{1}{2}(0)} = 2 \times 1 = 2$.
Comme f est strictement croissante sur $]-4\,;\,+\infty[$, pour tout réel $x > 0$, $f(x) > f(0) > 0$.
Donc $\forall x \in [0\,;1]$, $f(x) > 0$. f est une fonction positive et continue sur $[0\,;1]$.
Par conséquent, dans le plan $\mathcal{P}$ muni d'un repère orthogonal $(O\,;\vec{\imath}\,;\vec{\jmath})$,
$$I = \int_0^1 f(x)\,dx \quad \text{représente l'aire du domaine :}$$
$\mathcal{D}_f = \{M(x\,;y) \in \mathcal{P} \text{ tels que } 0 \leq x \leq 1 \text{ et } 0 \leq y \leq f(x)\}$
délimité par $\mathcal{C}_f$, l'axe des abscisses
et les droites verticales d'équations $x = 0$ et $x = 1$.

b. $\forall x \in \mathbb{R}, \begin{cases} u(x) = x \\ v(x) = e^{\frac{1}{2}x} \end{cases} \Longrightarrow \begin{cases} u'(x) = 1 \\ v'(x) = \frac{1}{2}e^{\frac{1}{2}x} \end{cases}$.

figure (facultative)

$2[u'(x) \times v(x) + u(x) \times v'(x)] = 2\left[1 \times e^{\frac{1}{2}x} + x \times \frac{1}{2}e^{\frac{1}{2}x}\right] = 2\left(1 + \frac{x}{2}\right)e^{\frac{1}{2}x} = (2+x)e^{\frac{1}{2}x}$
$ = f(x)$.

Conclusion : $f = 2(u'v + uv')$.

c. $f = 2(u'v + uv') = 2(uv)' = (2uv)' = G'$ où la fonction $G = 2uv$ est une primitive de f sur $\mathbb{R}$.
$$\forall x \in \mathbb{R}, \quad G(x) = 2u(x) \times v(x) = 2xe^{\frac{1}{2}x}.$$
$$I = \int_0^1 f(x)\,dx = G(1) - G(0) = 2 \times 1 \times e^{\frac{1}{2} \times 1} - 2 \times 0 \times e^{\frac{1}{2} \times 0} = \left(2e^{\frac{1}{2}}\right) u.a. = \left(2\sqrt{e}\right) u.a.$$

3. a. Le nombre affiché par cet algorithme lorsque l'utilisateur entre la valeur $n = 3$ est :
$$s_3 = \frac{1}{3}f\left(\frac{0}{3}\right) + \frac{1}{3}f\left(\frac{1}{3}\right) + \frac{1}{3}f\left(\frac{2}{3}\right).$$
Le domaine hachuré sur le graphique est constitué de trois rectangles, de bases respectives $\frac{1}{3}$, de hauteurs respectives $f(0)$, $f\left(\frac{1}{3}\right)$, $f\left(\frac{2}{3}\right)$ et d'aires respectives $\mathcal{A}_0 = \frac{1}{3}f(0)$, $\mathcal{A}_1 = \frac{1}{3}f\left(\frac{1}{3}\right)$, $\mathcal{A}_2 = \frac{1}{3}f\left(\frac{2}{3}\right)$. L'aire de ce domaine est égale à la somme des aires des trois rectangles. Donc $s_3 = \mathcal{A}_0 + \mathcal{A}_1 + \mathcal{A}_2$ représente l'aire, exprimée en unités d'aire, du domaine hachuré sur le graphique.

b. Le nombre affiché par cet algorithme lorsque l'utilisateur entre l'entier naturel n est :
$$s_n = \sum_{k=0}^{n-1}\left[\frac{1}{n}f\left(\frac{k}{n}\right)\right] = \frac{1}{n}f\left(\frac{0}{n}\right) + \frac{1}{n}f\left(\frac{1}{n}\right) + \frac{1}{n}f\left(\frac{2}{n}\right) + \cdots + \frac{1}{n}f\left(\frac{n-1}{n}\right).$$
Soit $\mathcal{A}_k = \frac{1}{n}f\left(\frac{k}{n}\right)$ l'aire du rectangle de base $\frac{1}{n}$ et de hauteur $f\left(\frac{k}{n}\right)$.
$$s_n = \sum_{k=0}^{n-1} \mathcal{A}_k = \mathcal{A}_0 + \mathcal{A}_1 + \mathcal{A}_2 + \cdots + \mathcal{A}_{n-1}.$$
s_n est la somme des aires de n rectangles de base $\frac{1}{n}$ et de hauteurs $f(0)$, $f\left(\frac{1}{3}\right)$, $f\left(\frac{2}{3}\right)$, ..., $f\left(\frac{n-1}{n}\right)$.
Lorsque n devient grand, cette aire s'approche de l'aire du domaine $\mathcal{D}_f$ défini à la question **2.a**, c'est-à-dire vers le nombre :
$$\lim_{n\to+\infty} s_n = \lim_{n\to+\infty} \sum_{k=0}^{n-1} \frac{1}{n}f\left(\frac{k}{n}\right) = \int_0^1 f(x)\,dx = \left(2\sqrt{e}\right) u.a.$$

Corrigé de l'exercice 2 : complexes, géométrie dans l'espace

1. b.

D'après sa représentation paramétrique, la droite $\mathcal{D}$ a pour vecteur directeur $\vec{v}(-2\,;\,3\,;\,0)$.
D'après son équation cartésienne, le plan $\mathcal{P}$ a pour vecteur normal $\vec{n}(3\,;\,2\,;\,1)$.

$$\vec{n} \cdot \vec{v} = 3 \times (-2) + 2 \times 3 + 1 \times 0 = -6 + 6 + 0 = 0.$$

$\vec{n} \cdot \vec{v} = 0$ donc les vecteurs $\vec{n}$ et $\vec{v}$ sont orthogonaux, donc $\mathcal{D}$ est parallèle à $\mathcal{P}$.
Deux cas peuvent se présenter : soit $\mathcal{D}$ est strictement parallèle à $\mathcal{P}$, soit $\mathcal{D}$ est incluse dans $\mathcal{P}$.
Pour identifier le cas, considérons les coordonnées $(x\,;\,y\,;\,z)$ d'un point M hypothétique situé à l'intersection de $\mathcal{D}$ et de $\mathcal{P}$. Ces coordonnées vérifient :

$$\begin{cases} x = 5 - 2t \\ y = 1 + 3t \\ z = 4 \end{cases} (t \in \mathbb{R}) \quad \text{et} \quad 3x + 2y + z - 6 = 0$$

$$\Rightarrow \quad 0 = 3(5 - 2t) + 2(1 + 3t) + 4 - 6 = 15 - 6t + 2 + 6t - 2 = 15.$$

Or $15 \neq 0$, donc il n'existe pas de point M situé à l'intersection de $\mathcal{D}$ et de $\mathcal{P}$.

Conclusion : $\mathcal{D}$ et $\mathcal{P}$ n'ont aucun point commun : ils sont strictement parallèles.

2. b.

$\mathcal{D}$ a pour vecteur directeur $\vec{v}(-2\,;\,3\,;\,0)$ et $\mathcal{D}'$ a pour vecteur directeur $\vec{u}(2\,;\,-1\,;\,2)$.
$\frac{-2}{2} \neq \frac{3}{-1}$, donc les vecteurs $\vec{v}$ et $\vec{u}$ ne sont pas colinéaires, donc les droites $\mathcal{D}$ et $\mathcal{D}'$ ne sont pas parallèles.
Deux cas peuvent se présenter : soit $\mathcal{D}$ et $\mathcal{D}'$ sont sécantes, soit $\mathcal{D}$ et $\mathcal{D}'$ ne sont pas coplanaires. Sachant que $\mathcal{D}'$ passe par A$(3\,;\,1\,;\,1)$ et a pour vecteur directeur $\vec{u}(2\,;\,-1\,;\,2)$,

sa représentation paramétrique est : $\begin{cases} x = 3 + 2t' \\ y = 1 - t' \\ z = 1 + 2t' \end{cases}$, $t' \in \mathbb{R}$.

Soit M$(x\,;\,y\,;\,z)$ le point d'intersection hypothétique entre $\mathcal{D}$ et $\mathcal{D}'$. Ses coordonnées vérifient :

$$\begin{cases} x = 5 - 2t = 3 + 2t' \\ y = 1 + 3t = 1 - t' \\ z = 4 = 1 + 2t' \end{cases} \Rightarrow \begin{cases} 5 - 2t = 3 + 3 \\ 1 + 3t = 1 - \frac{3}{2} \\ t' = \frac{3}{2} \end{cases} \Rightarrow \begin{cases} -2t = 1 \\ 3t = -\frac{3}{2} \\ t' = \frac{3}{2} \end{cases} \Rightarrow \begin{cases} t = -\frac{1}{2} \\ t = -\frac{1}{2} \\ t' = \frac{3}{2} \end{cases} \Rightarrow \begin{cases} t = -\frac{1}{2} \\ t' = \frac{3}{2} \end{cases}.$$

$\mathcal{D}$ et $\mathcal{D}'$ sont sécantes au point M de coordonnées : $\begin{cases} x = 5 + 1 = 6 \\ y = 1 - \frac{3}{2} = -\frac{1}{2} \\ z = 4 \end{cases}$.

Conclusion : les droites $\mathcal{D}$ et $\mathcal{D}'$ sont sécantes au point M$\left(6\,;\,-\frac{1}{2}\,;\,4\right)$.

3. a.

Les points J$(0\,;\,1)$ et K$(0\,;\,-1)$ ont pour affixes respectives $z_J = i$ et $z_K = -i$. Ces points J et K appartiennent à l'axe des ordonnées.
M d'affixe z appartient à $\mathcal{E}$ $\Leftrightarrow$ $|z + i| = |z - i|$ $\Leftrightarrow$ $|z - z_K| = |z - z_J|$ $\Leftrightarrow$ KM = JM
$\Leftrightarrow$ M est équidistant de K et de J $\Leftrightarrow$ M appartient à la médiatrice de [JK], qui est l'axe des abscisses $\Leftrightarrow$ $\mathcal{E}$ est l'axe des abscisses.

4. c.
- 1ère méthode : montrons que les affirmations **a** et **b** sont fausses.

$$\frac{OC}{OB} = \frac{|c|}{|b|} = \left|\frac{c}{b}\right| = \left|\sqrt{2}e^{i\frac{\pi}{4}}\right| = |\sqrt{2}| \times \left|e^{i\frac{\pi}{4}}\right| = \sqrt{2} \times 1 = \sqrt{2} \neq 1 \quad \Rightarrow \quad OC \neq OB.$$

Donc le triangle OBC n'est pas isocèle en O. L'affirmation **a** est fausse.

Il y a deux méthodes pour montrer que l'affirmation **b** est fausse :
- méthode n° 1 :

$$\frac{c}{b} = \sqrt{2}e^{i\frac{\pi}{4}} = \sqrt{2}\left(\cos\frac{\pi}{4} + i\sin\frac{\pi}{4}\right) = \sqrt{2}\left(\frac{1}{\sqrt{2}} + i\frac{1}{\sqrt{2}}\right) = 1 + i \quad \Rightarrow \quad c = (1+i)b$$
$$\Rightarrow \quad \overrightarrow{OC} = (1+i)\overrightarrow{OB}.$$

Le nombre $1+i$ n'est pas réel, donc il n'existe pas de réel k tel que $\overrightarrow{OC} = k\overrightarrow{OB}$.
Les vecteurs $\overrightarrow{OC}$ et $\overrightarrow{OB}$ ne sont pas colinéaires, donc les points O, B, C ne sont pas alignés.
L'affirmation **b** est fausse.
- méthode n° 2 :

$$\left(\widehat{\overrightarrow{OB}, \overrightarrow{OC}}\right) = \left(\widehat{\overrightarrow{OB}, \overrightarrow{OI}}\right) + \left(\widehat{\overrightarrow{OI}, \overrightarrow{OC}}\right) = \left(\widehat{\overrightarrow{OI}, \overrightarrow{OC}}\right) - \left(\widehat{\overrightarrow{OI}, \overrightarrow{OB}}\right) = \arg c - \arg b = \arg \frac{c}{b}$$
$$= \arg\left(\sqrt{2}e^{i\frac{\pi}{4}}\right) = \frac{\pi}{4} \ [2\pi].$$

Comme $\left(\widehat{\overrightarrow{OB}, \overrightarrow{OC}}\right) \neq 0 \ [\pi]$, les points O, B, C ne sont pas alignés.
L'affirmation **b** est fausse.

Conclusion : les affirmations **a** et **b** sont fausses, donc c'est l'affirmation **c** qui est vraie.

- 2e méthode : montrons que l'affirmation **c** est vraie.

$$\frac{CB}{OB} = \frac{|b-c|}{|b|} = \left|\frac{b-c}{b}\right| = \left|1 - \frac{c}{b}\right| = |1 - (1+i)| = |-i| = 1 \quad \Rightarrow \quad CB = OB.$$

Le triangle OBC est isocèle en B.

Pour montrer que le triangle OBC est rectangle en B, il y a deux méthodes :
- méthode n° 1 : utilisation de la réciproque du théorème de Pythagore

$$\frac{OC^2}{OB^2 + CB^2} = \frac{OC^2}{OB^2 + OB^2} = \frac{1}{2}\frac{OC^2}{OB^2} = \frac{1}{2}\left|\frac{c}{b}\right|^2 = \frac{1}{2}(\sqrt{2})^2 = \frac{1}{2} \times 2 = 1 \quad \Rightarrow \quad OB^2 + CB^2 = OC^2.$$

D'après la réciproque du théorème de Pythagore, le triangle OBC est rectangle en B.
Conclusion : le triangle OBC est isocèle et rectangle en B.

- méthode n° 2 : détermination de l'angle droit $\left(\widehat{\overrightarrow{BC}, \overrightarrow{BO}}\right)$

$$\left(\widehat{\overrightarrow{BC}, \overrightarrow{BO}}\right) = \left(\widehat{\overrightarrow{BC}, \overrightarrow{OI}}\right) + \left(\widehat{\overrightarrow{OI}, \overrightarrow{BO}}\right) = \left(\widehat{\overrightarrow{OI}, \overrightarrow{BO}}\right) - \left(\widehat{\overrightarrow{OI}, \overrightarrow{BC}}\right) = \arg z_{\overrightarrow{BO}} - \arg z_{\overrightarrow{BC}} = \arg \frac{z_{\overrightarrow{BO}}}{z_{\overrightarrow{BC}}}.$$

$\overrightarrow{BO}$ a pour affixe $z_{\overrightarrow{BO}} = z_O - z_B = 0 - b = -b$.
$\overrightarrow{BC}$ a pour affixe $z_{\overrightarrow{BC}} = z_C - z_B = c - b$.

$$\left(\widehat{\overrightarrow{BC}, \overrightarrow{BO}}\right) = \arg \frac{z_{\overrightarrow{BO}}}{z_{\overrightarrow{BC}}} = \arg \frac{-b}{c-b} = \arg \frac{b}{b-c} = -\arg \frac{b-c}{b} = -\arg\left(1 - \frac{c}{b}\right)$$
$$= -\arg(1-(1+i)) = -\arg(-i) = -\arg\left(e^{-i\frac{\pi}{2}}\right) = -\left(-\frac{\pi}{2}\right) = \frac{\pi}{2} \ [2\pi].$$

Comme l'angle $\left(\widehat{\overrightarrow{BC}, \overrightarrow{BO}}\right)$ est droit, le triangle OBC est rectangle en B.

Conclusion : le triangle OBC est isocèle et rectangle en B.

Corrigé de l'exercice 3 : probabilités, loi binomiale, fluctuation

1. a. Voici l'arbre pondéré traduisant la situation :

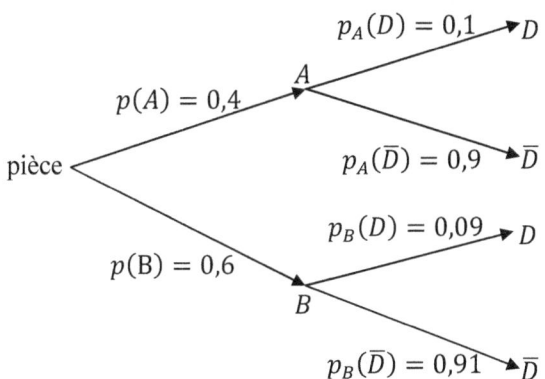

b. La probabilité que la pièce choisie présente un défaut et ait été fabriquée par la machine A est :
$p(A \cap D) = p(A) \times p_A(D) = 0{,}4 \times 0{,}1 = 0{,}04$.

c. Le choix d'une pièce prise au hasard constitue une expérience aléatoire dont l'univers est $\Omega = A \cup B$ avec $A \cap B = \emptyset$. Donc les événements disjoints A et B constituent une partition de l'univers Ω. La probabilité de l'évènement D est égale à :
$p(D) = p(\Omega \cap D) = p(A \cap D) + p(B \cap D) = p(A \cap D) + p(B) \times p_B(D) = 0{,}04 + 0{,}6 \times 0{,}09$
$= 0{,}04 + 0{,}054 = 0{,}094$.

d. La pièce choisie a un défaut. La probabilité que cette pièce provienne de la machine A est :
$$p_D(A) = \frac{p(D \cap A)}{p(D)} = \frac{p(A \cap D)}{p(D)} = \frac{0{,}04}{0{,}094} = \frac{20}{47} \approx 0{,}426.$$

2. a. • Le tirage d'une pièce est une expérience aléatoire qui admet deux issues :
- l'une appelée « succès », notée $\overline{D}$, correspondant au fait que la pièce est conforme, dont la probabilité d'apparition est $p = p_A(\overline{D}) = 0{,}9$;
- l'autre appelée « échec », notée D, correspondant au fait que la pièce n'est pas conforme, dont la probabilité d'apparition est $p_A(D) = 0{,}1$.

Le tirage d'une pièce constitue donc une épreuve de Bernoulli de paramètre $p = 0{,}9$.

• La répétition n fois, de façon indépendante, de cette épreuve de Bernoulli, constitue un schéma de n épreuves de Bernoulli de paramètre $p = 0{,}9$.

• La variable aléatoire X_n qui compte le nombre de succès (nombre de pièces qui sont conformes) suit donc la loi binomiale de paramètres n et $p = 0{,}9$.

b. L'intervalle de fluctuation asymptotique au seuil de 95 % de la variable aléatoire F_{150} est :
$$I = \left[p - 1{,}96\sqrt{\frac{p(1-p)}{n}} \; ; \; p + 1{,}96\sqrt{\frac{p(1-p)}{n}}\right]$$
$$= \left[0{,}9 - 1{,}96\sqrt{\frac{0{,}9 \times 0{,}1}{150}} \; ; \; 0{,}9 + 1{,}96\sqrt{\frac{0{,}9 \times 0{,}1}{150}}\right] \approx [0{,}852 \; ; \; 0{,}948].$$

$n = 150 \geq 30$; $np = 150 \times 0{,}9 = 135 \geq 5$; $n(1-p) = 150 \times 0{,}1 = 15 \geq 5$.
Comme $n \geq 30$; $np \geq 5$; $n(1-p) \geq 5$, $F_{150} \in I$ avec une probabilité environ égale à 95 %.

c. 21 pièces sont non conformes sur un échantillon de 150 pièces produites, donc la proportion de pièces conformes dans cet échantillon vaut $F_{150} = \frac{X_{150}}{150} = \frac{150-21}{150} = \frac{129}{150} = 0{,}86 \in I$.
Comme $F_{150} \in I$, le test qualité ne remet pas en cause le réglage de la machine.

Corrigé de l'exercice 4 : suites, récurrence, limite

1. a. $u_1 = \dfrac{u_0 + 2}{2u_0 + 1} = \dfrac{2+2}{2 \times 2 + 1} = \dfrac{4}{5} = 0{,}8$.

$u_2 = \dfrac{u_1 + 2}{2u_1 + 1} = \dfrac{\frac{4}{5} + 2}{2 \times \frac{4}{5} + 1} = \dfrac{\frac{4}{5} + \frac{10}{5}}{\frac{8}{5} + \frac{5}{5}} = \dfrac{4 + 10}{8 + 5} = \dfrac{14}{13} \approx 1{,}08$.

$u_3 = \dfrac{u_2 + 2}{2u_2 + 1} = \dfrac{\frac{14}{13} + 2}{2 \times \frac{14}{13} + 1} = \dfrac{\frac{14}{13} + \frac{26}{13}}{\frac{28}{13} + \frac{13}{13}} = \dfrac{14 + 26}{28 + 13} = \dfrac{40}{41} \approx 0{,}98$.

$u_4 = \dfrac{u_3 + 2}{2u_3 + 1} = \dfrac{\frac{40}{41} + 2}{2 \times \frac{40}{41} + 1} = \dfrac{\frac{40}{41} + \frac{82}{41}}{\frac{80}{41} + \frac{41}{41}} = \dfrac{40 + 82}{80 + 41} = \dfrac{122}{121} \approx 1{,}01$.

b.

n	$u_n - 1$	$(-1)^n$
0	$u_0 - 1 = 2 - 1 = 1 > 0$	$(-1)^0 = 1 > 0$
1	$u_1 - 1 = \dfrac{4}{5} - \dfrac{5}{5} = -\dfrac{1}{5} < 0$	$(-1)^1 = -1 < 0$
2	$u_2 - 1 = \dfrac{14}{13} - \dfrac{13}{13} = \dfrac{1}{13} > 0$	$(-1)^2 = 1 > 0$
3	$u_3 - 1 = \dfrac{40}{41} - \dfrac{41}{41} = -\dfrac{1}{41} < 0$	$(-1)^3 = -1 < 0$
4	$u_4 - 1 = \dfrac{122}{121} - \dfrac{121}{121} = \dfrac{1}{121} > 0$	$(-1)^4 = 1 > 0$

Conclusion : si n est l'un des entiers 0, 1, 2, 3, 4 alors $u_n - 1$ a le même signe que $(-1)^n$.

c. Pour tout entier naturel n,
$$u_{n+1} - 1 = \dfrac{u_n + 2}{2u_n + 1} - 1 = \dfrac{u_n + 2}{2u_n + 1} - \dfrac{2u_n + 1}{2u_n + 1} = \dfrac{u_n + 2 - 2u_n - 1}{2u_n + 1} = \dfrac{-u_n + 1}{2u_n + 1}.$$

d. Démontrons par récurrence que la propriété P_n : « $u_n - 1$ a le même signe que $(-1)^n$ » est vraie pour tout entier naturel n.

1) initialisation : $u_0 - 1 = 1$ a le même signe (positif) que $(-1)^0 = 1$, donc P_0 est vraie.

2) hérédité : si la propriété P_n est vraie pour un rang $n \geq 0$ quelconque fixé (hypothèse de récurrence), alors $u_n - 1$ a le même signe que $(-1)^n$.
Donc $-(u_n - 1) = -u_n + 1$ a le même signe que $-(-1)^n = (-1) \times (-1)^n = (-1)^{n+1}$.
On sait que pour tout entier naturel n, $u_n > 0 \implies 2u_n + 1 > 0$.

$u_{n+1} - 1 = \dfrac{-u_n + 1}{2u_n + 1}$ a le même signe que $-u_n + 1$, donc que $(-1)^{n+1}$.

$u_{n+1} - 1$ a le même signe que $(-1)^{n+1}$, donc la propriété P_{n+1} est vraie.

3) conclusion : la propriété P_n est vraie au rang $n = 0$ et elle est héréditaire, donc elle est vraie pour tout entier naturel n.

Pour tout entier naturel n, $u_n - 1$ a le même signe que $(-1)^n$.

2. a. $\forall n \in \mathbb{N}$, $\quad v_{n+1} = \dfrac{u_{n+1}-1}{u_{n+1}+1} = \dfrac{\dfrac{u_n+2}{2u_n+1}-1}{\dfrac{u_n+2}{2u_n+1}+1} = \dfrac{u_n+2-2u_n-1}{u_n+2+2u_n+1} = \dfrac{-u_n+1}{3u_n+3}.$

b. $\forall n \in \mathbb{N}$, $\quad v_{n+1} = \dfrac{-u_n+1}{3u_n+3} = \dfrac{-1(u_n-1)}{3(u_n+1)} = -\dfrac{1}{3}\dfrac{u_n-1}{u_n+1} = -\dfrac{1}{3}v_n.$

Donc la suite (v_n) est une suite géométrique de raison $-\dfrac{1}{3}$ et de premier terme :

$$v_0 = \dfrac{u_0-1}{u_0+1} = \dfrac{2-1}{2+1} = \dfrac{1}{3}.$$

$\forall n \in \mathbb{N}$, $\quad v_n = v_0\left(-\dfrac{1}{3}\right)^n = \dfrac{1}{3} \times \left(-\dfrac{1}{3}\right)^n.$

c. $\forall n \in \mathbb{N}$, $\quad u_n = \dfrac{1+v_n}{1-v_n} = \dfrac{1+\dfrac{1}{3}\times\left(-\dfrac{1}{3}\right)^n}{1-\dfrac{1}{3}\times\left(-\dfrac{1}{3}\right)^n} = \dfrac{3+\left(-\dfrac{1}{3}\right)^n}{3-\left(-\dfrac{1}{3}\right)^n}.$

$\lim\limits_{n\to+\infty}\left(-\dfrac{1}{3}\right)^n = 0 \quad \text{car} \quad -1 < -\dfrac{1}{3} < 1.$

Par somme, $\quad \lim\limits_{n\to+\infty}\left[3+\left(-\dfrac{1}{3}\right)^n\right] = 3+0 = 3 \quad$ et $\quad \lim\limits_{n\to+\infty}\left[3-\left(-\dfrac{1}{3}\right)^n\right] = 3-0 = 3.$

Par quotient, $\quad \lim\limits_{n\to+\infty} u_n = \lim\limits_{n\to+\infty}\dfrac{3+\left(-\dfrac{1}{3}\right)^n}{3-\left(-\dfrac{1}{3}\right)^n} = \dfrac{3}{3} = 1.$

C11 : Corrigé du sujet Nouvelle-Calédonie (14 novembre 2013)

Corrigé de l'exercice 1 : exponentielle, dérivée, limite

1. Étude d'une fonction auxiliaire

a. $\forall x \in [0\,;\,+\infty[,\quad g(x) = u(x)v(x) - 1\quad$ où $\quad\begin{cases}u(x) = x^2 \\ v(x) = e^x\end{cases} \Rightarrow \begin{cases}u'(x) = 2x \\ v'(x) = e^x\end{cases}$.

Comme les fonctions u et v sont dérivables sur $[0\,;\,+\infty[$, leur produit uv aussi, donc la fonction $g = uv - 1$ est dérivable sur $[0\,;\,+\infty[$.

$\forall x \in [0\,;\,+\infty[,\quad g'(x) = u'(x)v(x) + u(x)v'(x) = 2xe^x + x^2e^x = (2+x)xe^x$.

$\forall x \in\ ]0\,;\,+\infty[,\quad x > 0 \Rightarrow 2+x > 2 > 0 \quad\text{et}\quad e^x > 0 \Rightarrow g'(x) > 0$.

Donc la fonction g est strictement croissante sur $[0\,;\,+\infty[$.

b. $g(0) = 0^2 e^0 - 1 = -1$.

$\lim\limits_{x \to +\infty} x^2 = +\infty$ et $\lim\limits_{x \to +\infty} e^x = +\infty$ donc, par produit, $\lim\limits_{x \to +\infty} (x^2 e^x) = +\infty \Rightarrow \lim\limits_{x \to +\infty} g(x) = +\infty$.

g est une fonction continue et strictement croissante sur $[0\,;\,+\infty[$, avec $g(0) = -1$ et
$$\lim\limits_{x \to +\infty} g(x) = +\infty$$

donc d'après le théorème des valeurs intermédiaires (cas généralisé d'une fonction strictement monotone), pour tout réel $k \in [-1\,;\,+\infty[$ il existe un unique réel $a \in [0\,;\,+\infty[$ tel que $g(a) = k$.

En particulier, $0 \in [-1\,;\,+\infty[$, donc il existe un unique réel $a \in [0\,;\,+\infty[$ tel que $g(a) = 0$.

A la calculatrice, on obtient $g(0{,}703) \approx -1{,}8 \times 10^{-3} < 0$ et $g(0{,}704) \approx 2{,}0 \times 10^{-3} > 0$.

Comme g est strictement croissante sur $[0\,;\,+\infty[$,

$g(0{,}703) < g(a) < g(0{,}704) \quad\Rightarrow\quad 0{,}703 < a < 0{,}704 \quad\Rightarrow\quad a \in\ ]0{,}703\,;\,0{,}704[$
$\Rightarrow a \in [0{,}703\,;\,0{,}704[$.

c. Comme g est strictement croissante sur $[0\,;\,+\infty[$:
- $\forall x \in [0\,;\,a[,\quad g(x) < 0$.
- Si $x = a$, $\quad g(x) = 0$.
- $\forall x \in\ ]a\,;\,+\infty[,\quad g(x) > 0$.

2. Étude de la fonction f

a. $\lim\limits_{x \to +\infty} e^x = +\infty$ et $\lim\limits_{x \to +\infty} \dfrac{1}{x} = 0$ donc, par somme, $\lim\limits_{x \to +\infty} f(x) = +\infty$.

$\lim\limits_{x \to 0} e^x = e^0 = 1$ et $\lim\limits_{x \to 0^+} \dfrac{1}{x} = +\infty$ donc, par somme, $\lim\limits_{x \to 0^+} f(x) = +\infty$.

> **Remarque :**
> Comme f est définie sur $]0\,;\,+\infty[$, $\lim\limits_{x \to 0^-} f(x)$ n'existe pas, et donc $\lim\limits_{x \to 0} f(x)$ n'existe pas.

b. $\forall x \in\ ]0\,;\,+\infty[, f(x) = e^x + \dfrac{1}{x} = u(x) + v(x)$ avec $\begin{cases}u(x) = e^x \\ v(x) = \dfrac{1}{x}\end{cases} \Rightarrow \begin{cases}u'(x) = e^x \\ v'(x) = -\dfrac{1}{x^2}\end{cases}$.

Les fonctions u et v sont dérivables sur $]0\,;\,+\infty[$, donc leur somme $f = u + v$ est dérivable sur $]0\,;\,+\infty[$.

$\forall x \in\ ]0\,;\,+\infty[,\quad f'(x) = u'(x) + v'(x) = e^x - \dfrac{1}{x^2} = \dfrac{x^2 e^x}{x^2} - \dfrac{1}{x^2} = \dfrac{x^2 e^x - 1}{x^2} = \dfrac{g(x)}{x^2}$.

Conclusion : pour tout réel strictement positif x, $\quad f'(x) = \dfrac{g(x)}{x^2}$.

c. Sur $]0\,;\,+\infty[$, $x^2 > 0$, donc $f'(x)$ est du signe de $g(x)$.

- $\forall x \in\,]0\,;\,a[,\quad g(x) < 0 \;\Rightarrow\; f'(x) < 0 \;\Rightarrow\; f$ est strictement décroissante sur $]0\,;\,a[$.
- $\forall x \in\,]a\,;\,+\infty[,\, g(x) > 0 \;\Rightarrow\; f'(x) > 0 \;\Rightarrow\; f$ est strictement croissante sur $]a\,;\,+\infty[$.

Conclusion : f est strictement décroissante sur $]0\,;\,a]$ et strictement croissante sur $[a\,;\,+\infty[$.

x	0		a		$+\infty$
signe de $f'(x)$	‖	$-$	0	$+$	
variations de f	‖ $+\infty \searrow$		$f(a)$	$\nearrow +\infty$	

d. D'après le tableau de variations, f admet en $x = a$ le minimum :

$$f(a) = e^a + \frac{1}{a} \quad \text{avec} \quad 0 = g(a) = a^2 e^a - 1 \;\Rightarrow\; a^2 e^a = 1 \;\Rightarrow\; e^a = \frac{1}{a^2}.$$

Conclusion : la fonction f admet pour minimum le nombre réel $m = f(a) = \frac{1}{a^2} + \frac{1}{a}$.

e. On sait que $0{,}703 < a < 0{,}704$.

En appliquant sur cet encadrement la fonction inverse qui est strictement décroissante sur $]0\,;\,+\infty[$, on obtient :

$$\frac{1}{0{,}703} > \frac{1}{a} > \frac{1}{0{,}704} \qquad\qquad [A].$$

En appliquant sur l'encadrement $[A]$ la fonction carrée qui est strictement croissante sur $]0\,;\,+\infty[$, on obtient :

$$\left(\frac{1}{0{,}703}\right)^2 > \left(\frac{1}{a}\right)^2 > \left(\frac{1}{0{,}704}\right)^2 \;\Rightarrow\; \frac{1}{0{,}703^2} > \frac{1}{a^2} > \frac{1}{0{,}704^2} \qquad [B].$$

En sommant les encadrements $[A]$ et $[B]$, on obtient :

$$\frac{1}{0{,}703} + \frac{1}{0{,}703^2} > \frac{1}{a} + \frac{1}{a^2} > \frac{1}{0{,}704} + \frac{1}{0{,}704^2}.$$

$$\frac{1}{0{,}703} + \frac{1}{0{,}703^2} \approx 3{,}4459 < 3{,}45 \quad \text{et} \quad \frac{1}{0{,}704} + \frac{1}{0{,}704^2} \approx 3{,}4381 > 3{,}43.$$

$$3{,}43 < \frac{1}{0{,}704} + \frac{1}{0{,}704^2} < m < \frac{1}{0{,}703} + \frac{1}{0{,}703^2} < 3{,}45 \;\Rightarrow\; 3{,}43 < m < 3{,}45.$$

Corrigé de l'exercice 2 : suites, limite, algorithme

PARTIE A

K	W	U	V
0		2	10
1	2	$\dfrac{2\times 2+10}{3}=\dfrac{14}{3}$	$\dfrac{2+3\times 10}{4}=8$
2	$\dfrac{14}{3}$	$\dfrac{2\times \frac{14}{3}+8}{3}=\dfrac{52}{9}\approx 5{,}78$	$\dfrac{\frac{14}{3}+3\times 8}{4}=\dfrac{43}{6}\approx 7{,}17$

PARTIE B

1. a. Pour tout entier naturel n, $\quad v_{n+1}-u_{n+1}=\dfrac{u_n+3v_n}{4}-\dfrac{2u_n+v_n}{3}$

$=\dfrac{3u_n+9v_n}{12}-\dfrac{8u_n+4v_n}{12}=\dfrac{3u_n+9v_n-8u_n-4v_n}{12}=\dfrac{-5u_n+5v_n}{12}=\dfrac{5}{12}(-u_n+v_n)$

$=\dfrac{5}{12}(v_n-u_n)$.

Conclusion : pour tout entier naturel n, $\quad v_{n+1}-u_{n+1}=\dfrac{5}{12}(v_n-u_n)$.

b. Pour tout entier naturel n, $\quad w_n=v_n-u_n \implies w_{n+1}=\dfrac{5}{12}w_n$.

Donc (w_n) est une suite géométrique, de raison $q=\dfrac{5}{12}$ et de premier terme :

$$w_0=v_0-u_0=10-2=8.$$

Pour tout entier naturel n, $\quad w_n=w_0 q^n=8\left(\dfrac{5}{12}\right)^n$.

2. a. Pour tout entier naturel n, $\quad w_n>0 \quad$ et :

$u_{n+1}-u_n=\dfrac{2u_n+v_n}{3}-u_n=\dfrac{2u_n+v_n}{3}-\dfrac{3u_n}{3}=\dfrac{2u_n+v_n-3u_n}{3}=\dfrac{v_n-u_n}{3}=\dfrac{w_n}{3}>0$.

$u_{n+1}>u_n$ donc la suite (u_n) est croissante.

$v_{n+1}-v_n=\dfrac{u_n+3v_n}{4}-v_n=\dfrac{u_n+3v_n}{4}-\dfrac{4v_n}{4}=\dfrac{u_n+3v_n-4v_n}{4}=\dfrac{-v_n+u_n}{4}=-\dfrac{w_n}{4}<0$.

$v_{n+1}<v_n$ donc la suite (v_n) est décroissante.

b. Pour tout entier naturel n, $\quad w_n > 0 \quad \Leftrightarrow \quad v_n - u_n > 0 \quad \Leftrightarrow \quad v_n > u_n$.

La suite (u_n) est croissante, donc pour tout entier naturel n on a $u_n \geq u_0$.

La suite (v_n) est décroissante, donc pour tout entier naturel n on a $v_n \leq v_0$.

$$u_0 \leq u_n < v_n \leq v_0 \quad \Rightarrow \quad 2 \leq u_n < v_n \leq 10.$$

Conclusion : pour tout entier naturel n on a $u_n \leq 10$ et $v_n \geq 2$.

c. La suite (u_n) est croissante et majorée par 10, donc elle est convergente.

La suite (v_n) est décroissante et minorée par 2, donc elle est convergente.

3. $\lim\limits_{n \to +\infty} \left(\dfrac{5}{12}\right)^n = 0 \quad \text{car} \quad -1 < \dfrac{5}{12} < 1$.

Par produit :

$$\lim_{n \to +\infty} \left[8 \left(\dfrac{5}{12}\right)^n \right] = 0 \Leftrightarrow \lim_{n \to +\infty} w_n = 0 \Leftrightarrow \lim_{n \to +\infty} (v_n - u_n) = 0 \Leftrightarrow \lim_{n \to +\infty} v_n = \lim_{n \to +\infty} u_n.$$

Conclusion : les suites (u_n) et (v_n) ont la même limite.

4. Pour tout entier naturel n, on a :

$$t_{n+1} = 3u_{n+1} + 4v_{n+1} = 3 \times \dfrac{2u_n + v_n}{3} + 4 \times \dfrac{u_n + 3v_n}{4} = 2u_n + v_n + u_n + 3v_n = 3u_n + 4v_n$$
$$= t_n.$$

Comme $t_{n+1} = t_n$, la suite (t_n) est constante. Cette constante est égale à :

$$t_0 = 3u_0 + 4v_0 = 3 \times 2 + 4 \times 10 = 46.$$

Pour tout entier naturel n, on a $t_n = 46$.

Soit L la limite commune des suites (u_n) et (v_n) :

$$L = \lim_{n \to +\infty} u_n = \lim_{n \to +\infty} v_n.$$

$$46 = \lim_{n \to +\infty} t_n = \lim_{n \to +\infty} (3u_n + 4v_n) = 3L + 4L = 7L \quad \Rightarrow \quad L = \dfrac{46}{7}.$$

Conclusion : la limite commune des suites (u_n) et (v_n) est $\dfrac{46}{7}$.

Corrigé de l'exercice 3 : probabilités, lois normale et binomiale

Partie A

1. La probabilité qu'une bille soit dans la norme est égale à $p(9 < X < 11)$.
La probabilité qu'une bille soit hors norme est égale à $1 - p(9 < X < 11)$.
Pour calculer $p(9 < X < 11)$, il y a deux méthodes :
- 1ère méthode : utilisation de la table
$p(9 < X < 11) = p(X < 11) - p(X < 9) \approx 0{,}993\,790\,34 - 0{,}006\,209\,67 \approx 0{,}987\,580\,67$.
- 2e méthode : utilisation d'une calculatrice

Avec la calculatrice CASIO fx-CG10/20 :

```
Normal C.D                    Normal C.D
Data    :Variable             p      =0.98758066
Lower   :9                    z:Low=-2.5
Upper   :11                   z:Up  =2.5
σ       :0.4
μ       :10
Save Res:None
```

Avec la calculatrice TEXAS INSTRUMENTS TI-83Plus.fr :

```
normalcdf(9,11,10,.4)
         .9875806403
```

On lit que $p(9 < X < 11) \approx 0{,}987\,58$.

La probabilité qu'une bille soit hors norme est égale à :
$$1 - p(9 < X < 11) \approx 1 - 0{,}987\,58 \approx 0{,}012\,4.$$

2. a. Voici un arbre pondéré qui réunit les données de l'énoncé :

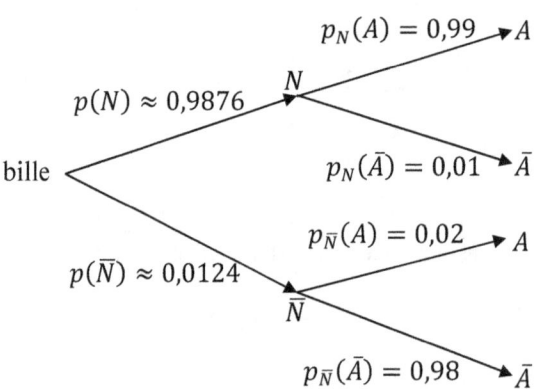

b. Le choix d'une bille prise au hasard constitue une expérience aléatoire dont l'univers est $\Omega = N \cup \overline{N}$ avec $N \cap \overline{N} = \emptyset$. Donc les événements disjoints N et $\overline{N}$ constituent une partition de l'univers Ω. La probabilité de l'événement A est égale à :

$$p(A) = p(\Omega \cap A) = p(N \cap A) + p(\overline{N} \cap A) = p(N) \times p_N(A) + p(\overline{N}) \times p_{\overline{N}}(A)$$
$$\approx 0{,}9876 \times 0{,}99 + 0{,}0124 \times 0{,}02 \approx 0{,}9780.$$

c. La probabilité pour qu'une bille acceptée soit hors norme est égale à :

$$p_A(\overline{N}) = \frac{p(A \cap \overline{N})}{p(A)} = \frac{p(\overline{N} \cap A)}{p(A)} = \frac{p(\overline{N}) \times p_{\overline{N}}(A)}{p(A)} \approx \frac{0{,}0124 \times 0{,}02}{0{,}9780} \approx 0{,}000\,3.$$

Partie B

1. • Le tirage d'une bille est une expérience aléatoire qui admet deux issues :
- l'une appelée « succès », notée $\overline{N}$, correspondant au fait que la bille est hors norme, dont la probabilité d'apparition est $p = 0{,}0124$;
- l'autre appelée « échec », notée N, correspondant au fait que la bille est dans les normes, dont la probabilité d'apparition est $1 - p = 0{,}9876$.
Le tirage d'une bille constitue donc une épreuve de Bernoulli de paramètre $p = 0{,}0124$.

• La répétition 100 fois, de façon indépendante, de cette épreuve de Bernoulli, constitue un schéma de 100 épreuves de Bernoulli de paramètre $p = 0{,}0124$.

• La variable aléatoire Y qui compte le nombre de succès (nombre de billes hors norme) suit donc la loi binomiale de paramètres $n = 100$ et $p = 0{,}0124$.

2. L'espérance et l'écart-type de la variable aléatoire Y valent respectivement :

$$E(Y) = np = 100 \times 0{,}0124 = 1{,}24.$$

$$\sigma(Y) = \sqrt{np(1-p)} = \sqrt{100 \times 0{,}0124 \times 0{,}9876} \approx 1{,}106\,6.$$

3. La probabilité pour qu'un sac de 100 billes contienne exactement deux billes hors norme est égale à :

$$p(Y = 2) = \binom{100}{2} p^2 (1-p)^{100-2} = 4950 \times 0{,}0124^2 \times 0{,}9876^{98} \approx 0{,}224\,1.$$

4. La probabilité pour qu'un sac de 100 billes contienne au plus une bille hors norme est égale à :

$$p(Y \leq 1) = p(Y = 0) + p(Y = 1) = \binom{100}{0} p^0 (1-p)^{100-0} + \binom{100}{1} p^1 (1-p)^{100-1}$$

$$= 1 \times 1 \times 0{,}9876^{100} + 100 \times 0{,}0124 \times 0{,}9876^{99}$$

$$= 0{,}9876^{100} + 1{,}24 \times 0{,}9876^{99} \approx 0{,}647\,7.$$

Avec la calculatrice CASIO *fx-CG10/20* :

3	4

```Binomial P.D```
```Data   :Variable```
```x   :2```
```Numtrial :100```
```p   :0.0124```
```Save Res :None```
```Execute```
 	
```   Binomial P.D```
```   p=0.22407558```
	```Binomial C.D```
	```Data :Variable```
	```Lower :0```
	```Upper :1```
	```Numtrial :100```
	```p :0.0124```
	```Save Res :None```
	
	``` Binomial C.D```
	``` p=0.64768561```

Avec la calculatrice TEXAS INSTRUMENTS TI-83Plus.*fr* :

3.
```
binompdf(100,.0124,2)
          .2240755818
```

4.
```
binomcdf(100,.0124,1)
          .6476856185
```

Corrigé de l'exercice 4 : complexes

1. VRAI

$$(1+i)^4 = (1+i)^{2\times 2} = [(1+i)^2]^2 = (1^2 + i^2 + 2i)^2 = (1-1+2i)^2 = (2i)^2 = 2^2 \times i^2$$
$$= 4 \times (-1) = -4.$$

Pour tout entier naturel n : $(1+i)^{4n} = [(1+i)^4]^n = (-4)^n$.

2. FAUX

$(z-4)(z^2 - 4z + 8) = 0 \Leftrightarrow z - 4 = 0$ ou $z^2 - 4z + 8 = 0 \Leftrightarrow z = 4$ ou $z^2 - 4z + 8 = 0$.

Le trinôme $z^2 - 4z + 8$ a pour discriminant $\Delta = (-4)^2 - 4 \times 1 \times 8 = -16 < 0$ et pour racines :

$$\begin{cases} z_1 = \dfrac{-b - i\sqrt{-\Delta}}{2a} = \dfrac{4 - i\sqrt{16}}{2 \times 1} = \dfrac{4 - 4i}{2} = 2 - 2i \\ z_2 = \overline{z_1} = 2 + 2i \end{cases}.$$

Les points A, B, C d'affixes respectives $z_A = 4$, $z_B = 2 - 2i$, $z_C = 2 + 2i$, ont pour coordonnées respectives $A(4\,;\,0)$, $B(2\,;\,-2)$, $C(2\,;\,2)$. L'aire du triangle ABC rectangle en A est égale à :

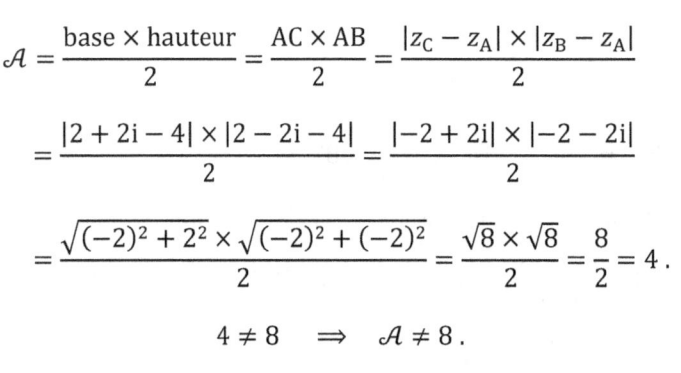

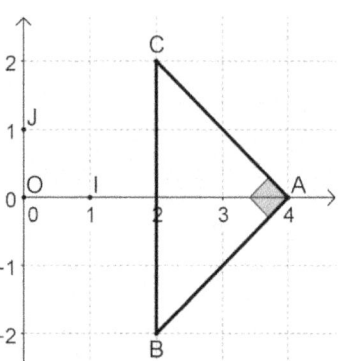

$$4 \neq 8 \Rightarrow \mathcal{A} \neq 8.$$

3. VRAI

Pour tout nombre réel α,

$$1 + e^{2i\alpha} = 1 + \cos(2\alpha) + i\sin(2\alpha) = 1 + 2\cos^2\alpha - 1 + 2i\sin\alpha\cos\alpha$$
$$= 2\cos^2\alpha + 2i\sin\alpha\cos\alpha = 2\cos\alpha(\cos\alpha + i\sin\alpha) = 2\cos\alpha\, e^{i\alpha} = 2e^{i\alpha}\cos(\alpha).$$

4. VRAI

• 1ère méthode : utilisation de la forme algébrique de z_A

Si $n - 1$ est divisible par 4, alors il existe un entier naturel k tel que $n - 1 = 4k \Rightarrow n = 1 + 4k$.

$$(z_A)^n = \left[\dfrac{1}{2}(1+i)\right]^n = \left(\dfrac{1}{2}\right)^n (1+i)^n = \dfrac{1}{2^n}(1+i)^n = \dfrac{1}{2^{1+4k}}(1+i)^{1+4k}$$
$$= \dfrac{1}{2^1 \times 2^{4k}}(1+i)^1 \times (1+i)^{4k} = \dfrac{1}{2 \times (2^4)^k}(1+i) \times (1+i)^{4k}.$$

D'après la proposition 1, $(1+i)^{4k} = (-4)^k$.

$$(z_A)^n = \dfrac{1}{2 \times 16^k}(1+i) \times (-4)^k = \left(\dfrac{-4}{16}\right)^k \times \dfrac{1+i}{2} = \left(-\dfrac{1}{4}\right)^k z_A.$$

$$(z_A)^n = \left(-\dfrac{1}{4}\right)^k z_A \quad \Rightarrow \quad \overrightarrow{OM_n} = \left(-\dfrac{1}{4}\right)^k \overrightarrow{OA}.$$

Donc les vecteurs $\overrightarrow{OA}$ et $\overrightarrow{OM_n}$ sont colinéaires, donc les points O, A et M_n sont alignés.

• 2e méthode : utilisation de la forme exponentielle de z_A

$$|z_A| = \left|\dfrac{1}{2}(1+i)\right| = \left|\dfrac{1}{2}\right| |1+i| = \dfrac{1}{2}\sqrt{1^2 + 1^2} = \dfrac{1}{2}\sqrt{2} = \dfrac{1}{\sqrt{2}}.$$

$$z_A = \frac{1}{\sqrt{2}} \times \frac{\sqrt{2}}{2}(1+i) = \frac{1}{\sqrt{2}} \times \left(\frac{\sqrt{2}}{2} + \frac{\sqrt{2}}{2}i\right) = \frac{1}{\sqrt{2}} \times \left(\cos\frac{\pi}{4} + i\sin\frac{\pi}{4}\right) = \frac{1}{\sqrt{2}}e^{i\frac{\pi}{4}}.$$

$$(z_A)^n = \left(\frac{1}{\sqrt{2}}e^{i\frac{\pi}{4}}\right)^n = \left(\frac{1}{\sqrt{2}}\right)^n \left(e^{i\frac{\pi}{4}}\right)^n = \frac{1}{(\sqrt{2})^n}e^{i\frac{n\pi}{4}}.$$

Si $n-1$ est divisible par 4, alors il existe un entier naturel k tel que $n-1 = 4k \Rightarrow n = 1 + 4k$.

$$(z_A)^n = (z_A)^{1+4k} = \frac{1}{(\sqrt{2})^{1+4k}}e^{i\frac{(1+4k)\pi}{4}} = \frac{1}{(\sqrt{2})^1 \times (\sqrt{2})^{4k}}e^{i\frac{\pi+4k\pi}{4}} = \frac{1}{\sqrt{2} \times (\sqrt{2})^{2\times 2k}}e^{i\frac{\pi+4k\pi}{4}}$$

$$= \frac{1}{\sqrt{2} \times 2^{2k}}e^{i\frac{\pi}{4}}e^{i\frac{4k\pi}{4}} = \frac{1}{\sqrt{2} \times 4^k}e^{i\frac{\pi}{4}}e^{ik\pi} = \frac{1}{\sqrt{2} \times 4^k}e^{i\frac{\pi}{4}}(e^{i\pi})^k$$

$$= \frac{1}{\sqrt{2} \times 4^k}e^{i\frac{\pi}{4}}(-1)^k = \left(-\frac{1}{4}\right)^k \times \frac{1}{\sqrt{2}}e^{i\frac{\pi}{4}} = \left(-\frac{1}{4}\right)^k z_A.$$

$$(z_A)^n = \left(-\frac{1}{4}\right)^k z_A \quad \Rightarrow \quad \overrightarrow{OM_n} = \left(-\frac{1}{4}\right)^k \overrightarrow{OA}.$$

Donc les vecteurs $\overrightarrow{OA}$ et $\overrightarrow{OM_n}$ sont colinéaires, donc les points O, A et M_n sont alignés.

• 3e méthode : utilisation d'un argument de z_A

$$|z_A| = \left|\frac{1}{2}(1+i)\right| = \left|\frac{1}{2}\right||1+i| = \frac{1}{2}\sqrt{1^2 + 1^2} = \frac{1}{2}\sqrt{2} = \frac{1}{\sqrt{2}}.$$

$$z_A = \frac{1}{\sqrt{2}} \times \frac{\sqrt{2}}{2}(1+i) = \frac{1}{\sqrt{2}} \times \left(\frac{\sqrt{2}}{2} + \frac{\sqrt{2}}{2}i\right) = \frac{1}{\sqrt{2}} \times \left(\cos\frac{\pi}{4} + i\sin\frac{\pi}{4}\right) = \frac{1}{\sqrt{2}}e^{i\frac{\pi}{4}}.$$

$$\arg z_A = \frac{\pi}{4}\;[2\pi] \quad \Rightarrow \quad \arg(z_A)^n = n\frac{\pi}{4}\;[2\pi].$$

Si $n-1$ est divisible par 4, alors il existe un entier naturel k tel que $n-1 = 4k \Rightarrow n = 1 + 4k$.

$$\arg(z_A)^n = \arg(z_A)^{1+4k} = (1+4k)\frac{\pi}{4} = \frac{\pi}{4} + k\pi = \arg z_A + k\pi \;[2\pi].$$

$$\left(\widehat{\overrightarrow{OI},\overrightarrow{OM_n}}\right) = \left(\widehat{\overrightarrow{OI},\overrightarrow{OA}}\right) + k\pi \;[2\pi]$$

$$\Rightarrow \quad k\pi = -\left(\widehat{\overrightarrow{OI},\overrightarrow{OA}}\right) + \left(\widehat{\overrightarrow{OI},\overrightarrow{OM_n}}\right) = \left(\widehat{\overrightarrow{OA},\overrightarrow{OI}}\right) + \left(\widehat{\overrightarrow{OI},\overrightarrow{OM_n}}\right) = \left(\widehat{\overrightarrow{OA},\overrightarrow{OM_n}}\right) \;[2\pi].$$

$\left(\widehat{\overrightarrow{OA},\overrightarrow{OM_n}}\right)$ est un angle plat (si k impair) ou nul (si k pair), donc les points O, A et M_n sont alignés.

5. VRAI

• 1ère méthode : utilisation de la forme exponentielle de $j = e^{i\frac{2\pi}{3}}$

$$1 + j + j^2 = 1 + e^{i\frac{2\pi}{3}} + \left(e^{i\frac{2\pi}{3}}\right)^2 = 1 + e^{i\frac{2\pi}{3}} + e^{i\frac{4\pi}{3}} = 1 + e^{i\frac{2\pi}{3}} + e^{i\left(\frac{4\pi}{3} - 2\pi\right)} = 1 + e^{i\frac{2\pi}{3}} + e^{-i\frac{2\pi}{3}}$$

$$= 1 + 2\cos\frac{2\pi}{3} = 1 + 2 \times \left(-\frac{1}{2}\right) = 1 - 1 = 0.$$

• 2e méthode : utilisation de la forme algébrique de j

$$j = e^{i\frac{2\pi}{3}} = \cos\frac{2\pi}{3} + i\cos\frac{2\pi}{3} = -\frac{1}{2} + i\frac{\sqrt{3}}{2}.$$

$$j^2 = \left(-\frac{1}{2} + i\frac{\sqrt{3}}{2}\right)^2 = \left(-\frac{1}{2}\right)^2 + \left(i\frac{\sqrt{3}}{2}\right)^2 + 2 \times \left(-\frac{1}{2}\right) \times i\frac{\sqrt{3}}{2} = \frac{1}{4} - \frac{3}{4} - i\frac{\sqrt{3}}{2} = -\frac{1}{2} - i\frac{\sqrt{3}}{2}.$$

$$1 + j + j^2 = 1 - \frac{1}{2} + i\frac{\sqrt{3}}{2} - \frac{1}{2} - i\frac{\sqrt{3}}{2} = 0.$$

C12 : Corrigé du sujet Amérique du Sud (21 novembre 2013)

Corrigé de l'exercice 1 : exponentielle, dérivée, limite

Partie A

1. Pour tout réel x, $\quad f(x) = xe^{1-x} = xe^1 e^{-x} = xe\dfrac{1}{e^x} = e \times \dfrac{x}{e^x}$.

2. $\lim\limits_{x \to -\infty}(x) = -\infty$ et $\lim\limits_{x \to -\infty}(e^x) = 0^+$ donc par quotient, $\lim\limits_{x \to -\infty}\dfrac{x}{e^x} = -\infty \Longrightarrow \lim\limits_{x \to -\infty} f(x) = -\infty$.

3. $\lim\limits_{x \to +\infty} \dfrac{e^x}{x} = +\infty \quad\Longrightarrow\quad$ par inverse, $\quad \lim\limits_{x \to +\infty}\dfrac{x}{e^x} = 0^+ \quad\Longrightarrow\quad \lim\limits_{x \to +\infty} f(x) = 0^+$.

Graphiquement, la courbe représentant la fonction f admet en $-\infty$ une asymptote horizontale qui est la droite d'équation $y = 0$ (c'est-à-dire l'axe des abscisses).

4. Pour tout réel x, $\quad f(x) = \dfrac{ex}{e^x} = \dfrac{u(x)}{v(x)} \quad$ avec $\begin{cases} u(x) = ex \\ v(x) = e^x \end{cases} \Longrightarrow \begin{cases} u'(x) = e \\ v'(x) = e^x \end{cases}$.

Les fonctions u et v sont dérivables sur $\mathbb{R}$, avec v qui ne s'annule pas sur $\mathbb{R}$, donc leur quotient $f = \dfrac{u}{v}$ est dérivable sur $\mathbb{R}$.

Pour tout réel x, $\quad f'(x) = \dfrac{u'(x)v(x) - u(x)v'(x)}{v^2(x)} = \dfrac{e \times e^x - ex \times e^x}{e^x \times e^x} = \dfrac{e - ex}{e^x} = e\dfrac{1-x}{e^x}$.

$\forall x \in \mathbb{R}, \quad f'(x) = (1-x)e^{1-x}$.

5. $\forall x \in \mathbb{R}$, $e^{1-x} > 0$ donc $f'(x)$ est du signe de $(1-x)$.

- Sur $]-\infty\,;1[$, $\quad 1-x > 0 \quad \Longrightarrow \quad f'(x) > 0 \quad$ donc f est strictement croissante.

- Sur $]1\,;+\infty[$, $\quad 1-x < 0 \quad \Longrightarrow \quad f'(x) < 0 \quad$ donc f est strictement décroissante.

Le tableau de variations de f est :

x	$-\infty$		1		$+\infty$
signe de $f'(x)$		$+$	0	$-$	
variations de f	$-\infty$	↗	1	↘	0

$$f(1) = 1e^{1-1} = e^0 = 1.$$

Partie B
1. Pour tout réel x :
$$(1-x)g_n(x) = (1-x)(1+x+x^2+\cdots+x^n)$$
$$= 1+x+x^2+\cdots+x^n - x(1+x+x^2+\cdots+x^n)$$
$$= 1+x+x^2+x^3+\cdots+x^n$$
$$-x-x^2-x^3-\cdots-x^n-x^{n+1} = 1-x^{n+1}.$$

On obtient alors, pour tout réel $x \neq 1$: $g_n(x) = \dfrac{1-x^{n+1}}{1-x}$.

2. $\forall x \in \mathbb{R}$, $g_n(x) = 1+x+x^2+\cdots+x^n \implies g_n'(x) = 0+1+2x+\cdots+nx^{n-1} = h_n(x)$.
g_n est une fonction polynomiale, donc dérivable sur $\mathbb{R}$, et sa dérivée g_n' est égale à h_n.

$$\forall x \in \mathbb{R}\setminus\{1\}, \quad g_n(x) = \frac{u(x)}{v(x)} \text{ avec } \begin{cases} u(x) = 1-x^{n+1} \\ v(x) = 1-x \end{cases} \implies \begin{cases} u'(x) = -(n+1)x^n \\ v'(x) = -1 \end{cases}.$$

Les fonctions u et v sont dérivables sur $\mathbb{R}\setminus\{1\}$, avec v qui ne s'annule pas sur $\mathbb{R}\setminus\{1\}$, donc leur quotient $g_n = \dfrac{u}{v}$ est dérivable sur $\mathbb{R}\setminus\{1\}$.

$$\forall x \in \mathbb{R}\setminus\{1\}, \quad g_n'(x) = \frac{u'(x)v(x)-u(x)v'(x)}{v^2(x)}$$

$$= \frac{-(n+1)x^n \times (1-x) - (1-x^{n+1})\times(-1)}{(1-x)^2} = \frac{-(n+1)x^n + (n+1)x^{n+1} + 1 - x^{n+1}}{(1-x)^2}$$

$$= \frac{-(n+1)x^n + nx^{n+1} + x^{n+1} + 1 - x^{n+1}}{(1-x)^2} = \frac{nx^{n+1} - (n+1)x^n + 1}{(1-x)^2}.$$

$$\forall x \in \mathbb{R}\setminus\{1\}, \quad h_n(x) = g_n'(x) = \frac{nx^{n+1} - (n+1)x^n + 1}{(1-x)^2}.$$

3. $\forall x \in \mathbb{R}$, $f(x) = xe^{1-x} = xe^{-1\times(x-1)} = x\left(\dfrac{1}{e}\right)^{x-1}$.

Pour tout $n \in \mathbb{N}^*$, $S_n = f(1)+f(2)+\cdots+f(n) = 1\left(\dfrac{1}{e}\right)^0 + 2\left(\dfrac{1}{e}\right)^1 + \cdots + n\left(\dfrac{1}{e}\right)^{n-1}$

$$= h_n\left(\frac{1}{e}\right) = \frac{n\left(\frac{1}{e}\right)^{n+1} - (n+1)\left(\frac{1}{e}\right)^n + 1}{\left(1-\frac{1}{e}\right)^2} = \frac{\dfrac{n}{e^{n+1}} - \dfrac{n+1}{e^n} + 1}{\left(1-\dfrac{1}{e}\right)^2}.$$

Pour tout $n \in \mathbb{N}^*$, $S_n = \dfrac{\dfrac{n}{e^{n+1}} - \dfrac{n+1}{e^n} + 1}{\left(1-\dfrac{1}{e}\right)^2}$.

$\lim\limits_{n\to+\infty} \dfrac{e^n}{n} = +\infty \xRightarrow{\text{par inverse}} \lim\limits_{n\to+\infty} \dfrac{n}{e^n} = 0 \xRightarrow{\text{par quotient}} \lim\limits_{n\to+\infty} \dfrac{n}{e^n \times e} = \dfrac{0}{e} = 0 \implies \lim\limits_{n\to+\infty} \dfrac{n}{e^{n+1}} = 0$.

$\lim\limits_{n\to+\infty} e^n = +\infty \xRightarrow{\text{par inverse}} \lim\limits_{n\to+\infty} \dfrac{1}{e^n} = 0$ et $\lim\limits_{n\to+\infty} \dfrac{n}{e^n} = 0 \xRightarrow{\text{par somme}} \lim\limits_{n\to+\infty} \dfrac{n+1}{e^n} = 0+0 = 0$.

Par somme, $\lim\limits_{n\to+\infty}\left(\dfrac{n}{e^{n+1}} - \dfrac{n+1}{e^n} + 1\right) = 0-0+1 = 1$.

Par quotient, $\lim\limits_{n\to+\infty} S_n = \dfrac{1}{\left(1-\dfrac{1}{e}\right)^2} = \dfrac{1}{\left(\dfrac{e-1}{e}\right)^2} = \left(\dfrac{e}{e-1}\right)^2$.

Corrigé de l'exercice 2 : géométrie dans l'espace

1. Dans le repère orthonormé $(A\,;\,\overrightarrow{AB},\,\overrightarrow{AD},\,\overrightarrow{AE})$, la droite (FD) passe par les points D(0 ; 1 ; 0) et F(1 ; 0 ; 1). Elle a pour vecteur directeur $\overrightarrow{FD}(-1\,;\,1\,;\,-1)$.

Une représentation paramétrique de la droite (FD) est donc :

$$\begin{cases} x = -1 \times t + 0 \\ y = 1 \times t + 1 \\ z = -1 \times t + 0 \end{cases} \text{où } t \in \mathbb{R} \quad \Leftrightarrow \quad \begin{cases} x = -t \\ y = t+1 \\ z = -t \end{cases} \text{où } t \in \mathbb{R}.$$

2. Le plan (BGE) passe par les points B(1 ; 0 ; 0), G(1 ; 1 ; 1), E(0 ; 0 ; 1).

Les vecteurs $\overrightarrow{BG}(0\,;\,1\,;\,1)$ et $\overrightarrow{BE}(-1\,;\,0\,;\,1)$ ne sont pas colinéaires car $\frac{0}{-1} \neq \frac{1}{1}$.

$\vec{n} \cdot \overrightarrow{BG} = 1 \times 0 - 1 \times 1 + 1 \times 1 = 0 - 1 + 1 = 0.$

$\vec{n} \cdot \overrightarrow{BE} = 1 \times (-1) - 1 \times 0 + 1 \times 1 = -1 + 0 + 1 = 0.$

$\vec{n}$ est orthogonal aux vecteurs $\overrightarrow{BG}$ et $\overrightarrow{BE}$ non colinéaires du plan (BGE), donc $\vec{n}$ est un vecteur normal au plan (BGE).

Une équation du plan (BGE) ayant pour vecteur normal $\vec{n}(1\,;\,-1\,;\,1)$ est :

$$1x - 1y + 1z + d = 0 \quad \Leftrightarrow \quad x - y + z + d = 0.$$

Pour trouver la valeur de d :

$$B(1\,;\,0\,;\,0) \in (BGE) \quad \Rightarrow \quad 1 - 0 + 0 + d = 0 \quad \Rightarrow \quad d = -1.$$

Conclusion : une équation cartésienne du plan (BGE) est $x - y + z - 1 = 0$.

3. La droite (FD) a pour vecteur directeur $\overrightarrow{FD}(-1\,;\,1\,;\,-1)$ qui est l'opposé de $\vec{n}(1\,;\,-1\,;\,1)$.
Comme $\overrightarrow{FD}$ est colinéaire au vecteur $\vec{n}$ normal au plan (BGE), $\overrightarrow{FD}$ est aussi un vecteur normal au plan (BGE), donc la droite (FD) est perpendiculaire au plan (BGE).

Les coordonnées $(x\,;\,y\,;\,z)$ du point K d'intersection du plan (BGE) avec la droite (FD) vérifient :

$$\begin{cases} x = -t \\ y = t+1 \\ z = -t \end{cases} \text{pour un réel } t, \text{ avec } x - y + z - 1 = 0$$

$$\Rightarrow \quad 0 = x - y + z - 1 = -t - (t+1) - t - 1 = -t - t - 1 - t - 1 = -3t - 2$$

$$\Rightarrow \quad -3t = 2 \quad \Rightarrow \quad t = -\frac{2}{3}.$$

Le point K a pour coordonnées :
$$\begin{cases} x = \dfrac{2}{3} \\ y = -\dfrac{2}{3} + 1 = \dfrac{1}{3} \\ z = \dfrac{2}{3} \end{cases} \quad \Rightarrow \quad K\left(\dfrac{2}{3}\,;\,\dfrac{1}{3}\,;\,\dfrac{2}{3}\right).$$

4. Les côtés du triangle BEG sont des diagonales de carré de côté 1, donc BG = BE = EG = $\sqrt{2}$. Donc le triangle BEG est équilatéral.

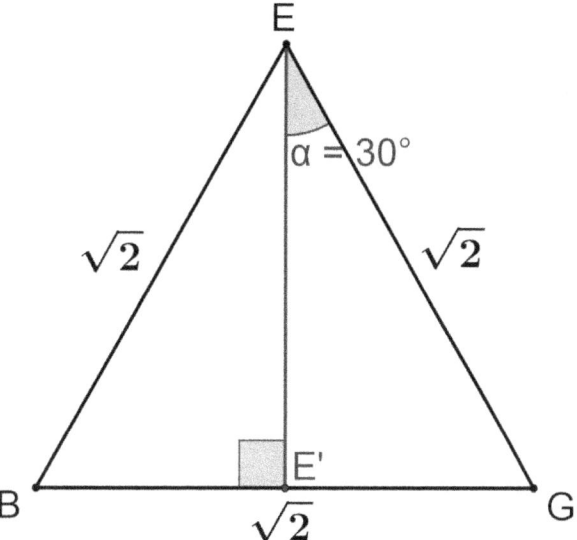

L'aire du triangle BEG est égale à :

$$\mathcal{A} = \frac{\text{base} \times \text{hauteur}}{2} = \frac{\text{BG} \times \text{EE}'}{2} = \frac{\text{BG} \times \text{EG} \times \cos 30°}{2} = \frac{\sqrt{2} \times \sqrt{2} \times \frac{\sqrt{3}}{2}}{2} = \frac{\sqrt{3}}{2}.$$

5. Le volume du tétraèdre BEGD est égal à $\mathcal{V} = \dfrac{\text{aire de la base} \times \text{hauteur}}{3} = \dfrac{\mathcal{A} \times \text{KD}}{3}$.

La distance entre $D(0\,;\,1\,;\,0)$ et $K\left(\dfrac{2}{3}\,;\,\dfrac{1}{3}\,;\,\dfrac{2}{3}\right)$ est égale à :

$$\text{KD} = \sqrt{(x_D - x_K)^2 + (y_D - y_K)^2 + (z_D - z_K)^2} = \sqrt{\left(0 - \frac{2}{3}\right)^2 + \left(1 - \frac{1}{3}\right)^2 + \left(0 - \frac{2}{3}\right)^2}$$

$$= \sqrt{\frac{4}{9} + \frac{4}{9} + \frac{4}{9}} = \sqrt{\frac{12}{9}} = \frac{2\sqrt{3}}{3}.$$

Le volume du tétraèdre BEGD est égal à :

$$\mathcal{V} = \frac{\mathcal{A} \times \text{KD}}{3} = \frac{\frac{\sqrt{3}}{2} \times \frac{2\sqrt{3}}{3}}{3} = \frac{1}{3}.$$

Corrigé de l'exercice 3 : complexes, suites

1. Le trinôme du second degré $z^2 - 2\sqrt{3}z + 4$ a pour discriminant :
$$\Delta = \left(-2\sqrt{3}\right)^2 - 4 \times 1 \times 4 = 12 - 16 = -4$$

et pour racines :
$$\begin{cases} z_A = \dfrac{2\sqrt{3} - i\sqrt{4}}{2 \times 1} = \dfrac{2\sqrt{3} - 2i}{2} = \sqrt{3} - i \\ z_B = \overline{z_A} = \sqrt{3} + i \end{cases}.$$

L'équation (E) a pour solution : $S = \{\sqrt{3} - i\,;\,\sqrt{3} + i\}$.

2. a. $z_1 = 2^1 e^{i(-1)^1 \frac{\pi}{6}} = 2e^{-i\frac{\pi}{6}} = 2\left(\cos\dfrac{\pi}{6} - i\sin\dfrac{\pi}{6}\right) = 2\left(\dfrac{\sqrt{3}}{2} - i\dfrac{1}{2}\right) = \sqrt{3} - i = z_A$.

Donc z_1 est une solution de (E).

b. $z_2 = 2^2 e^{i(-1)^2 \frac{\pi}{6}} = 4e^{i\frac{\pi}{6}} = 4\left(\cos\dfrac{\pi}{6} + i\sin\dfrac{\pi}{6}\right) = 4\left(\dfrac{\sqrt{3}}{2} + i\dfrac{1}{2}\right) = 2\sqrt{3} + 2i$.

$z_3 = 2^3 e^{i(-1)^3 \frac{\pi}{6}} = 8e^{-i\frac{\pi}{6}} = 8\left(\cos\dfrac{\pi}{6} - i\sin\dfrac{\pi}{6}\right) = 8\left(\dfrac{\sqrt{3}}{2} - i\dfrac{1}{2}\right) = 4\sqrt{3} - 4i$.

c. Les points M_1, M_2, M_3 et M_4 ont pour affixes respectives :
$$z_1 = 2e^{-i\frac{\pi}{6}}\ ;\quad z_2 = 4e^{i\frac{\pi}{6}}\ ;\quad z_3 = 8e^{-i\frac{\pi}{6}} = 4z_1\ ;\quad z_4 = 16e^{i\frac{\pi}{6}} = 4z_2.$$

Ils appartiennent aux cercles de rayons respectifs 2 ; 4 ; 8 ; 16.

Leurs ordonnées sont respectivement $y_1 = -1\ ;\ y_2 = 2\ ;\ y_3 = 4y_1 = -4\ ;\ y_4 = 4y_2 = 8$.

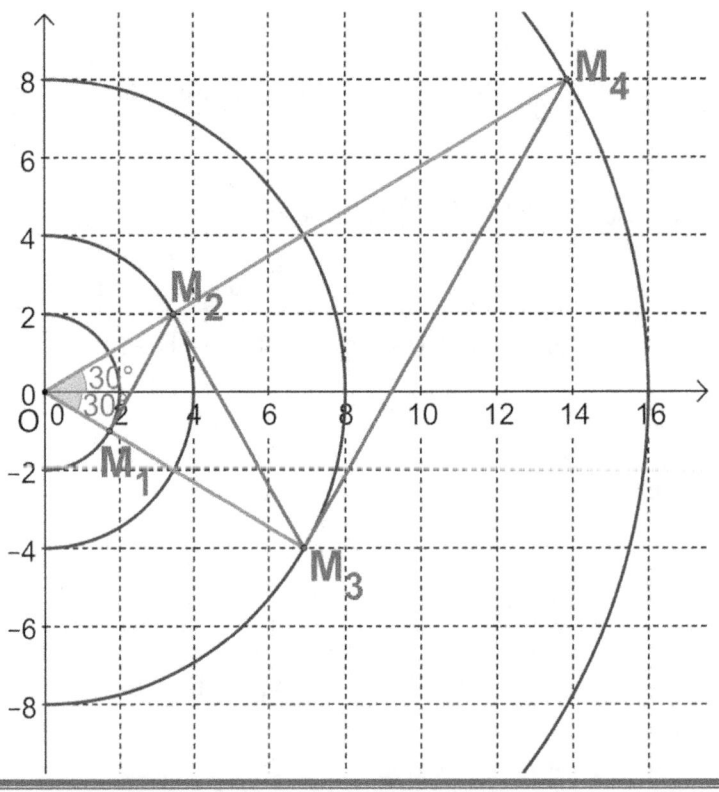

3. Pour tout entier $n \geq 1$, $\quad z_n = 2^n e^{i(-1)^n \frac{\pi}{6}} = 2^n \left\{ \cos\left[(-1)^n \frac{\pi}{6}\right] + i \sin\left[(-1)^n \frac{\pi}{6}\right] \right\}$

$$= 2^n \left[\cos\frac{\pi}{6} + (-1)^n i \sin\frac{\pi}{6}\right] = 2^n \left[\frac{\sqrt{3}}{2} + (-1)^n i \frac{1}{2}\right] = 2^n \left(\frac{\sqrt{3}}{2} + \frac{(-1)^n i}{2}\right).$$

4.

$M_1 M_2 = |z_2 - z_1| = |2\sqrt{3} + 2i - (\sqrt{3} - i)| = |\sqrt{3} + 3i| = \sqrt{(\sqrt{3})^2 + 3^2} = \sqrt{3+9} = \sqrt{12}$
$= 2\sqrt{3}$.

$M_2 M_3 = |z_3 - z_2| = |4\sqrt{3} - 4i - (2\sqrt{3} + 2i)| = |2\sqrt{3} - 6i| = \sqrt{(2\sqrt{3})^2 + (-6)^2}$
$= \sqrt{12 + 36} = \sqrt{48} = 4\sqrt{3} = 2^2 \sqrt{3}$.

Calcul non demandé :
Pour tout entier $n \geq 1$,

$M_n M_{n+1} = |z_{n+1} - z_n| = \left| 2^{n+1} \left(\frac{\sqrt{3}}{2} + \frac{(-1)^{n+1}i}{2}\right) - 2^n \left(\frac{\sqrt{3}}{2} + \frac{(-1)^n i}{2}\right) \right|$

$= \left| 2^{n+1} \times \frac{\sqrt{3}}{2} + 2^{n+1} \times \frac{(-1)^{n+1} i}{2} - 2^n \times \frac{\sqrt{3}}{2} - 2^n \times \frac{(-1)^n i}{2} \right|$

$= \left| 2^n \sqrt{3} - 2^n \times (-1)^n i - 2^n \sqrt{3} \times \frac{1}{2} - 2^n \times \frac{(-1)^n i}{2} \right|$

$= \left| 2^n \sqrt{3} \left(1 - \frac{1}{2}\right) - 2^n \times (-1)^n i \left(1 + \frac{1}{2}\right) \right|$

$= \left| \frac{1}{2} \times 2^n \sqrt{3} - \frac{3}{2} \times 2^n \times (-1)^n i \right| = |2^{n-1}\sqrt{3} - 3 \times 2^{n-1} \times (-1)^n i|$

$= 2^{n-1} |\sqrt{3} - 3 \times (-1)^n i| = 2^{n-1} \sqrt{(\sqrt{3})^2 + [-3 \times (-1)^n]^2}$

$= 2^{n-1} \sqrt{3+9} = 2^{n-1} \sqrt{12} = 2^{n-1} \times 2\sqrt{3} = 2^n \sqrt{3}$.

---

5. a. $\ell_n = M_1 M_2 + M_2 M_3 + \cdots + M_n M_{n+1} = 2\sqrt{3} + 2^2 \sqrt{3} + \cdots + 2^n \sqrt{3}$

$$= 2\sqrt{3}(1 + 2 + \cdots + 2^{n-1}) = 2\sqrt{3} \times S_n$$

où $S_n = 1 + 2 + \cdots + 2^{n-1}$ est la somme des n premiers termes consécutifs d'une suite géométrique de premier terme 1 et de raison 2 :

$$S_n = 1 \times \frac{1-2^n}{1-2} = \frac{1-2^n}{-1} = 2^n - 1 \quad \Rightarrow \quad \ell_n = 2\sqrt{3} \times S_n = 2\sqrt{3}(2^n - 1).$$

b. $\ell_n \geq 1\,000 \Leftrightarrow 2\sqrt{3}(2^n - 1) \geq 1\,000 \Leftrightarrow 2^n - 1 \geq \frac{1\,000}{2\sqrt{3}} \Leftrightarrow 2^n \geq 1 + \frac{500}{\sqrt{3}}$

$\Leftrightarrow \ln(2^n) \geq \ln\left(1 + \frac{500}{\sqrt{3}}\right) \Leftrightarrow n \ln 2 \geq \ln\left(1 + \frac{500}{\sqrt{3}}\right) \Leftrightarrow n \geq \frac{\ln\left(1 + \frac{500}{\sqrt{3}}\right)}{\ln 2}.$

$$\frac{\ln\left(1 + \frac{500}{\sqrt{3}}\right)}{\ln 2} \approx 8{,}18.$$

Le plus petit entier n tel que $\ell_n \geq 1\,000$ est $n = 9$.

Corrigé de l'exercice 4 : probabilités, loi binomiale, fluctuation

Partie A

1. a. $P(M \cap C) = P(M) \times P_M(C) = \dfrac{10}{100} \times \dfrac{30}{100} = 0{,}03$.

b. $P(C) = P(M \cap C) + P(\bar{M} \cap C) = 0{,}03 + P(\bar{M}) \times P_{\bar{M}}(C)$

$= 0{,}03 + [1 - P(M)] \times P_{\bar{M}}(C) = 0{,}03 + \left(1 - \dfrac{10}{100}\right) \times \dfrac{8}{100} = 0{,}102$.

2. La probabilité qu'une victime d'un accident cardiaque présente une malformation cardiaque de type anévrisme est égale à :

$$P_C(M) = \dfrac{P(C \cap M)}{P(C)} = \dfrac{P(M \cap C)}{P(C)} = \dfrac{0{,}03}{0{,}102} \approx 0{,}2941.$$

Partie B

1. • Le choix d'une personne est une expérience aléatoire qui admet deux issues :
- l'une appelée « succès », correspondant au fait que la personne présente une malformation cardiaque de type anévrisme, dont la probabilité d'apparition est $p = p(M) = 0{,}1$;
- l'autre appelée « échec », correspondant au fait que la personne ne présente pas une malformation cardiaque de type anévrisme, dont la probabilité d'apparition est $1 - p = 0{,}9$.

Le choix d'une personne constitue donc une épreuve de Bernoulli de paramètre $p = 0{,}1$.

• La répétition 400 fois, de façon indépendante, de cette épreuve de Bernoulli, constitue un schéma de 400 épreuves de Bernoulli de paramètre $p = 0{,}1$.

• La variable aléatoire X qui à chaque résultat associe le nombre de succès (nombre de personnes présentant une malformation cardiaque de type anévrisme) suit donc la loi binomiale de paramètres $n = 400$ et $p = 0{,}1$.

2. $p(X = 35) = \dbinom{400}{35} p^{35}(1-p)^{400-35} = \dbinom{400}{35} \times 0{,}1^{35} \times 0{,}9^{365} \approx 0{,}0491$.

3. La probabilité que 30 personnes de ce groupe, au moins, présentent une malformation cardiaque de type anévrisme, est égale à :

$$p(X \geq 30) = \sum_{k=30}^{400} p(X = k) = 1 - p(X \leq 29) \approx 0{,}9643.$$

Avec la calculatrice TEXAS INSTRUMENTS TI-83Plus.*fr* :

2.
```
binompdf(400,.1,35)
         .0490853986
```

3.
```
1-binomcdf(400,.1,29)
         .9643394643
```

Avec la calculatrice CASIO *fx-CG10/20* :

2	3
| ```
Binomial P.D
Data      :Variable
x         :35
Numtrial:400
p         :0.1
Save Res:None
Execute

Binomial P.D
   p=0.04908539
``` | ```
Binomial C.D
Data      :Variable
Lower     :30
Upper     :400
Numtrial:400
p         :0.1
Save Res:None

Binomial C.D
   p=0.96433946
``` |

Partie C

1. L'intervalle de fluctuation asymptotique de la variable aléatoire F au seuil de 95 % est :

$$I_n = \left[p - 1{,}96\sqrt{\frac{p(1-p)}{n}}\ ;\ p + 1{,}96\sqrt{\frac{p(1-p)}{n}}\right]$$

$$= \left[0{,}1 - 1{,}96\sqrt{\frac{0{,}1 \times 0{,}9}{400}}\ ;\ 0{,}1 + 1{,}96\sqrt{\frac{0{,}1 \times 0{,}9}{400}}\right] = [0{,}0706\ ;\ 0{,}1294].$$

On constate que :

$$n = 400 \geq 30\quad ;\quad np = 400 \times 0{,}1 = 40 \geq 5\quad ;\quad n(1-p) = 400 \times 0{,}9 = 360 \geq 5.$$

$n \geq 30$; $np \geq 5$; $n(1-p) \geq 5$ donc $F \in I_n$ avec une probabilité environ égale à 95 %.

2. Dans l'échantillon considéré, la fréquence de personnes présentant une malformation cardiaque de type anévrisme est égale à :

$$F = \frac{60}{400} = 0{,}15 \notin I_n.$$

Ce résultat contredit, au seuil de 95 %, l'estimation de la sécurité sociale selon laquelle la proportion de Français présentant, à la naissance, une malformation cardiaque de type anévrisme est de 10 %. Si cette estimation est correcte, alors la fréquence de personnes présentant une malformation cardiaque de type anévrisme est anormalement élevée dans l'échantillon considéré.

C13 : Corrigé du sujet Nouvelle-Calédonie (7 mars 2014)

Corrigé de l'exercice 1 : complexes

1. b)

> *Justification au brouillon :*
> $|1 + i| = \sqrt{1^2 + 1^2} = \sqrt{2}$.
> $1 + i = \sqrt{2} \times \dfrac{1+i}{\sqrt{2}} = \sqrt{2} \times \left(\dfrac{1}{\sqrt{2}} + i\dfrac{1}{\sqrt{2}}\right) = \sqrt{2} \times \left(\cos\dfrac{\pi}{4} + i\sin\dfrac{\pi}{4}\right) = \sqrt{2}e^{i\frac{\pi}{4}}$.
> $(1+i)^4 = \left(\sqrt{2}e^{i\frac{\pi}{4}}\right)^4 = \left(\sqrt{2}\right)^4 \left(e^{i\frac{\pi}{4}}\right)^4 = 4e^{i\frac{4\pi}{4}} = 4e^{i\pi} = 4 \times (-1) = -4$.

2. c)

> *Justification au brouillon :*
> $|z - 1 + i| = |x + iy - 1 + i| = |x - 1 + i(y+1)|$.
> $|z - 1 + i| = |\sqrt{3} - i| \iff |z - 1 + i|^2 = |\sqrt{3} - i|^2$
> $\iff (x-1)^2 + (y+1)^2 = \left(\sqrt{3}\right)^2 + (-1)^2 = 3 + 1 = 4$.

3. c)

> *Justification au brouillon :*
>
> **a)** M_n appartient au cercle de centre O et de rayon $\sqrt{2}$ $\iff$ $OM_n = \sqrt{2}$ $\iff$ $|Z_n| = \sqrt{2}$.
> $|Z_0| = |1 + i| = \sqrt{1^2 + 1^2} = \sqrt{2}$ donc M_0 appartient au cercle de centre O et de rayon $\sqrt{2}$.
> $Z_1 = \dfrac{1+i}{2}Z_0 \implies |Z_1| = \left|\dfrac{1+i}{2}Z_0\right| = \dfrac{|1+i|}{|2|}|Z_0| = \dfrac{\sqrt{2}}{2}\sqrt{2} = \dfrac{2}{2} = 1 \neq \sqrt{2}$.
> Donc M_1 n'appartient pas au cercle de centre O et de rayon $\sqrt{2}$.
> La proposition **a** est fausse.
>
> **b)** Le triangle OM_nM_{n+1} est équilatéral
> $\iff OM_n = M_nM_{n+1} = OM_{n+1} \iff |Z_n| = |Z_{n+1} - Z_n| = |Z_{n+1}|$.
> $Z_{n+1} = \dfrac{1+i}{2}Z_n \implies |Z_{n+1}| = \left|\dfrac{1+i}{2}Z_n\right| = \dfrac{|1+i|}{|2|}|Z_n| = \dfrac{\sqrt{2}}{2}|Z_n| \neq |Z_n| \implies OM_{n+1} \neq OM_n$.
> La proposition **b** est fausse.
>
> **c)** $\forall n \in \mathbb{N}$, $|Z_{n+1}| = \dfrac{\sqrt{2}}{2}|Z_n| \iff U_{n+1} = \dfrac{\sqrt{2}}{2}U_n$ donc (U_n) est une suite géométrique de raison $q = \dfrac{\sqrt{2}}{2} \approx 0{,}7 \in \,]-1\,;1[$. Donc la suite (U_n) est convergente : elle converge vers 0.
> La proposition **c** est vraie.
>
> **d)** $\dfrac{Z_{n+1} - Z_n}{Z_n} = \dfrac{\frac{1+i}{2}Z_n - Z_n}{Z_n} = \dfrac{\frac{1+i}{2} - 1}{1} = \dfrac{1+i}{2} - \dfrac{2}{2} = \dfrac{-1+i}{2}$.
>
> $\left|\dfrac{Z_{n+1} - Z_n}{Z_n}\right| = \left|\dfrac{-1+i}{2}\right| = \sqrt{\left(\dfrac{-1}{2}\right)^2 + \left(\dfrac{1}{2}\right)^2} = \sqrt{\dfrac{1}{4} + \dfrac{1}{4}} = \sqrt{\dfrac{2}{4}} = \dfrac{\sqrt{2}}{2} = \dfrac{1}{\sqrt{2}}$.

$$\frac{Z_{n+1} - Z_n}{Z_n} = \frac{1}{\sqrt{2}} \times \frac{-\sqrt{2} + i\sqrt{2}}{2} = \frac{1}{\sqrt{2}}\left(\cos\frac{3\pi}{4} + i\sin\frac{3\pi}{4}\right) = \frac{1}{\sqrt{2}}e^{i\frac{3\pi}{4}}.$$

$$\arg\frac{Z_{n+1} - Z_n}{Z_n} = \frac{3\pi}{4} \; [2\pi] \neq \frac{\pi}{2} \; [2\pi].$$

La proposition **d** est fausse.

4. c)

Justification au brouillon :

a) $Z = \dfrac{Z_C - Z_A}{Z_B - Z_A} = \dfrac{1 + 5i - (-1 - i)}{2 - 2i - (-1 - i)} = \dfrac{1 + 5i + 1 + i}{2 - 2i + 1 + i} = \dfrac{2 + 6i}{3 - i} \times \dfrac{3 + i}{3 + i} = \dfrac{(2 + 6i)(3 + i)}{3^2 + 1^2}$

$= \dfrac{6 + 2i + 18i - 6}{9 + 1} = \dfrac{20i}{10} = 2i$.

Z est un nombre imaginaire pur, ce n'est pas un nombre réel.
La proposition **a** est fausse.

b) $\dfrac{AC}{AB} = \dfrac{|Z_C - Z_A|}{|Z_B - Z_A|} = \left|\dfrac{Z_C - Z_A}{Z_B - Z_A}\right| = |Z| = |2i| = 2 \Rightarrow AC = 2AB \neq AB$.

$AC \neq AB$ donc le triangle ABC n'est pas isocèle en A.
La proposition **b** est fausse.

c) • $1^{\text{ère}}$ méthode
Le triangle ABC est rectangle en A

$$\Leftrightarrow \quad \frac{\pi}{2} \; [\pi] = \left(\widehat{\overrightarrow{AB}, \overrightarrow{AC}}\right) = \left(\widehat{\overrightarrow{AB}, \vec{u}}\right) + \left(\widehat{\vec{u}, \overrightarrow{AC}}\right) = \left(\widehat{\vec{u}, \overrightarrow{AC}}\right) - \left(\widehat{\vec{u}, \overrightarrow{AB}}\right)$$

$$= \arg(Z_C - Z_A) - \arg(Z_B - Z_A) = \arg\frac{Z_C - Z_A}{Z_B - Z_A}.$$

Or, $\arg\dfrac{Z_C - Z_A}{Z_B - Z_A} = \arg(2i) = \arg\left(2e^{i\frac{\pi}{2}}\right) = \dfrac{\pi}{2} \; [2\pi]$.

La proposition **c** est vraie.

• 2e méthode
$AB^2 + AC^2 = |Z_B - Z_A|^2 + |Z_C - Z_A|^2 = |3 - i|^2 + |2 + 6i|^2 = 3^2 + (-1)^2 + 2^2 + 6^2 = 50$.
$BC^2 = |Z_C - Z_B|^2 = |1 + 5i - (2 - 2i)|^2 = |1 + 5i - 2 + 2i|^2 = |-1 + 7i|^2 = (-1)^2 + 7^2 = 50$.
$AB^2 + AC^2 = BC^2$ donc d'après la réciproque du théorème de Pythagore, le triangle ABC est rectangle en A.

La proposition **c** est vraie.

d) Le point M d'affixe Z appartient à la médiatrice du segment [BC] $\Leftrightarrow$ BM = CM.
Vérifions cette égalité.

$BM = |Z - Z_B| = \left|\dfrac{Z_C - Z_A}{Z_B - Z_A} - Z_B\right| = |2i - (2 - 2i)| = |-2 + 4i| = \sqrt{(-2)^2 + 4^2} = \sqrt{4 + 16}$
$= \sqrt{20} = 2\sqrt{5}$

$CM = \left|\dfrac{Z_C - Z_A}{Z_B - Z_A} - Z_C\right| = |2i - (1 + 5i)| = |-1 - 3i| = \sqrt{(-1)^2 + (-3)^2} = \sqrt{1 + 9} = \sqrt{10}$

$$\sqrt{20} \neq \sqrt{10} \quad \Leftrightarrow \quad BM \neq CM.$$

La proposition **d** est fausse.

Corrigé de l'exercice 2 : probabilités, lois binomiale et normale, fluctuation

Partie A

1. Pour la loi normale centrée réduite, la fonction f représente la densité de probabilité.

2. $H(0) = P(-0 \leq X \leq 0) = P(X = 0) = \lim_{x \to 0} H(x) = \lim_{x \to 0} \int_{-x}^{x} f(t)\, dt = \int_{0}^{0} f(t)\, dt = 0$.

$\lim_{x \to +\infty} H(x) = P(X \in\ ]-\infty\ ;\ +\infty[\ ) = \lim_{x \to +\infty} \int_{-x}^{x} f(t)\, dt = \int_{-\infty}^{+\infty} f(t)\, dt = 1$.

3. $\forall x \in \mathbb{R}, \qquad H(x) = \int_{-x}^{x} f(t)\, dt = \int_{-x}^{0} f(t)\, dt + \int_{0}^{x} f(t)\, dt$.

Comme la fonction f est paire ($f(t) = f(-t)$ pour tout réel t), la courbe $\mathcal{C}_f$ représentant f est symétrique par rapport à l'axe des ordonnées :

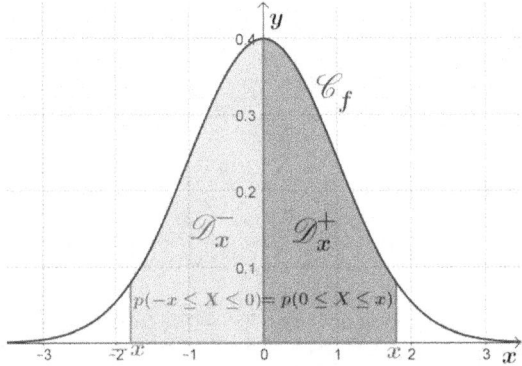

$\int_{-x}^{0} f(t)\, dt$ représente l'aire du domaine $\mathcal{D}_x^-$; $\int_{0}^{x} f(t)\, dt$ représente l'aire du domaine $\mathcal{D}_x^+$.

Ces deux aires sont égales, donc $\int_{-x}^{0} f(t)\, dt = \int_{0}^{x} f(t)\, dt$.

$$H(x) = \int_{0}^{x} f(t)\, dt + \int_{0}^{x} f(t)\, dt = 2 \int_{0}^{x} f(t)\, dt.$$

4. $\qquad H(x) = \int_{0}^{x} 2f(t)\, dt = \int_{0}^{x} g(t)\, dt$ où $g = 2f$.

Sur $[0\ ;+\infty[$, H est une primitive de $g = 2f$, donc $H' = 2f$.

Sur $[0\ ;+\infty[$, $f(t) = \frac{1}{\sqrt{2\pi}} e^{-\frac{t^2}{2}} > 0$, donc f est positive, donc $H' = 2f$ est positive.

Voici le tableau de variations de la fonction H sur $[0\ ;+\infty[$:

x	0	$+\infty$
signe de $H'(x)$		$+$
variations de H	0	$\nearrow 1$

5. H est une fonction continue et strictement monotone sur $]0\ ;\ +\infty[$, qui admet aux bornes de $]0\ ;\ +\infty[$ les limites 0 et 1, donc, d'après le théorème généralisé des valeurs intermédiaires, pour tout réel $k \in]0\ ;\ 1[$, il existe un unique réel $c \in]0\ ;\ +\infty[$ tel que $H(c) = k$.

$$k \in]0\ ;\ 1[\implies 0 < k < 1 \implies 0 > -k > -1 \implies 1 > 1-k > 0 \implies 1-k \in]0\ ;\ 1[.$$

A tout réel $k \in]0\ ;\ 1[$, on peut associer le réel $\alpha = 1 - k$ tel que $\alpha \in]0\ ;\ 1[$.

Donc, pour tout réel $\alpha \in]0\ ;\ 1[$, il existe un unique réel $x_\alpha \in]0\ ;\ +\infty[$ tel que :

$$H(x_\alpha) = 1 - \alpha \iff p(-x_\alpha \leq X \leq x_\alpha) = 1 - \alpha$$

x	0		x_α		$+\infty$
signe de $H'(x)$			+		
variations de H	0		$k = 1 - \alpha$		1

Conclusion : Si X est une variable aléatoire suivant la loi normale centrée réduite, alors pour tout réel α appartenant à l'intervalle $]0\ ;\ 1[$, il existe un unique réel strictement positif x_α tel que :

$$P(-x_\alpha \leq X \leq x_\alpha) = 1 - \alpha$$

Partie B

1. Si la pipette choisie au hasard présente un défaut, alors la probabilité qu'elle vienne de l'entreprise A est égale à :

$$p_D(A) = \frac{p(D \cap A)}{p(D)} = \frac{p(A \cap D)}{p(D)} = \frac{p(A) \times p_A(D)}{p(D)} = \frac{\frac{60}{100} \times \frac{4,6}{100}}{\frac{5}{100}} = 0,552.$$

2. • 1ère méthode

$$p(B \cap D) = p(D \cap B) = p(D) \times p_D(B) = \frac{5}{100} \times (1 - p_D(A)) = \frac{5}{100} \times (1 - 0,552)$$
$$= 0,0224.$$

• 2e méthode

$$p(D) = p(A \cap D) + p(B \cap D)$$
$$\implies p(B \cap D) = p(D) - p(A \cap D) = p(D) - p(A) \times p_A(D) = \frac{5}{100} - \frac{60}{100} \times \frac{4,6}{100} = 0,0224.$$

3. $\quad p_B(D) = \dfrac{p(B \cap D)}{p(B)} = \dfrac{p(B \cap D)}{1 - p(A)} = \dfrac{0,0224}{1 - \dfrac{60}{100}} = 0,056 = 5,6\ \%.$

Parmi les pipettes venant de l'entreprise B, 5,6 % des pipettes présentent un défaut.

Partie C

1. La probabilité pour qu'une pipette prise au hasard soit conforme est égale à :

$$p(98 \leq X \leq 102) = p(X \leq 102) - p(X \leq 98) = 0{,}97494 - 0{,}02506 \approx 0{,}9499.$$

Avec la calculatrice CASIO *fx-CG10/20* :

```
Normal C.D              Normal C.D
Data     :Variable      p     =0.94987578
Lower    :98            z:Low=-1.9589024
Upper    :102           z:Up =1.95890238
σ        :√1.0424
μ        :100
Save Res :None
```

Avec la calculatrice TEXAS INSTRUMENTS TI-83Plus.*fr* :

```
normalcdf(98,102,100,√1.0424)
            .9498759199
```

2. a) • Le tirage d'une pipette est une expérience aléatoire qui admet deux issues :
- l'une appelée « succès », correspondant au fait que la pipette est non-conforme, dont la probabilité d'apparition est $p = 0{,}05$;
- l'autre appelée « échec », correspondant au fait que la pipette est conforme, dont la probabilité d'apparition est $1 - p = 0{,}95$.

Le tirage d'une pipette constitue donc une épreuve de Bernoulli de paramètre $p = 0{,}05$.

• La répétition n fois, de façon indépendante, de cette épreuve de Bernoulli, constitue un schéma de n épreuves de Bernoulli de paramètre $p = 0{,}05$.

• La variable aléatoire Y_n qui à chaque résultat associe le nombre de succès (nombre de pipettes non-conformes) suit donc la loi binomiale de paramètres $n \geq 100$ et $p = 0{,}05$.

b)
$$n \geq 100 \geq 30 \quad \Rightarrow \quad n \geq 30.$$
$$np \geq 100 \times 0{,}05 \quad \Leftrightarrow \quad np \geq 5.$$
$$n(1-p) \geq 100 \times 0{,}95 \quad \Leftrightarrow \quad n(1-p) \geq 95 \geq 5 \quad \Rightarrow \quad n(1-p) \geq 5.$$

c) L'intervalle de fluctuation asymptotique au seuil de 95% de la fréquence des pipettes non-conformes dans un échantillon est :

$$I_n = \left[0{,}05 - 1{,}96\sqrt{\frac{0{,}05 \times 0{,}95}{n}}\,;\, 0{,}05 + 1{,}96\sqrt{\frac{0{,}05 \times 0{,}95}{n}}\right]$$

$$= \left[0{,}05 - 1{,}96\sqrt{\frac{0{,}0475}{n}}\,;\, 0{,}05 + 1{,}96\sqrt{\frac{0{,}0475}{n}}\right] \approx \left[0{,}05 - \frac{0{,}4272}{\sqrt{n}}\,;\, 0{,}05 + \frac{0{,}4272}{\sqrt{n}}\right].$$

Corrigé de l'exercice 3 : logarithme, exponentielle, dérivée, limite, intégrale, algorithme

Partie A

1. $\lim\limits_{\substack{x\to 0 \\ x>0}}(x\ln x)=0 \quad \Rightarrow \quad \lim\limits_{\substack{x\to 0 \\ x>0}} f(x)=0$.

$\lim\limits_{x\to +\infty}(\ln x)=+\infty \quad$ et $\quad \lim\limits_{x\to +\infty}(x)=+\infty \quad \Rightarrow \quad$ par produit, $\quad \lim\limits_{x\to +\infty} f(x)=+\infty$.

2. $\forall x \in]0\,;\,+\infty[, \quad f(x)=u(x)v(x) \quad$ où $\quad \begin{cases} u(x)=x \\ v(x)=\ln x \end{cases} \Rightarrow \begin{cases} u'(x)=1 \\ v'(x)=\dfrac{1}{x} \end{cases}$.

Les fonctions u et v sont dérivables sur $]0\,;\,+\infty[$, donc leur produit $f=uv$ est dérivable sur $]0\,;\,+\infty[$.

$\forall x \in]0\,;\,+\infty[, \quad f'(x)=u'(x)v(x)+u(x)v'(x)=1\times \ln x + x\times \dfrac{1}{x}=\ln(x)+1$.

3. $f'(x)>0 \quad \Leftrightarrow \quad \ln(x)+1>0 \quad \Leftrightarrow \quad \ln x>-1 \quad \Leftrightarrow \quad x>e^{-1}$.

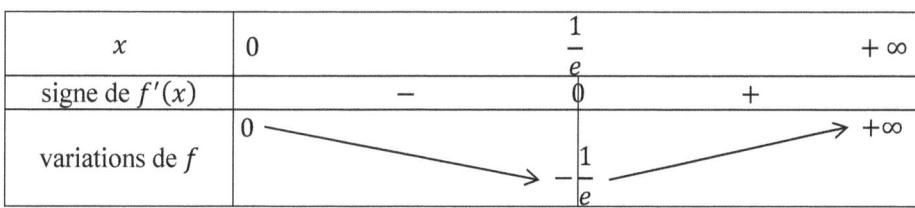

$$f\left(\dfrac{1}{e}\right)=\dfrac{1}{e}\ln\dfrac{1}{e}=\dfrac{1}{e}\times(-1)=-\dfrac{1}{e}.$$

- Sur $\left]0\,;\,\dfrac{1}{e}\right]$, f est strictement décroissante.
- Sur $\left[\dfrac{1}{e}\,;\,+\infty\right[$, f est strictement croissante.

Partie B

1. a) U représente la somme des aires des rectangles doublement hachurés. Cette somme minore l'aire sous la courbe.

V représente la somme des aires des rectangles simplement hachurés. Cette somme majore l'aire sous la courbe.

b) L'algorithme affiche les deux valeurs suivantes :

$$U=\dfrac{1}{4}f(1)+\dfrac{1}{4}f\left(1+\dfrac{1}{4}\right)+\dfrac{1}{4}f\left(1+\dfrac{2}{4}\right)+\dfrac{1}{4}f\left(1+\dfrac{3}{4}\right)=\dfrac{1}{4}\left[f(1)+f\left(\dfrac{5}{4}\right)+f\left(\dfrac{6}{4}\right)+f\left(\dfrac{7}{4}\right)\right]$$

$$=\dfrac{1}{4}\left(1\ln 1+\dfrac{5}{4}\ln\dfrac{5}{4}+\dfrac{3}{2}\ln\dfrac{3}{2}+\dfrac{7}{4}\ln\dfrac{7}{4}\right)\approx 0{,}466\,61 \approx 0{,}466\,6.$$

$$V=\dfrac{1}{4}f\left(1+\dfrac{1}{4}\right)+\dfrac{1}{4}f\left(1+\dfrac{2}{4}\right)+\dfrac{1}{4}f\left(1+\dfrac{3}{4}\right)+\dfrac{1}{4}f\left(1+\dfrac{4}{4}\right)$$

$$=\dfrac{1}{4}\left[f\left(\dfrac{5}{4}\right)+f\left(\dfrac{6}{4}\right)+f\left(\dfrac{7}{4}\right)+f(2)\right]=\dfrac{1}{4}\left(\dfrac{5}{4}\ln\dfrac{5}{4}+\dfrac{3}{2}\ln\dfrac{3}{2}+\dfrac{7}{4}\ln\dfrac{7}{4}+2\ln 2\right)\approx 0{,}813\,18$$

$$\approx 0{,}813\,2.$$

c) $0{,}466\,6 < U < \mathcal{A} < V < 0{,}813\,2 \quad \Rightarrow \quad 0{,}466\,6 < \mathcal{A} < 0{,}813\,2$.

2. a)
$$V_n - U_n = \frac{1}{n}\left[f\left(1+\frac{1}{n}\right) + f\left(1+\frac{2}{n}\right) + \cdots + f\left(1+\frac{n-1}{n}\right) + f(2)\right]$$
$$-\frac{1}{n}\left[f(1) + f\left(1+\frac{1}{n}\right) + f\left(1+\frac{2}{n}\right) + \cdots + f\left(1+\frac{n-1}{n}\right)\right]$$

$$V_n - U_n = \frac{1}{n}[f(2) - f(1)] = \frac{1}{n}(2\ln 2 - 1\ln 1) = \frac{1}{n}(2\ln 2 - 0) = \frac{2\ln 2}{n}.$$

$$V_n - U_n < 0{,}1 \quad \Leftrightarrow \quad \frac{2\ln 2}{n} < \frac{1}{10} \quad \Leftrightarrow \quad 20\ln 2 < n.$$

$20\ln 2 \approx 13{,}86$ donc le plus petit entier n tel que $V_n - U_n < 0{,}1$ est $n = 14$.

b) Pour que l'algorithme permette d'obtenir un encadrement de $\mathcal{A}$ d'amplitude inférieure à $0{,}1$, il faut dans l'initialisation remplacer « n prend la valeur 4 » par « n prend la valeur 14 ».

Partie C

1. $\forall x \in\,]0\,;\,+\infty[\,,\quad F(x) = u(x)v(x) - \frac{1}{2}u(x)$ où $\begin{cases} u(x) = \dfrac{x^2}{2} \\ v(x) = \ln x \end{cases} \Rightarrow \begin{cases} u'(x) = x \\ v'(x) = \dfrac{1}{x} \end{cases}.$

Les fonctions u et v sont dérivables sur $]0\,;\,+\infty[$, donc $F = uv - \frac{1}{2}u$ est dérivable sur $]0\,;\,+\infty[$.

$$\forall x \in\,]0\,;\,+\infty[\,,\quad F'(x) = u'(x)v(x) + u(x)v'(x) - \frac{1}{2}u'(x) = x \times \ln x + \frac{x^2}{2} \times \frac{1}{x} - \frac{1}{2}x$$

$$= x\ln x + \frac{1}{2}x - \frac{1}{2}x = x\ln x = f(x).$$

Sur $]0\,;\,+\infty[$, $F' = f$ donc F est une primitive de f.

2. L'aire, exprimée en unités d'aire, de la partie du plan comprise entre l'axe des abscisses, la courbe $\mathcal{C}$ et les droites verticales d'équations respectives $x = 1$ et $x = 2$, est égale à :

$$\mathcal{A} = \int_1^2 f(x)\,dx = F(2) - F(1) = \frac{2^2}{2}\ln 2 - \frac{2^2}{4} - \left(\frac{1^2}{2}\ln 1 - \frac{1^2}{4}\right) = \frac{4}{2}\ln 2 - \frac{4}{4} - \left(\frac{1}{2}\times 0 - \frac{1}{4}\right)$$

$$= 2\ln 2 - 1 + \frac{1}{4} = 2\ln 2 - \frac{3}{4}.$$

Corrigé de l'exercice 4 : géométrie dans l'espace

1. Soit le plan $\mathcal{P} = (ABCD)$. Les points A, B et I $\in$ [CD] appartiennent au plan $\mathcal{P}$.
$\overrightarrow{AJ} = \overrightarrow{AP} + \overrightarrow{PJ} = \overrightarrow{AP} + \overrightarrow{AE}$ où $\overrightarrow{AP}$ est dans $\mathcal{P}$ mais $\overrightarrow{AE}$ est un vecteur normal au plan $\mathcal{P}$, donc J $\notin \mathcal{P}$.
Donc les quatre points A, B, I et J ne sont pas coplanaires.

2. • 1ère méthode
Le plan médiateur (P_1) de [AB] est perpendiculaire à [AB], donc il a pour vecteur normal $\overrightarrow{AB} = 2\overrightarrow{AP}$ de coordonnées $(2\ ;\ 0\ ;\ 0)$. Une équation cartésienne de (P_1) est :
$$2x + 0y + 0z + d = 0 \quad \Leftrightarrow \quad 2x + d = 0$$
où d est une constante réelle.
(P_1) passe par le milieu P$(1\ ;\ 0\ ;\ 0)$ de [AB], donc :
$$2 \times 1 + d = 0 \quad \Leftrightarrow \quad d = -2.$$
(P_1) a pour équation cartésienne : $2x - 2 = 0 \quad \Leftrightarrow \quad 2x = 2 \quad \Leftrightarrow \quad x = 1$.

• 2e méthode
Le plan médiateur (P_1) de [AB] est l'ensemble des points M$(x\ ;\ y\ ;\ z)$ de l'espace tels que les vecteurs $\overrightarrow{AB} = 2\overrightarrow{AP}(2\ ;\ 0\ ;\ 0)$ et $\overrightarrow{PM}(x - 1\ ;\ y\ ;\ z)$ sont orthogonaux
$$\Leftrightarrow \quad 0 = \overrightarrow{AB} \cdot \overrightarrow{PM} = 2(x - 1) + 0y + 0z = 2x - 2 \quad \Leftrightarrow \quad x = 1.$$
(P_1) a pour équation cartésienne : $x = 1$.

3. • 1ère méthode
Le plan médiateur (P'_2) de [IJ] est perpendiculaire à [IJ], donc il a pour vecteur normal $\overrightarrow{IJ}$.
I$(1\ ;\ 3\ ;\ 0)$ et J$(1\ ;\ 0\ ;\ 1)$ donc $\overrightarrow{IJ}(0\ ;\ -3\ ;\ 1)$.
Une équation cartésienne de (P'_2) est :
$$0x - 3y + 1z + d = 0 \quad \Leftrightarrow \quad -3y + z + d = 0$$
où d est une constante réelle.
(P'_2) passe par le milieu de [IJ], qui est le point K$\left(\frac{1+1}{2}\ ;\ \frac{3+0}{2}\ ;\ \frac{0+1}{2}\right) = K\left(1\ ;\ \frac{3}{2}\ ;\ \frac{1}{2}\right)$, donc :
$$-3 \times \frac{3}{2} + \frac{1}{2} + d = 0 \quad \Leftrightarrow \quad -4 + d = 0 \quad \Leftrightarrow \quad d = 4.$$
(P'_2) a pour équation cartésienne : $-3y + z + 4 = 0 \quad \Leftrightarrow \quad 3y - z - 4 = 0$.
(P'_2) a la même équation cartésienne que (P_2), donc $(P'_2) = (P_2)$.
Conclusion : le plan (P_2) d'équation cartésienne $3y - z - 4 = 0$ est le plan médiateur du segment [IJ].

• 2e méthode
Le plan médiateur (P'_2) de [IJ] est perpendiculaire à [IJ], donc il a pour vecteur normal $\overrightarrow{IJ}$.
I$(1\ ;\ 3\ ;\ 0)$ et J$(1\ ;\ 0\ ;\ 1)$ donc $\overrightarrow{IJ}(0\ ;\ -3\ ;\ 1)$.
(P'_2) passe par le milieu de [IJ], qui est le point K$\left(\frac{1+1}{2}\ ;\ \frac{3+0}{2}\ ;\ \frac{0+1}{2}\right) = K\left(1\ ;\ \frac{3}{2}\ ;\ \frac{1}{2}\right)$.
Le plan médiateur (P'_2) de [IJ] est l'ensemble des points M$(x\ ;\ y\ ;\ z)$ de l'espace tels que les vecteurs $\overrightarrow{IJ}(0\ ;\ -3\ ;\ 1)$ et $\overrightarrow{KM}\left(x - 1\ ;\ y - \frac{3}{2}\ ;\ z - \frac{1}{2}\right)$ sont orthogonaux
$$\Leftrightarrow \quad 0 = \overrightarrow{IJ} \cdot \overrightarrow{KM} = 0(x - 1) - 3\left(y - \frac{3}{2}\right) + 1\left(z - \frac{1}{2}\right) = -3y + \frac{9}{2} + z - \frac{1}{2} = -3y + z + 4.$$
(P'_2) a pour équation cartésienne : $-3y + z + 4 = 0 \quad \Leftrightarrow \quad 3y - z - 4 = 0$.
(P'_2) a la même équation cartésienne que (P_2), donc $(P'_2) = (P_2)$.
Conclusion : le plan (P_2) d'équation cartésienne $3y - z - 4 = 0$ est le plan médiateur du segment [IJ].

4. a) Les plans (P_1) et (P_2) ont pour vecteurs normaux respectifs $\overrightarrow{AB}(2\,;0\,;0)$ et $\overrightarrow{IJ}(0\,;-3\,;1)$.
$\overrightarrow{AB}$ et $\overrightarrow{IJ}$ sont colinéaires

$\Leftrightarrow$ il existe un réel k tel que $\overrightarrow{AB} = k\overrightarrow{IJ}$ $\Leftrightarrow$ $\begin{cases} 2 = k \times 0 \\ 0 = k \times -3 \\ 0 = k \times 1 \end{cases}$ $\Leftrightarrow$ $\begin{cases} 2 = 0 \\ 0 = -3k \\ 0 = k \end{cases}$ $\Leftrightarrow$ $\begin{cases} 2 = 0 \\ 0 = k \\ 0 = k \end{cases}$.

Ce système n'a pas de solution car $2 \neq 0$. Donc $\overrightarrow{AB}$ et $\overrightarrow{IJ}$ ne sont pas colinéaires. Par conséquent, les plans (P_1) et (P_2) ne sont pas parallèles : ils sont sécants.

b) L'intersection des plans sécants (P_1) et (P_2) est l'ensemble des points de coordonnées $(x\,;y\,;z)$ vérifiant le système d'équations :

$\begin{cases} x = 1 \\ 3y - z - 4 = 0 \end{cases}$ $\Leftrightarrow$ $\begin{cases} x = 1 \\ z = 3y - 4 \end{cases}$ $\Leftrightarrow$ $\begin{cases} x = 1 \\ z = 3y - 4 \end{cases}$

$\Leftrightarrow$ $\begin{cases} x = 1 \\ y = t \\ z = 3t - 4 \end{cases}$ où t décrit l'ensemble des nombres réels $\mathbb{R}$.

Ce système est la représentation paramétrique d'une droite (Δ).

c) Soit $(1\,;y\,;z)$ les coordonnées du point Ω de la droite (Δ) tel que :

$A\Omega = I\Omega$ $\Leftrightarrow$ $A\Omega^2 = I\Omega^2$

$\Leftrightarrow$ $(1-0)^2 + (y-0)^2 + (z-0)^2 = (1-1)^2 + (y-3)^2 + (z-0)^2$

$\Leftrightarrow$ $1 + y^2 = y^2 + 9 - 6y$ $\Leftrightarrow$ $6y = 9 - 1$ $\Leftrightarrow$ $y = \dfrac{8}{6} = \dfrac{4}{3} = t$.

$\Rightarrow$ $z = 3t - 4 = 3 \times \dfrac{4}{3} - 4 = 4 - 4 = 0$.

Conclusion : les coordonnées du point Ω de la droite (Δ) tel que $\Omega A = \Omega I$ sont $\left(1\,;\dfrac{4}{3}\,;0\right)$.

d) $\Omega A = \Omega I$.
$\Omega \in (\Delta) = (P_1) \cap (P_2)$ donc $\Omega \in (P_1) \Rightarrow \Omega A = \Omega B$ et $\Omega \in (P_2) \Rightarrow \Omega I = \Omega J$.
Donc $\Omega A = \Omega B = \Omega I = \Omega J$.
Le point Ω est équidistant des points A, B, I, J donc Ω est le centre de la sphère circonscrite au tétraèdre ABIJ.

Figure non demandée :

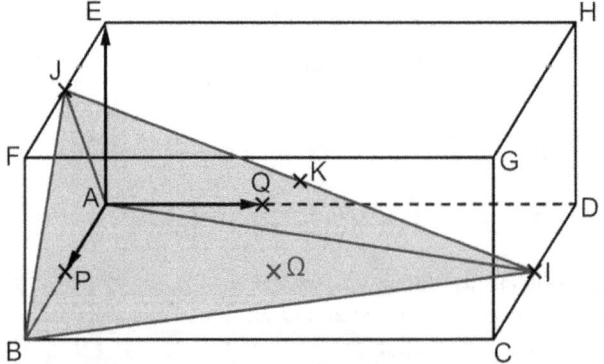

C14 : Corrigé du sujet Pondichéry (8 avril 2014)

Corrigé de l'exercice 1 : probabilités, loi exponentielle, fluctuation

1. On sait que pour tout réel x positif, $P(X \leq x) = 1 - e^{-\lambda x}$.
En particulier, $0,15 = P(X \leq 2) = 1 - e^{-2\lambda} \Rightarrow e^{-2\lambda} = 1 - 0,15 = 0,85 \Rightarrow -2\lambda = \ln 0,85$.
Donc la valeur exacte de λ est $\lambda = -\dfrac{\ln 0,85}{2}$.
Sa valeur approchée est $\lambda \approx 0,081$.

2. a. On sait que pour tout réel x positif, $P(X \geq x) = e^{-\lambda x}$.
En particulier, $P(X \geq 3) = e^{-3\lambda} = e^{-3\frac{\ln 0,85}{-2}} = e^{\frac{3}{2}\ln 0,85} = \left(e^{\ln 0,85}\right)^{\frac{3}{2}} = 0,85^{1,5} \approx 0,78$
ou bien : $P(X \geq 3) = e^{-3\lambda} \approx e^{-3 \times 0,081} \approx 0,78$.

b. • On sait que, pour tous réels t et h positifs :
$$P(X \geq t) = e^{-\lambda t} \quad ; \quad P(X \geq h) = e^{-\lambda h}.$$
$$P(X \geq t+h) = e^{-\lambda(t+h)} = e^{-\lambda t - \lambda h} = e^{-\lambda t} \times e^{-\lambda h} = P(X \geq t) \times P(X \geq h).$$

• La probabilité que $X \geq t+h$ sachant que $X \geq t$ est égale à :
$$P_{X \geq t}(X \geq t+h) = \dfrac{P([X \geq t] \cap [X \geq t+h])}{P(X \geq t)}.$$

Pour tous réels t et h positifs, $[X \geq t] \cap [X \geq t+h] = [X \geq t+h]$, donc :
$$P_{X \geq t}(X \geq t+h) = \dfrac{P(X \geq t+h)}{P(X \geq t)} = \dfrac{P(X \geq t) \times p(X \geq h)}{P(X \geq t)} = P(X \geq h).$$

Conclusion : pour tous réels positifs t et h, $P_{X \geq t}(X \geq t+h) = P(X \geq h)$.

c. Le moteur a déjà fonctionné durant 3 ans. La probabilité pour qu'il fonctionne encore 2 ans est égale à $P_{X \geq 3}(X \geq 3+2) = P(X \geq 2) = e^{-2\lambda} = e^{-2\frac{\ln 0,85}{-2}} = e^{\ln 0,85} = 0,85$.

d. L'espérance de la variable aléatoire X est égale à $E(X) = \dfrac{1}{\lambda} = -\dfrac{2}{\ln 0,85} \approx 12,31$ ans.
La durée de vie moyenne d'un moteur fabriqué par l'entreprise A est égale à 12,31 ans.

3. L'entreprise A annonce que le pourcentage de moteurs défectueux dans la production est égal à $p = 1\,\%$. L'intervalle de fluctuation asymptotique de la fréquence f de moteurs défectueux au seuil de 95 % des échantillons de taille $n = 800$ est :
$$I_n = \left[p - 1,96\sqrt{\dfrac{p(1-p)}{n}}\ ;\ p + 1,96\sqrt{\dfrac{p(1-p)}{n}}\right].$$
$$I_{800} = \left[0,01 - 1,96\sqrt{\dfrac{0,01 \times 0,99}{800}}\ ;\ 0,01 + 1,96\sqrt{\dfrac{0,01 \times 0,99}{800}}\right] \approx [0,003\ ;\ 0,017].$$

$n = 800 \geq 30 \quad ; \quad np = 800 \times 0,01 = 8 \geq 5 \quad ; \quad n(1-p) = 800 \times 0,99 = 792 \geq 5$.
Les inégalités $n \geq 30\ ;\ np \geq 5\ ;\ n(1-p) \geq 5$ sont vérifiées,
donc $f \in I_{800}$ avec une probabilité environ égale à 95 %.

On effectue un test, où 15 moteurs sur 800 sont détectés défectueux. La fréquence de moteurs défectueux est donc $f = \dfrac{15}{800} \approx 0,019 \notin I_{800}$.

Donc le résultat de ce test remet en question, au seuil de 95 %, l'annonce de l'entreprise A. On conclut qu'au seuil de 95 %, le pourcentage de moteurs défectueux dans la production n'est pas égal à 1 % (il est plus grand que 1 %).

Corrigé de l'exercice 2 : suites, logarithme, exponentielle, géométrie dans l'espace

Proposition 1 : FAUSSE

Un exemple suffit pour affirmer que la proposition 1 est fausse.

• 1er exemple : la suite (u_n) définie sur $\mathbb{N}^*$ par $u_n = 1 - \frac{1}{n}$ est positive et croissante, mais elle ne tend pas vers $+\infty$ (elle tend vers 1).

Démonstration :

$\forall n \in \mathbb{N}^*, n \geq 1 \Rightarrow 1 \geq \frac{1}{n} \Rightarrow -1 \leq -\frac{1}{n} \Rightarrow 0 \leq 1 - \frac{1}{n} \Rightarrow 0 \leq u_n \Rightarrow (u_n)$ est positive.

La fonction inverse $x \mapsto \frac{1}{x}$ est strictement décroissante sur $]0\,;+\infty[$

$\Rightarrow$ La fonction $x \mapsto -\frac{1}{x}$ est strictement croissante sur $]0\,;+\infty[$

$\Rightarrow$ La fonction $f : x \mapsto 1 - \frac{1}{x}$ est strictement croissante sur $]0\,;+\infty[$

$\Rightarrow$ La suite (u_n) définie sur $\mathbb{N}^*$ par $u_n = f(n)$ est strictement croissante.

$\lim\limits_{n \to +\infty} \frac{1}{n} = 0 \xrightarrow{\text{par somme}} \lim\limits_{n \to +\infty}\left(1 - \frac{1}{n}\right) = 1 - 0 = 1 \Rightarrow \lim\limits_{n \to +\infty}(u_n) = 1$ est différent de $+\infty$.

Conclusion : la suite (u_n) définie sur $\mathbb{N}^*$ par $u_n = 1 - \frac{1}{n}$ est positive et croissante, mais elle ne tend pas vers $+\infty$ (elle tend vers 1).

• 2e exemple : la suite (v_n) définie sur $\mathbb{N}$ par $v_n = 1 - e^{-n}$ est positive et croissante, mais elle ne tend pas vers $+\infty$ (elle tend vers 1).

Démonstration :

$\forall n \in \mathbb{N}, n \geq 0 \Rightarrow -n \leq 0 \Rightarrow e^{-n} \leq e^0 \Rightarrow e^{-n} \leq 1 \Rightarrow -e^{-n} \geq -1 \Rightarrow 1 - e^{-n} \geq 0$

$\Rightarrow v_n \geq 0 \Rightarrow (v_n)$ est positive.

La fonction exponentielle $x \mapsto e^x$ est strictement croissante sur $[0\,;+\infty[$

$\Rightarrow$ La fonction $x \mapsto \frac{1}{e^x} = e^{-x}$ est strictement décroissante sur $[0\,;+\infty[$

$\Rightarrow$ La fonction $x \mapsto -e^{-x}$ est strictement croissante sur $[0\,;+\infty[$

$\Rightarrow$ La fonction $g : x \mapsto 1 - e^{-x}$ est strictement croissante sur $[0\,;+\infty[$

$\Rightarrow$ La suite (v_n) définie sur $\mathbb{N}$ par $v_n = g(n)$ est strictement croissante.

$\lim\limits_{n \to +\infty}(e^{-n}) = \lim\limits_{u \to -\infty} e^u = 0 \xrightarrow{\text{par somme}} \lim\limits_{n \to +\infty}(1 - e^{-n}) = 1 - 0 = 1 \Rightarrow \lim\limits_{n \to +\infty}(v_n) = 1$

est différent de $+\infty$.

Conclusion : la suite (v_n) définie sur $\mathbb{N}$ par $v_n = 1 - e^{-n}$ est positive et croissante, mais elle ne tend pas vers $+\infty$ (elle tend vers 1).

Proposition 2 : FAUSSE

$$g(x) = 2x \iff 2x\ln(2x+1) = 2x \iff 2x[1 - \ln(2x+1)] = 0$$

$$\iff x[1 - \ln(2x+1)] = 0 \iff x = 0 \text{ ou } 1 - \ln(2x+1) = 0.$$

$$1 - \ln(2x+1) = 0 \iff \ln(2x+1) = 1 = \ln e \iff 2x+1 = e \iff x = \frac{e-1}{2} \approx 0{,}86.$$

Conclusion : sur $\left]-\frac{1}{2}\,;\,+\infty\right[$, l'équation $g(x) = 2x$ a deux solutions : $\left\{0\,;\,\frac{e-1}{2}\right\}$.

Proposition 3 : VRAIE

Le coefficient directeur de la tangente à la courbe représentative de la fonction g au point d'abscisse $\frac{1}{2}$ est le nombre dérivé $g'\left(\frac{1}{2}\right)$.

$$\forall x \in \left]-\frac{1}{2}\,;\,+\infty\right[,\quad g(x) = 2x\ln(2x+1) = u(x)v(x) \quad \text{où} \quad \begin{cases} u(x) = 2x \\ v(x) = \ln(2x+1) \end{cases}$$

$$\implies \begin{cases} u'(x) = 2 \\ v'(x) = \dfrac{2}{2x+1} \end{cases}.$$

Les fonctions u et v sont dérivables sur $\left]-\frac{1}{2}\,;\,+\infty\right[$, donc leur produit $g = uv$ est dérivable sur $\left]-\frac{1}{2}\,;\,+\infty\right[$.

$$\forall x \in \left]-\frac{1}{2}\,;\,+\infty\right[,\quad g'(x) = u'(x)v(x) + u(x)v'(x) = 2\ln(2x+1) + 2x \times \frac{2}{2x+1}$$

$$= 2\ln(2x+1) + \frac{4x}{2x+1}.$$

$$g'\left(\frac{1}{2}\right) = 2\ln\left(2 \times \frac{1}{2} + 1\right) + \frac{4 \times \frac{1}{2}}{2 \times \frac{1}{2} + 1} = 2\ln(1+1) + \frac{2}{1+1} = 2\ln(2) + \frac{2}{2} = \ln(2^2) + 1$$

$$= 1 + \ln 4.$$

Proposition 4 : VRAIE

$\mathscr{P}$ a pour vecteur normal $\vec{n}(2\,;\,3\,;\,-1)$.

$\mathscr{R}$ a pour vecteur normal $\vec{n}'(1\,;\,1\,;\,5)$.

Le produit scalaire entre $\vec{n}$ et $\vec{n}'$ est égal à :

$$\vec{n} \cdot \vec{n}' = 2 \times 1 + 3 \times 1 + (-1) \times 5 = 2 + 3 - 5 = 0.$$

$\vec{n} \cdot \vec{n}' = 0$ donc $\vec{n}$ et $\vec{n}'$ sont orthogonaux, donc les plans $\mathscr{P}$ et $\mathscr{R}$ se coupent perpendiculairement.

Corrigé de l'exercice 3 : suites, complexes, algorithme

1. $\left|\dfrac{3}{4} + \dfrac{\sqrt{3}}{4}i\right| = \sqrt{\left(\dfrac{3}{4}\right)^2 + \left(\dfrac{\sqrt{3}}{4}\right)^2} = \sqrt{\dfrac{9}{16} + \dfrac{3}{16}} = \sqrt{\dfrac{12}{16}} = \sqrt{\dfrac{3}{4}} = \dfrac{\sqrt{3}}{2}.$

$\dfrac{3}{4} + \dfrac{\sqrt{3}}{4}i = \dfrac{\sqrt{3}}{2} \times \dfrac{2}{\sqrt{3}}\left(\dfrac{3}{4} + \dfrac{\sqrt{3}}{4}i\right) = \dfrac{\sqrt{3}}{2}\left(\dfrac{2}{\sqrt{3}} \times \dfrac{3}{4} + \dfrac{2}{\sqrt{3}} \times \dfrac{\sqrt{3}}{4}i\right) = \dfrac{\sqrt{3}}{2}\left(\dfrac{\sqrt{3}}{2} + \dfrac{1}{2}i\right)$

$= \dfrac{\sqrt{3}}{2}\left(\cos\dfrac{\pi}{6} + i\sin\dfrac{\pi}{6}\right) = \dfrac{\sqrt{3}}{2}e^{i\frac{\pi}{6}}.$

Conclusion : une forme exponentielle du nombre complexe $\dfrac{3}{4} + \dfrac{\sqrt{3}}{4}i$ est $\dfrac{\sqrt{3}}{2}e^{i\frac{\pi}{6}}$.

2. a. $\forall n \in \mathbb{N}, z_{n+1} = \left(\dfrac{3}{4} + \dfrac{\sqrt{3}}{4}i\right)z_n \Rightarrow r_{n+1} = |z_{n+1}| = \left|\left(\dfrac{3}{4} + \dfrac{\sqrt{3}}{4}i\right)z_n\right| = \left|\dfrac{3}{4} + \dfrac{\sqrt{3}}{4}i\right||z_n| = \dfrac{\sqrt{3}}{2}r_n.$

$\forall n \in \mathbb{N}, \quad r_{n+1} = \dfrac{\sqrt{3}}{2}r_n.$

Conclusion : (r_n) est la suite géométrique de raison $\dfrac{\sqrt{3}}{2}$ et de premier terme $r_0 = |z_0| = |1| = 1$.

b. $\forall n \in \mathbb{N}, \quad r_n = r_0\left(\dfrac{\sqrt{3}}{2}\right)^n = \left(\dfrac{\sqrt{3}}{2}\right)^n.$

c. Comme A_n a pour affixe z_n, $OA_n = |z_n| = r_n$.

$$\lim_{n \to +\infty} OA_n = \lim_{n \to +\infty} r_n = \lim_{n \to +\infty}\left(\dfrac{\sqrt{3}}{2}\right)^n.$$

$3 < 4 \Rightarrow \sqrt{3} < \sqrt{4} \Rightarrow \sqrt{3} < 2 \Rightarrow \dfrac{\sqrt{3}}{2} < 1 \Rightarrow \dfrac{\sqrt{3}}{2} \in \,]-1\,;1[\Rightarrow \lim_{n \to +\infty}\left(\dfrac{\sqrt{3}}{2}\right)^n = 0.$

Conclusion : $\lim_{n \to +\infty} OA_n = 0$.

3. a.

n	R	l'inégalité $R > 0{,}5$ est-elle vérifiée ?
0	1	oui
1	$\dfrac{\sqrt{3}}{2} \approx 0{,}87$	oui
2	$\left(\dfrac{\sqrt{3}}{2}\right)^2 = \dfrac{3}{4} = 0{,}75$	oui
3	$\left(\dfrac{\sqrt{3}}{2}\right)^3 = \dfrac{3\sqrt{3}}{8} \approx 0{,}65$	oui
4	$\left(\dfrac{\sqrt{3}}{2}\right)^4 = \dfrac{9}{16} = 0{,}5625$	oui
5	$\left(\dfrac{\sqrt{3}}{2}\right)^5 = \dfrac{9\sqrt{3}}{32} \approx 0{,}49$	non

La valeur affichée par l'algorithme pour $P = 0{,}5$ est $n = 5$. C'est le plus petit rang à partir duquel $r_n \leq 0{,}5$.

Remarque : vérification algébrique du résultat donné par l'algorithme (non demandée donc à ne pas écrire sur la copie).
Pour tout réel P strictement positif :

$$r_n \leq P \iff \left(\frac{\sqrt{3}}{2}\right)^n \leq P \iff \ln\left(\frac{\sqrt{3}}{2}\right)^n \leq \ln P \iff n\ln\frac{\sqrt{3}}{2} \leq \ln P \iff n \geq \frac{\ln P}{\ln\frac{\sqrt{3}}{2}}.$$

Si $P = 0{,}5$, $\quad r_n \leq 0{,}5 \iff n$ est supérieur à $\dfrac{\ln 0{,}5}{\ln\frac{\sqrt{3}}{2}} \approx 4{,}819 \implies n \geq 5$.

b. Pour $P = 0{,}01$ on obtient $n = 33$. Cet algorithme calcule le plus petit rang n à partir duquel $r_n \leq P$. Ici, $r_n \leq 0{,}01$ à partir du rang $n = 33$.

Remarque : vérification algébrique du résultat donné par l'algorithme (non demandée donc à ne pas écrire sur la copie).
Si $P = 0{,}01$, $\quad r_n \leq 0{,}01 \iff n$ est supérieur à $\dfrac{\ln 0{,}01}{\ln\frac{\sqrt{3}}{2}} \approx 32{,}016 \implies n \geq 33$.

4. a. $\mathrm{OA}_n = r_n \implies (\mathrm{OA}_n)^2 = r_n^2$ et $(\mathrm{OA}_{n+1})^2 = r_{n+1}^2 = \left(\dfrac{\sqrt{3}}{2} r_n\right)^2 = \dfrac{3}{4} r_n^2$.

$$\mathrm{A}_n\mathrm{A}_{n+1} = |z_{n+1} - z_n| = \left|\left(\frac{3}{4} + \frac{\sqrt{3}}{4}i\right)z_n - z_n\right| = \left|\left(-\frac{1}{4} + \frac{\sqrt{3}}{4}i\right)z_n\right| = \left|-\frac{1}{4} + \frac{\sqrt{3}}{4}i\right||z_n|$$

$$= \left|-\frac{1}{4} + \frac{\sqrt{3}}{4}i\right| r_n.$$

$$\left|-\frac{1}{4} + \frac{\sqrt{3}}{4}i\right| = \sqrt{\left(-\frac{1}{4}\right)^2 + \left(\frac{\sqrt{3}}{4}\right)^2} = \sqrt{\frac{1}{16} + \frac{3}{16}} = \sqrt{\frac{4}{16}} = \sqrt{\frac{1}{4}} = \frac{1}{2}.$$

$$\mathrm{A}_n\mathrm{A}_{n+1} = \frac{1}{2} r_n \implies (\mathrm{A}_n\mathrm{A}_{n+1})^2 = \left(\frac{1}{2} r_n\right)^2 = \frac{1}{4} r_n^2.$$

$$(\mathrm{OA}_{n+1})^2 + (\mathrm{A}_n\mathrm{A}_{n+1})^2 = \frac{3}{4} r_n^2 + \frac{1}{4} r_n^2 = \left(\frac{3}{4} + \frac{1}{4}\right) r_n^2 = \frac{4}{4} r_n^2 = r_n^2 = (\mathrm{OA}_n)^2.$$

$(\mathrm{OA}_{n+1})^2 + (\mathrm{A}_n\mathrm{A}_{n+1})^2 = (\mathrm{OA}_n)^2$ donc, d'après la réciproque du théorème de Pythagore, le triangle $\mathrm{OA}_n\mathrm{A}_{n+1}$ est rectangle en A_{n+1}.

b. Le point A_n d'affixe $z_n = r_n e^{i\frac{n\pi}{6}}$ est un point de l'axe des ordonnées si, seulement si, pour tout entier relatif k :

$$\frac{\pi}{2} + k\pi = \arg z_n = \arg\left(r_n e^{i\frac{n\pi}{6}}\right) = \frac{n\pi}{6} \implies n = \frac{6}{\pi}\left(\frac{\pi}{2} + k\pi\right) = 3 + 6k.$$

Comme $n \in \mathbb{N}$, on a $k \in \mathbb{N}$.

Conclusion : les valeurs de n pour lesquelles A_n est un point de l'axe des ordonnées sont $\{3 + 6k,\ k \in \mathbb{N}\} = \{3\,;9\,;15\,;\ldots\}$. Donc les points A_{3+6k} ($\mathrm{A}_3\,;\mathrm{A}_9\,;\mathrm{A}_{15}\,;\ldots$) sont sur l'axe des ordonnées.

c. Le point A_n a pour affixe $z_n = r_n e^{i\frac{n\pi}{6}}$ donc $\left(\overrightarrow{OA_0}, \overrightarrow{OA_n}\right) = \arg z_n = \frac{n\pi}{6} \, [2\pi]$.

Soit $\mathcal{C}_n$ le cercle de diamètre $[OA_n]$, de centre B_n milieu de $[OA_n]$.

Le triangle OA_nA_{n+1} est rectangle en A_{n+1}, donc $A_{n+1} \in \mathcal{C}_n$.

- $A_6 \in \mathcal{C}_5$ avec $\left(\overrightarrow{OA_0}, \overrightarrow{OA_6}\right) = \frac{6\pi}{6} = \pi \, [2\pi]$.

A_6 est à l'intersection entre $\mathcal{C}_5$ et l'axe des abscisses.

- $A_7 \in \mathcal{C}_6$ avec $\left(\overrightarrow{OA_0}, \overrightarrow{OA_7}\right) = \frac{7\pi}{6} \, [2\pi]$.

$\left(\overrightarrow{OA_0}, \overrightarrow{OA_1}\right) = \frac{\pi}{6} \implies \left(\overrightarrow{OA_1}, \overrightarrow{OA_7}\right) = \left(\overrightarrow{OA_1}, \overrightarrow{OA_0}\right) + \left(\overrightarrow{OA_0}, \overrightarrow{OA_7}\right) = -\frac{\pi}{6} + \frac{7\pi}{6} = \pi \, [2\pi]$.

A_7, O, A_1 sont alignés dans cet ordre. Donc A_7 est à l'intersection entre $\mathcal{C}_6$ et la droite (OA_1).

- $A_8 \in \mathcal{C}_7$ avec $\left(\overrightarrow{OA_0}, \overrightarrow{OA_8}\right) = \frac{8\pi}{6} = \frac{4\pi}{3} \, [2\pi]$.

$\left(\overrightarrow{OA_0}, \overrightarrow{OA_2}\right) = \frac{2\pi}{6} \implies \left(\overrightarrow{OA_2}, \overrightarrow{OA_8}\right) = \left(\overrightarrow{OA_2}, \overrightarrow{OA_0}\right) + \left(\overrightarrow{OA_0}, \overrightarrow{OA_8}\right) = -\frac{2\pi}{6} + \frac{8\pi}{6} = \pi \, [2\pi]$.

A_8, O, A_2 sont alignés dans cet ordre. Donc A_8 est à l'intersection entre $\mathcal{C}_7$ et la droite (OA_2).

- $A_9 \in \mathcal{C}_8$ avec $\left(\overrightarrow{OA_0}, \overrightarrow{OA_9}\right) = \frac{9\pi}{6} = \frac{3\pi}{2} \, [2\pi]$.

A_9 est à l'intersection entre $\mathcal{C}_8$ et l'axe des ordonnées.

ANNEXE EXERCICE 3

À compléter et à rendre avec la copie

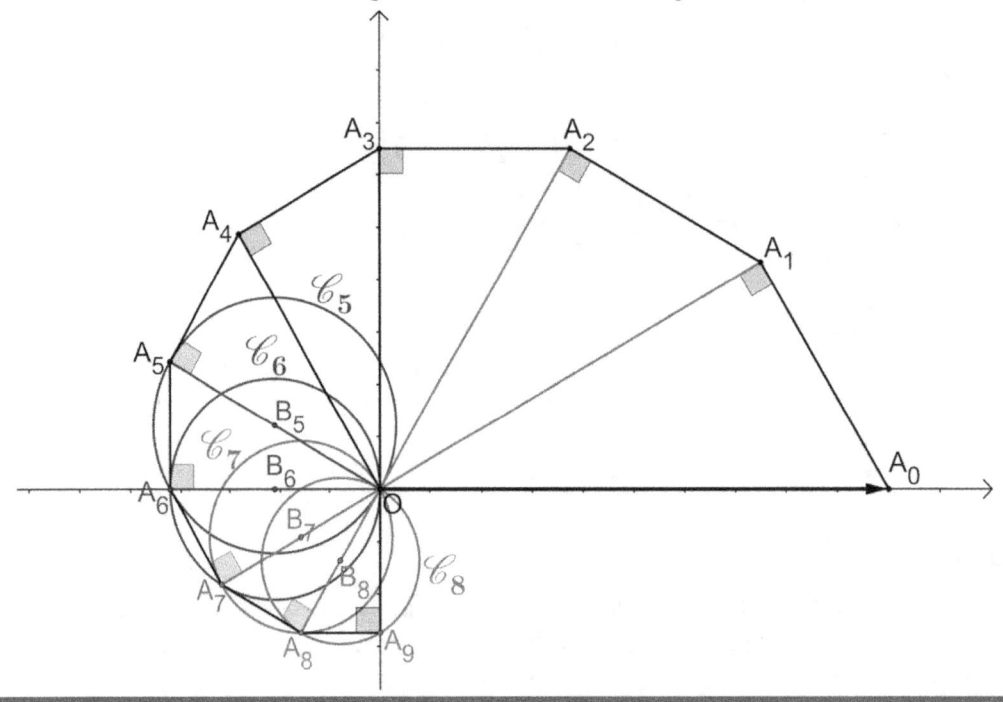

Corrigé de l'exercice 4 : exponentielle, dérivée, limite, intégrale

Partie A

1. • 1ère méthode

La courbe C_1 de f admet un sommet en $x \approx -0{,}7$ donc $f'(-0{,}7) \approx 0$. La courbe C_2 représentant f' doit donc couper l'axe des abscisses en $x \approx -0{,}7$, ce qui se produit seulement dans la situation 1.
Conclusion : C_2 est tracée convenablement dans la situation 1.

• 2e méthode
- Dans la situation 2, C_2 est une droite, donc f' est une fonction affine. Donc f est une fonction du second degré, représentée par une parabole C_1. Or C_1 n'est pas symétrique par rapport à un axe vertical, donc ce n'est pas une parabole. Donc la situation 2 ne convient.
- Dans la situation 3, C_2 est située au-dessus de l'axe des abscisses, donc f' est une fonction positive. Donc f est croissante. Or C_1 descend puis monte, donc f est décroissante puis croissante. Donc la situation 3 ne convient.
Conclusion : C_2 est tracée convenablement dans la situation 1.

2. L'équation réduite de la droite Δ tangente à la courbe C_1 au point A d'abscisse 0 est :
$$y = f'(0) \times (x - 0) + f(0) = f'(0) \times x + f(0).$$
$$A(0\,;2) \in C_1 \quad \Rightarrow \quad f(0) = y_A = 2.$$
$$B(0\,;1) \in C_2 \quad \Rightarrow \quad f'(0) = y_B = 1.$$

Donc Δ a pour équation réduite : $y = x + 2$.

3. a. $2 = f(0) = e^{-0} + a \times 0 + b = 1 + b \quad \Rightarrow \quad b = 2 - 1 = 1$.

b. $\forall x \in \mathbb{R}$, $f(x) = e^{-x} + ax + 1 = u(x) + v(x)$ où $\begin{cases} u(x) = e^{-x} \\ v(x) = ax + 1 \end{cases} \Rightarrow \begin{cases} u'(x) = -e^{-x} \\ v'(x) = a \end{cases}$.

Les fonctions u et v sont dérivables sur $\mathbb{R}$, donc leur somme $f = u + v$ est dérivable sur $\mathbb{R}$.

$$\forall x \in \mathbb{R},\ f'(x) = u'(x) + v'(x) = -e^{-x} + a.$$

$$1 = f'(0) = -e^{-0} + a = -1 + a \quad \Rightarrow \quad a = 1 + 1 = 2.$$

Conclusion : $\forall x \in \mathbb{R},\ f(x) = e^{-x} + 2x + 1$.

4. $\forall x \in \mathbb{R},\ f'(x) = -e^{-x} + 2$.

• $f'(x) > 0 \Leftrightarrow -e^{-x} + 2 > 0 \Leftrightarrow 2 > e^{-x} \Leftrightarrow \ln 2 > \ln(e^{-x}) \Leftrightarrow \ln 2 > -x \Leftrightarrow -\ln 2 < x$.
• $f'(x) < 0 \Leftrightarrow -\ln 2 > x$.
• $f'(x) = 0 \Leftrightarrow -\ln 2 = x$.

f est strictement décroissante sur $]-\infty\,;-\ln 2]$ et strictement croissante sur $[-\ln 2\,;+\infty[$.
Le minimum de f est $f(-\ln 2) = e^{\ln 2} - 2\ln 2 + 1 = 2 - 2\ln 2 + 1 = 3 - 2\ln 2 \approx 1{,}6$.

5. $\lim\limits_{x \to +\infty} (e^{-x}) = \lim\limits_{u \to -\infty} (e^u) = 0$.

$\lim\limits_{x \to +\infty} (2x) = +\infty \quad \Rightarrow \quad$ par somme, $\quad \lim\limits_{x \to +\infty} (2x + 1) = +\infty$.

Par somme, $\lim\limits_{x \to +\infty} f(x) = \lim\limits_{x \to +\infty} (e^{-x} + 2x + 1) = +\infty$.

Voici le tableau de variations complet de f (ce tableau n'est pas demandé dans l'énoncé, donc il n'est pas obligatoire de l'écrire sur la copie) :

x	$-\infty$		$-\ln 2$		$+\infty$
signe de $f'(x)$		$-$	0	$+$	
variations de f	$+\infty$	↘	$3 - 2\ln 2$	↗	$+\infty$

Partie B

1. a. $\forall x \in \mathbb{R}$, $g(x) = f(x) - (x+2) = f(x) + h(x)$ où $h(x) = -x - 2 \Longrightarrow h'(x) = -1$.

Les fonctions f et h sont dérivables sur $\mathbb{R}$, donc leur somme $g = f + h$ est dérivable sur $\mathbb{R}$.

$$\forall x \in \mathbb{R}, \quad g'(x) = f'(x) + h'(x) = -e^{-x} + 2 - 1 = 1 - e^{-x}.$$

- $g'(x) > 0 \iff 1 - e^{-x} > 0 \iff 1 > e^{-x} \iff \ln 1 > \ln(e^{-x}) \iff 0 > -x \iff 0 < x$.
- $g'(x) < 0 \iff 0 > x$.
- $g'(x) = 0 \iff 0 = x$.

Donc g est strictement décroissante sur $]-\infty\,;0]$ et strictement croissante sur $[0\,;+\infty[$.

Sur $\mathbb{R}$, la fonction g admet en $x = 0$ le minimum $g(0) = f(0) - 2 = 2 - 2 = 0$.

Voici le tableau de variations complet de g (ce tableau n'est pas demandé dans l'énoncé, donc il n'est pas obligatoire de l'écrire sur la copie) :

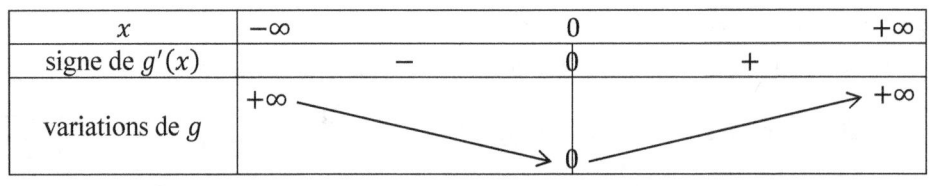

b. $\forall x \in \mathbb{R}, \quad g(x) \geq 0 \iff f(x) - (x+2) \geq 0 \iff f(x) \geq x + 2$.

f est représentée par la courbe $\mathcal{C}_1$, et la fonction $x \mapsto x + 2$ est représentée par la droite Δ.

Donc $\mathcal{C}_1$ est située au-dessus de la droite Δ.

Δ est tangente à $\mathcal{C}_1$ en $A(0\,;2)$.

2. Comme $f(x) \geq x + 2$ sur $[-2\,;2]$, l'aire de la partie du logo colorée en gris est égale à :

$$\mathcal{A} = \int_{-2}^{2} [f(x) - (x+2)]\,dx = \int_{-2}^{2} g(x)\,dx.$$

Une primitive de $g : x \mapsto g(x) = e^{-x} + 2x + 1 - x - 2 = e^{-x} + x - 1$ sur $[-2\,;2]$ est :

$$G : x \mapsto G(x) = -e^{-x} + \frac{x^2}{2} - x.$$

$$\mathcal{A} = G(2) - G(-2) = -e^{-2} + \frac{2^2}{2} - 2 - \left(-e^2 + \frac{(-2)^2}{2} + 2\right) = -e^{-2} + \frac{4}{2} - 2 + e^2 - \frac{4}{2} - 2.$$

$$\mathcal{A} = e^2 - e^{-2} - 4 \approx 3{,}25 \; u.a.$$

www.ingramcontent.com/pod-product-compliance
Lightning Source LLC
Chambersburg PA
CBHW080242180526
45167CB00006B/2380